大温差环境下混凝土性能研究

时金娜　赵燕茹　著

中国建筑工业出版社

图书在版编目（CIP）数据

大温差环境下混凝土性能研究 / 时金娜，赵燕茹著．
北京：中国建筑工业出版社，2024. 11. -- ISBN 978-7-
112-30194-2

Ⅰ. TU528

中国国家版本馆CIP数据核字第2024LJ6325号

本书为关于大温差环境下混凝土性能的研究成果。全书共分为9章，主要内容包括绪论，大温差作用下混凝土抗弯性能，疲劳性能，微观孔结构演化，基于灰色系统理论的抗弯和疲劳性能与孔结构关系，大温差作用下污泥灰混凝土抗压性能，重金属固化与浸出机理，基于人工神经网络（ANN）的混凝土疲劳寿命，污泥灰混凝土重金属固化量和抗压强度的预测模型。书中内容采用试验研究、理论分析、微观结构分析等研究方法，可为开展相关研究提供参考和借鉴。

本书可供土木工程、工程力学专业领域研究人员、高等院校师生和相关工程技术人员参考使用。

责任编辑：季　帆
责任校对：赵　力

大温差环境下混凝土性能研究
时金娜　赵燕茹　著
*
中国建筑工业出版社出版、发行（北京海淀三里河路9号）
各地新华书店、建筑书店经销
北京点击世代文化传媒有限公司制版
建工社（河北）印刷有限公司印刷
*
开本：787毫米×1092毫米　1/16　印张：11¾　字数：237千字
2024年11月第一版　2024年11月第一次印刷
定价：**58.00**元
ISBN 978-7-112-30194-2
（43553）

前·言

FOREWORD

对于内蒙古、新疆等大温差地区服役于道路、桥梁等土木工程的混凝土，不仅会受到车辆的反复循环荷载作用，还会承受由于季节变化和昼夜更替引起的大温差荷载的作用。大温差地区混凝土承受的温差范围以及气候环境有别于《混凝土长期性能和耐久性能试验方法标准》（GB/T 50082-2024）中的快冻法试验条件，正负温度循环具有更低的低温（−50℃）和更高的高温（70℃）。该类地区混凝土的损伤更加严重，损伤机理更为复杂，因此本书通过对不同水胶比的混凝土进行大温差（−50～70℃）和荷载共同作用下的试验研究，分析不同温差条件、应力水平等对混凝土的抗弯、疲劳性能的影响规律，揭示大温差地区混凝土的弯曲和疲劳损伤机理，并利用灰色系统理论建立的孔结构与抗弯强度模型、疲劳寿命模型，为大温差地区混凝土的抗弯性能、疲劳寿命评估、预测提供了试验和理论依据。

污泥是城镇污水处理的必然产物，按照国家相关要求污泥干化焚烧处理逐渐得到推广。焚烧处理后的污泥灰具有一定的火山灰活性，可以作为补充胶凝材料部分替代水泥制备混凝土。同时，由于水泥的水化反应能够将污泥灰中的重金属离子固化在混凝土内部，因此，将污泥灰替代水泥作为补充胶凝材料制备混凝土是污泥无害化处理和资源化利用的重要途径，对助力"双碳"目标实现、建造"无废城市"具有重要意义。而在大温差地区由于温度剧烈变化而引起混凝土的开裂，不仅不利于重金属的固化，更会降低污泥灰混凝土的力学性能，极大地限制了污泥灰混凝土的绿色应用。因此本书基于宏微观角度分析污泥灰混凝土在大温差环境中的力学性能演变规律和重金属离子固化机理，通过人工神经网络和数据增强方法建立了小数据量下重金属固化量和抗压强度的预测模型，为污泥灰混凝土在大温差地区的推广应用奠定基础。

本书资助项目包括国家自然科学基金项目（项目编号：52308261、11362013、11762015）、内蒙古自治区自然科学基金项目（项目编号：2020MS05031）、内蒙古教育厅科学研究项目（项目编号：NJZY19080）。在这些项目的资助下，作者能够在大温差条件下对普通混凝土和污泥灰混凝土力学性能和微观结构方面开展一些研究工作，并将阶段性的研究成果编写于本书之中，在此表示衷心的感谢。

本书共分为9章，主要内容包括绪论、大温差作用下混凝土抗弯性能、疲劳性能、微观孔结构演化、基于灰色系统理论的混凝土抗弯和疲劳性能与孔结构关系以及大温差作用下污泥灰混凝土抗压性能、重金属固化与浸出机理、基于人工神经网络（ANN）混凝土疲劳寿命、污泥灰混凝土重金属固化量和抗压强度的预测模型。上述内容是在认真学习国内外专家、学者研究成果的基础上，由作者和研究团队共同完成的，在此诚挚地感谢张文秀、何晓雁、白建文、李娜、苏颂、王磊、范晓奇、刘宇蛟、董艳颖、郭子麟、郝松、宋博、王志慧、石国星、王晓勇、高健、张杰、韩恺、刘芳芳、刘道宽、喻泊厅、张改芬、秦立达、石磊、蔚文豪、刘明、周曜、李毓泉、李伟、冯欢等团队成员的贡献与帮助。此外，特别感谢河海大学高玉峰老师在书稿整理与撰写过程中的悉心指导。

限于作者水平，书中不足之处在所难免，恳请专家和读者不吝赐教与指正，作者不胜感激。

目·录

CONTENTS

第1章 | 绪论

第 4 章 | 大温差作用下混凝土的孔结构演化分析

第 5 章 | 基于灰色系统理论的混凝土宏观力学性能与微观孔结构关系的研究

第 1 章 绪论

1.1 背景和意义

混凝土是一种在建筑、桥梁、公路和水坝等基础设施建设中应用最广泛的工程结构材料。混凝土结构使用周期长，重大工程结构的使用时间可达几十年，甚至上百年。服役期间混凝土长期处于自然环境之中，除了承受荷载的作用，风雪、气温等自然环境的周期性变化直接影响其性能的劣化。在我国内蒙古、黑龙江、新疆等地区，昼夜温差较大是典型的气候特征，在秋冬季节还会出现昼夜正负变温的情况。国家气象科学数据中心网显示，近几年，内蒙古地区冬季最低气温达到 −49.9℃（2012 年 1 月 30 日呼伦贝尔），夏季最高气温 37.0℃（2018 年 6 月 1 日呼伦贝尔）。统计国家气象信息中心发布的日温度信息后发现，在内蒙古、黑龙江、新疆等地区，不仅日温差高（日温差最高 35℃，2016 年内蒙古），年温差变化幅度更大（年温差最高 82℃，2016 年内蒙古）。当环境温度发生剧烈变化时，混凝土内各组分间将产生不均匀的膨胀收缩变形，并由此产生应力，以致各组分界面出现微裂纹，严重时会引起混凝土的开裂，导致混凝土力学性能下降[1, 2]。在我国内蒙古、黑龙江、新疆等大温差地区，发现了大量由于温度大幅度剧烈变化而引起的混凝土开裂现象[3]。随着国家《“十三五”现代综合交通运输体系发展规划》的贯彻执行和“一带一路”倡议的确立与实施，我国在北部地区的基础设施建设将会大规模进行。混凝土作为最常用的土木工程材料，在这些基础设施建设中也将会大规模应用，在温度正负交替的长期作用下，混凝土的力学性能将会有所降低，从而严重威胁混凝土结构的安全，影响混凝土结构的耐久性，使其使用寿命缩短，甚至造成巨大的经济损失[4]。目前温度循环对混凝土性能影响的研究，多按照现行国家标准《混凝土长期性能和耐久性能试验方法标准》（GB/T 50082）中的快冻法进行，温度范围设置在 −17℃ ±2℃到 8℃ ±2℃[5, 6]。这与大温差地区实际温度是存在较大的差异的，而模拟实际环境温度对混凝土进行研究较少且尚没有统一的规范。因此针对大温差循环作用对混凝土各项性能方面的试验及机理研究亟待开展。

对于大温差地区应用于路面、桥梁等土木工程的混凝土，不仅会有季节变化和昼夜更替引起的大温差循环作用，在实际服役过程中必然还会承受通行车辆的疲劳荷载的共同作用 [7]。与静载下的破坏不同，疲劳破坏的荷载值较静载极限破坏荷载值低，破坏具有突发性，破坏前没有任何明显前兆，结构构件表面也没有明显的塑性变形，因此，很难进行监测 [8–11]。许多早期建造的混凝土桥梁，由于对疲劳问题的忽视，导致桥梁在车辆循环荷载作用下发生疲劳破坏，造成了重大的经济损失和人员伤亡 [12–14]。而且，路面在荷载和环境长期作用后，其养护、维修问题就成为重中之重。据统计，我国近几年高速公路的路面养护、维修里程大约达到 8000km/ 年，耗资巨大，尤其在冬季气温较低和常有重载车辆通行的内蒙古呼伦贝尔地区，公路疲劳维护问题更为严重 [15]。目前，疲劳荷载作用下混凝土损伤劣化的研究成果已列入相关设计规范。但随着经济、交通的发展，车流量、载重量增加，路面平整度劣化等因素均对道路、桥梁的疲劳性能提出了更高的要求 [16]。工程实践中，对疲劳荷载作用下混凝土结构的寿命预测、损伤评估和维修决策的需求迫切，深入研究混凝土由于疲劳损伤而造成的性能劣化是一个重要的课题 [17]。

大温差地区的混凝土路面受到交通荷载、温度交替等因素的反复作用，致使路面疲劳寿命降低更为严重。产生这些现象的原因并不是荷载或温差单因素作用造成的，而是荷载与温差共同作用的结果。学者们通过研究发现，两种损伤因素产生的应力叠加必然大于一种因素，温度与荷载的共同作用加速了混凝土的损伤程度和失效过程 [18, 19]，从而降低了其疲劳寿命。Tan 等 [20] 对路面混凝土在疲劳荷载和冻融循环共同作用下的裂纹发展规律进行研究，发现双场共同作用引发的结晶膨胀应力产生了叠加效应，使最大裂纹长度及裂纹密度增加，与仅疲劳荷载作用相比，双场作用在疲劳破坏时产生更多的微裂纹。Yang 等 [21] 研究结果表明，温度与荷载的共同作用会加速混凝土力学及耐久等各项性能的退化速度，增加其微孔结构的复杂性。同时，还有学者认为，温度和荷载作用对混凝土产生的影响并不是简单的叠加，当影响因素产生的应力水平较低时，裂纹间相互独立，不会共同加速混凝土的损伤。Forgeron 等 [22] 通过研究发现，受到温度和荷载共同作用的混凝土试件弯曲刚度、弯曲韧性与疲劳强度等高于温度或疲劳荷载的单因素作用结果。Guo 等 [23] 研究发现，在温度和疲劳荷载共同作用下，温度循环在混凝土内部产生了一定的结晶膨胀应力，在某种程度上反而抑制了裂纹的扩张。造成上述研究结果差别的主要原因就是温度和荷载共同作用时混凝土损伤的机理不相同，因此，研究大温差和荷载共同作用下对混凝土的抗弯、疲劳性能的影响，分析大温差地区混凝土的静力和疲劳损伤机理，为大温差地区混凝土的抗弯强度、疲劳寿命评估、预测提供依据，具有重要的理论意义和工程应用价值。

污泥是城镇污水处理的必然产物，但因其含有高致病菌（大肠杆菌、沙门氏菌、痢疾菌属、肠道病毒等）以及多种有毒重金属（如铅、汞、镉、铬、砷、锌、铜、镍、锌）[24]，已成为继城市垃圾之后的第二大固体废物污染源，污泥焚烧正在成为全球范围内污泥处理的首选[25]。《中华人民共和国国民经济和社会发展第十四个五年规划和2035年远景目标纲要》明确要求限制污泥填埋，推广污泥集中焚烧无害化处理。焚烧法较填埋、堆肥等方法在减少污泥体积和去除污泥中的病菌方面表现出了巨大的优势，然而，污泥焚烧时有毒重金属却在污泥灰颗粒中富集[26, 27]，资源化利用污泥灰时存在重金属浸出至环境的危险，致使污泥灰的安全处理成为一个世界性问题[28]。2022年我国生态环境部印发的《关于进一步加强重金属污染防控的意见》中，将生物毒性强的铅（Pb）、汞（Hg）、镉（Cd）、铬（Cr）和砷（As）等列为重点防控的重金属污染物，该5种重金属均存在于污泥灰中。目前研究表明，水泥基材料可有效固化铅（Pb）、汞（Hg）、镉（Cd）、铬（Cr）、砷（As）等多种有毒有害重金属[29]。由于污泥焚烧后产生的污泥灰的主要氧化物为 CaO、SiO_2、Al_2O_3 和 Fe_2O_3，与水泥熟料的氧化物相同而具有一定的火山灰活性，因此，其部分替代水泥、减轻水泥熟料生产时造成的环境污染方面也具有很大的潜力[25, 30]。如果按照90%的焚烧率将目前我国每年产生的污泥灰全部回收，仅用5%的掺入量替代水泥，预计每年可减少1530万吨 CO_2 的排放[31]。因此，将污泥灰替代水泥作为补充胶凝材料制备混凝土是污泥无害化处理和资源化利用的重要途径，对助力“双碳”目标实现、建造“无废城市”具有重要意义。

近年来，国内外已将污泥灰部分替代水泥作为补充胶凝材料应用在混凝土中[32, 33]，研究发现，污泥灰在5% ~ 10%替代率下，其制备的混凝土重金属浸出量几乎为零，而且力学性能不仅没有降低，在掺量为2.5% ~ 5%时反而有所升高[34]。水泥基材料固化重金属未浸出至环境，很大程度依赖于水泥基体致密结构的封裹作用。然而，服役期的水泥基材料往往处于昼夜、季节温度存在差异的自然环境中，在我国华北、西北和东北地区，混凝土因冻融引起的破坏是最受关注的问题之一。在我国内蒙古、黑龙江、新疆等大温差地区（−50 ~ 38℃）还发现了大量由于温度剧烈变化而引起的混凝土开裂现象[3]，这不仅不利于重金属的固化，更会降低污泥灰混凝土的力学性能，极大地限制了污泥灰混凝土的绿色应用。如何使污泥灰混凝土在大温差环境下固化重金属的同时保持良好力学性能，且进一步降低水泥用量，提高污泥灰掺量，是突破其广泛应用限制的关键问题。

现有的单一因素且在常规冻融循环作用下的混凝土固化重金属性能研究与我国大温差地区环境实情不符。大温差环境下污泥灰混凝土经受温度场、冻胀应力场以及多孔体系渗流场三场耦合作用，其性能演化是内外温度梯度、混凝土内部物相之间热力学特性差异、冻胀应力、含水量以及水冰相变等多种因素共同作用的复杂过程，此过程对污泥灰混凝土固化重金属能力及力学性能的影响并不是几个因素作用结果的简单叠加，各因素交互作用致使污泥灰混凝土的固化重金属能力和力学性能演化规律及机理更加复杂，因此亟须开展污泥灰混凝土在大温差环境下固化重金属性能和力学性能的研究，为服役于复杂环境的污泥灰混凝土材料的绿色、安全性能设计提供理论依据。

1.2 温度作用下混凝土损伤机理的研究

温度作用导致混凝土的损伤是一个复杂的物理变化过程，学者们对温度导致混凝土的损伤进行了大量的研究，到目前为止，对于温度作用于混凝土导致其损伤破坏机理的研究尚未有统一的认识，但归纳起来有如下三类：

第一类，与混凝土内部孔结构、孔隙水的物理化学性质及孔隙水与混凝土材料彼此间的力学作用有关。目前有几种经典的理论来解释该类损伤破坏。1944 年 Collins[35] 提出的“冰晶形成假说”认为，混凝土的冻融破坏是由于混凝土内部不同位置的孔隙水在低温下结冰，冰的体积较液态水增大而使得混凝土内部裂隙发展，从而引起混凝土由表层开始层层剥离。1945 年 Powers[36] 提出了“静水压假说”，该假说认为孔隙内液态水负温结冰体积增大，使还未结冰的其余液态水从结冰区向外迁移，液态水克服黏滞阻力的过程会产生静水压力,从而形成破坏混凝土内部结构的应力。“静水压假说”可以解释混凝土冻融过程中的很多现象，如混凝土中的气泡可以起到缓冲静水压力的作用，增加含气量可以提高混凝土的抗冻性能、结冰速度对抗冻性的影响等。但该理论假设水泥浆体是刚体，不能反映混凝土在冻融过程中的变形，同时该模型得出的静水压力的大小和冷却速度的比例与试验结果也不相符。因此，单一的“静水压假说”不能完全解释混凝土的冻融破坏现象。1953 年 Powers 与 Helmuth[37] 提出的“渗透压假说”认为，孔内溶液中含有 K^+、Ca^{2+}、Na^+ 等离子，在较大孔中的部分溶液先结冰，剩余溶液的离子浓度上升，与之连通的小孔溶液浓度较低，因此，孔内的水会在渗透压的作用下向未结冰的大孔流动。1973 年 Litvan[38] 提出了“蒸汽压力假说”，认为混凝土内部毛细孔中的水需经历重分布后才能结冰，混凝土冷冻过程中，其孔隙中过冷水的蒸气压大于冰的蒸气压，从而促使孔隙水向外部迁移，在混凝土表面结冰，引起混凝土的破坏。2001 年 Setzer[39] 提出的“微冰晶模型”很好地解释了混凝土在冻融循环过程中产生的吸水现象。该理论在“蒸汽压力假说”的基础上，基于表面热力学得到了冰点时多孔材料中未冻结水、冰和水蒸气三相稳定的力学和化学准则。2006 年 Penttala[40] 提出了“超压理论假说”，认为孔隙中冰小于溶液的化学势，使水向结冰区迁移，孔隙内新冻结的冰由于缺少自由结冰的空间，会对孔内壁产生挤压导致混凝土内裂纹的发展。从以上各种假说可知，温度循环导致混凝土破坏的本质就是孔隙中的水在温度变化时产生了相变，并引起了孔隙内水的重分布，由此引起的结冰膨胀力或水迁移产生的应力作用在孔壁上，当这部分应力超过孔壁的抗拉强度时，混凝土就会产生破坏。

第二类，与混凝土内基体和骨料之间热力学特性差异引起的不均匀变形产生的温度应力有关。这种温度应力的大小主要由温差变化的大小和混凝土内基体和骨料热力学特性差异的大小所决定。1992 年 Mihta[41] 提出的“温差应力假说”，认为混凝土发生冻融破坏的原因是骨料与水泥基体间的热膨胀系数差异较大，冻融时二者的应变差值较大，从而产生应力破坏。水泥净浆、砂浆、粗骨料和混凝土的热膨胀系数存在较大的差异。在 0 ~ 60℃温度范围，天然岩石骨料的热膨胀系数变化范围在 0.9×10^{-6} ~ 16.0×10^{-6}/℃ [42]，水泥净浆热膨胀系数在 11×10^{-6} ~ 20×10^{-6}/℃，砂浆在 10.1×10^{-6} ~ 18.5×10^{-6}/℃，而混凝土在 7.4×10^{-6} ~ 13.1×10^{-6}/℃ [43]。徐洪国 [3] 研究了混凝土材料在室温到 85℃下各组成相间热膨胀性能的差异，发现混凝土经 30 次、60 次、90 次温度循环后，界面过渡区逐渐产生微裂纹，并沿着骨料边缘方向扩展，且微裂纹的宽度随温度循环次数的增加而增大，水泥混凝土的抗压强度逐渐降低。Zhinan 等 [44] 研究了 20 ~ 145℃温度循环作用对水泥基材料力学性能的影响，发现峰值应力和弹性模量随循环作用次数的增加而降低，分析认为骨料与基体之间热膨胀系数差异导致不协同变形引起的孔隙率增加，造成宏观性能劣化。王树和 [45] 和 Baluch 等 [46] 认为温度循环作用过程中，基体和骨料因热膨胀系数差异产生了不协调变形，导致界面过渡区处产生拉应力，当该应力超过界面过渡区极限强度时，界面过渡区产生微裂纹，造成混凝土力学性能劣化。

第三类，与温度梯度产生的应力有关。混凝土导热性能较低，环境温度大幅变化时，混凝土表面的温度会发生变化，而混凝土内部的温度变化滞后，致使桥墩等大尺寸混凝土结构内部产生较大的非线性温差，因此，混凝土内部将产生拉 - 压循环疲劳应力，导致混凝土开裂扩展，进而劣化其性能。Mahboub 等 [47] 通过软件模拟道路混凝土在温度场作用下的疲劳应变反应发现，高低温交替作用对道路的疲劳变形影响较车辆荷载作用的影响更大。王继军等 [48] 通过轨道板温度翘曲变形试验研究认为，温度梯度越大，结构翘曲变形越大，对轨道板的性能劣化影响越大。侯东伟等 [49] 通过研究不同强度等级路面板的温度变化规律，认为采用低强度等级的混凝土可降低路面板的温度梯度，从而延长路面板的使用寿命。

以上机理从不同角度对混凝土在温差循环作用下的破坏机理作出了假设或解释。但三类机理适用的条件不同，对于第一类机理，从孔隙中水的三相状态转换及水分迁移方面解释损伤破坏，前提条件是混凝土内部的水要达到一定的含量才会发生[50]，而且不适用于环境温度没有负温的情况。对于第二类和第三类机理，其适用条件与温度范围有密不可分的关系，更加适用于较大的温度范围。

关于混凝土试验温度范围设置方面，学者们多按照《混凝土长期性能和耐久性能试验方法标准》（GB/T 50082-2024）进行，温度范围设置在 −17℃ ±2℃到 8℃ ±2℃[5, 6]，美国的《混凝土快速冻融标准试验方法》（ASTM C 666M-03）[51]规定的也是该温差范围，这与实际温度是存在一定的差异的。模拟实际温度对混凝土进行研究较少且目前没有统一的规范，学者根据所研究地区的实际环境温度进行设置。由于混凝土在日照辐射作用下，其表面温度明显高于环境温度，Deserio[52]和 Mironov[53]的研究表明，混凝土结构直接受到阳光紫外线的强烈照射时，其表面温度会比环境温度高出 30 ~ 40℃；Bairagi 等[54]的实测结果也表明，放置在屋顶时混凝土的表面温度可达 63℃，远高于 32℃的环境温度。因此，学者们提高试验最高温度的设置。Heidari-Rarani 等[55]根据伊朗地区季节的变化，将树脂混凝土在 −30 ~ 70℃的试验温度下循环 7d，发现其抗拉强度和断裂韧度均呈现降低的趋势。张国学等[56]将混凝土在 27 ~ 60℃的温度下循环 60 次、120 次，混凝土的抗压强度均呈现下降趋势。Kanellopoulos 等[57]研究了温度循环为 0 ~ 90℃时对水泥基复合材料断裂性能的影响，30 次温度循环后，普通强度混凝土和高强混凝土的力学性能和断裂性能有了显著改善，但 90 次循环后出现略微下降。出现该情况的原因是 30 次温度循环后，升高的温度有助于水化反应的进一步进行，而 90 次温度循环后，各项性能降低可能是由于凝胶颗粒之间的表面力（范德华力）的减弱，也可能是由于骨料和硬化水泥浆体之间界面产生的应力所致，这些应力导致混凝土出现微裂纹而引起损伤。以上学者的研究由于试验环境不同、温度范围设置不同，混凝土表现出的性能变化也不相同，因此破坏机理存在差异。而已有的温度对混凝土性能影响的研究，其温度范围的设置均与内蒙古、新疆等大温差地区不符，该类地区的温差特点是：干燥，存在更低的负温（−50℃）且正负温变化范围较已有的研究更大。大温差地区混凝土破坏机理的研究对该类地区混凝土结构的性能评估、寿命预测、维修加固等都具有重要的意义。

1.3 混凝土的疲劳性能研究

目前，关于混凝土材料或结构疲劳累积损伤以致破坏的研究主要集中于常幅或变幅加载下 *S-N* 曲线及构件破坏特性等确定性方法的研究[58]，但是疲劳损伤是动态随机的过程，因此疲劳破坏的随机预测具有理论与现实的意义，其主要包括疲劳寿命预测、疲劳损伤状态预测以及剩余强度预测等内容[59]。

1.3.1 混凝土的疲劳寿命预测

1.3.1.1 常用的预测模型

随着荷载循环次数的增加，混凝土结构的累积损伤会降低其使用寿命。在混凝土结构的设计和计算中，预测混凝土的疲劳寿命是至关重要的[60, 61]。根据建模的理论依据不同，混凝土的疲劳寿命预测模型或方程主要有以下几种：

1. 基于试验数据拟合的 *S-N* 方程

在混凝土疲劳试验中，选取疲劳寿命 N 为横坐标，应力水平 S 为纵坐标，根据试验结果结合疲劳方程进行拟合。常用的混凝土疲劳方程形式有单对数（*S-N*）疲劳方程和双对数疲劳方程[62]：

$$S = A - B\lg N \tag{1-1}$$

$$\lg S = \lg A - B\lg N \tag{1-2}$$

式中 S——应力水平；

N——疲劳寿命；

A、B——疲劳方程的参数。

由于单对数方程在 $N\to\infty$ 时不能满足 $S\to 0$ 的边界条件，导致无法计算低应力水平下的疲劳寿命，通过建立双对数方程可避免无法满足边界条件的情况，同时对试验结果更加精确地进行线性回归分析。

另外，在实际工程中，通常需要考虑一定失效概率下的混凝土疲劳寿命，石小平等[63]和 Shi 等[64]对混凝土的弯曲疲劳寿命进行了研究，得到考虑失效概率和应力比的双对数和半对数疲劳方程：

$$\lg S = \lg A - 0.0422(1-R)\lg N \tag{1-3}$$

$$S = \lg A - 0.0722(1-R)\lg N \tag{1-4}$$

式中 A——与失效概率有关的系数；

R——应力比。

2. 基于强度和刚度衰减规律的预测模型

为了预测材料在疲劳荷载作用下的刚度或强度，研究者们提出了剩余强度模型，并基于剩余强度模型对材料的疲劳寿命进行预测。欧进萍等[65]对在单级和两级等幅应力作用下的混凝土疲劳性能进行了试验研究，得出不同加载等级下混凝土的刚度衰减率的经验公式。Hahn 等[66]基于复合材料剩余强度衰减速率与剩余强度成反比的假设，得到了复合材料疲劳寿命的分布规律。Yang 等[67]建立了在循环荷载作用下材料强度衰减的三参数模型。Liu 等[68]利用剩余弹性模量衰减规律、剩余强度衰减规律，对材料的疲劳寿命进行了预测。

3. 基于断裂力学的模型

基于断裂力学的模型是以裂纹尖端、疲劳裂纹扩展信息为失效判据，进行疲劳寿命的预测。Paris 定律给出了每个荷载循环使裂纹长度的增加与应力强度因子幅值之间的关系，基于疲劳裂纹扩展得出 [69]：

$$\frac{\mathrm{d}a}{\mathrm{d}N}=C\left(\Delta K\right)^{\mathrm{m}} \tag{1-5}$$

式中 N——混凝土的疲劳寿命；

a——裂纹长度；

C——与混凝土有关的材料常数；

ΔK——应力强度因子的幅值；

m——与混凝土有关的材料常数。

4. 基于疲劳变形的预测模型

Newman 等 [70] 将不同应力水平下的疲劳变形和应变规律作为材料参数，运用裂纹闭合模型以及线弹性有限元模型对材料在循环荷载作用下的疲劳寿命进行了预测，预测结果与试验结果吻合较好。Abo-Qudais 等 [71] 基于循环次数与累积应变曲线拐点处的斜率预测了材料的疲劳寿命。易成等 [72] 建立了混凝土疲劳变形发展第二阶段中塑性应变增长率与疲劳寿命关系的经验公式，提出了一种基于塑性应变增长率的混凝土疲劳寿命预测方法，并根据此方法有效地对混凝土疲劳寿命进行了预测。

5. 基于能量法的预测模型

混凝土在疲劳荷载的加载过程中，其内部必然会与外围环境进行能量交换。系统的总耗能可分为热能和材料损伤耗能两部分，材料损伤能量的耗散主要表现为塑性应变能、裂纹扩展所需的能量等。基于能量的预测模型主要是基于热力学的能量耗散原理建立的材料疲劳寿命预测模型。采用物理量表征材料损伤程度并作为控制损伤的变量，然后根据能量耗散得到材料的损伤演化规律后进行疲劳寿命预测 [73]。Aramoon[74] 和 Li 等 [75] 提出了基于耗散能量的修正预测模型，该模型对材料的疲劳寿命进行了很好的预测。吕培印等 [76] 基于连续损伤力学理论，提出了以损伤能量释放率表示的混凝土单轴拉 - 压疲劳损伤模型，建立了累积损伤与相应循环损伤能量释放率阈值之间的关系，实现了对混凝土在循环荷载作用下的刚度退化过程模拟。

以上模型在不同角度均已较好地对混凝土的疲劳寿命进行了预测，但由于混凝土材料组成的多相性和不均匀性等原因造成的固有离散性，即使是在试验室中较理想的条件下，混凝土的疲劳试验结果离散性依然很大。在实际工程中，由于施工等原因造成的离散性会更大。因此，以上模型的建立都是以大数据量为前提的，否则很难以合理的可靠性得出统计结论[77]，然而目前的研究均是建立在试验数据量有限的条件下进行的。灰色系统理论把疲劳现象看作一个小样本、贫信息的不确定性系统，所需要的试验数据少，可真实地反映疲劳现象的客观规律，为疲劳寿命的预测提供了一种新的方法[78]。

1.3.1.2 灰色系统理论在疲劳寿命预测的应用

灰色系统理论是邓聚龙教授于 1982 年创立并发展起来的。该理论以“部分信息已知，部分信息未知”的“小数据、贫信息”不确定性系统为研究对象，通过对“部分已知信息”的挖掘，提取有价值的信息，实现对系统演化规律的准确描述和有效监控。信息不完全、数据不准确是不确定系统的基本特征，相比传统的统计理论需要大量的数据，由于灰色预测模型对数据量的要求不高，建模过程简单，在工业[79, 80]、农业[81]和环境[82–84]等许多领域得到了广泛的应用。利用灰色系统理论建立混凝土的强度模型、对混凝土进行疲劳寿命的预测具有重要的意义。

灰色系统理论应用于混凝土性能研究及混凝土疲劳寿命预测正在起步阶段。已有学者采用灰色系统理论对混凝土的强度、耐久性进行了分析[85–87]。在混凝土的性能预测中，一元一阶差分方程 GM（1，1）模型使用较多[88–91]。一元一阶差分方程 GM（1，1）模型是灰色系统理论预测模型的基础和核心，是最简单且应用最广泛的单变量灰色预测模型。朱劲松和宋玉普[92]应用灰色系统理论，有效地对混凝土的疲劳寿命进行了预测。Liu 等[93]探索了基于 GM（1，1）灰色模型的 PSO（粒子群优化）算法预测混凝土的疲劳寿命，提出的算法的一个重要优点是疲劳寿命预测仅需要较少的数据。Zhu 等[94]基于灰色系统理论提出了可用于混凝土疲劳寿命预测的扩展灰色马尔可夫模型（即 EGMM）。白二雷等[95]利用非等步长 GM（1，1）预测模型建立的机场水泥混凝土道面使用寿命的预测模型，得到的结果与实测值吻合较好，具有较高的精度。郭丽萍等[96]应用 GM（1，1）模型对混凝土疲劳寿命进行了预测，说明对于混凝土疲劳寿命这样具有波动性的离散数据列，GM（1，1）模型较以往常用的模型具有更好的预测效果。

然而，虽然 GM（1，1）模型的结构简单易于推广，但也有许多的应用研究表明，GM（1，1）的性能不够稳定，其模拟和预测误差有时不能令人满意[88–90]。灰色系统理论模型中的多变量预测模型 GM（0，N）、GM（1，N）则由于考虑了多个变量的影响，预测精度高于 GM（1，1）模型[77, 91, 97]。但是，以上模型虽考虑了变量的影响，却没有反映变量之间相互的影响，即没有考虑整个变量系统的完整性，导致在很多情况下传统的 GM（0，N）、GM（1，N）模型精度提高并不显著。2019 年 Zeng 等[98]通过在传统 GM（1，N）模型基础上增加因变量滞后项、线性校正项和随机干扰项，提出了一种新的具有结构相容性的多变量灰色预测模型——NMGM（1，*N*）模型。该模型可以完全兼容传统的主流灰色预测模型，具有很好的普适性，并且通过案例分析发现新模型比其他经典灰色预测模型具有更高的精度。目前该模型还未推广应用至土木工程领域的研究当中，本书将利用该模型进行小数据量下混凝土抗弯强度及疲劳寿命的预测，可为混凝土的疲劳寿命预测提供新的依据和方法。

1.3.2 疲劳荷载作用下混凝土的损伤

在荷载和环境的作用下，由于细观结构的微缺陷（如微裂纹、微孔洞等）引起的材料或结构的劣化过程称为损伤[99，100]。从力学角度，损伤是指在单调加载或重复加载下，材料的微缺陷导致其力学性能劣化的现象[101]。疲劳变形的发展过程就是混凝土损伤的过程，其与混凝土内部微裂纹的萌生和扩展过程是密切相关的。疲劳荷载作用下混凝土内部裂纹的演变过程决定了混凝土疲劳变形曲线的特性。许多学者对三阶段疲劳应变规律达成了共识[102–105]，这个规律与加载历史无关。无论是普通混凝土[106]、高强混凝土[107]，还是纤维增强混凝土[108]，无论疲劳荷载的形式是拉伸[109]、压缩[106]，还是弯曲[64]，混凝土的疲劳变形曲线都呈现出稳定的三阶段发展趋势：第Ⅰ阶段，混凝土的疲劳变形发展很快，但这个过程较短，大约占疲劳寿命的10%；第Ⅱ阶段，混凝土的变形随着疲劳荷载作用次数的增加呈缓慢的线性增长，这个过程较长，大约占疲劳寿命的80%；第Ⅲ阶段，混凝土的变形再次快速发展，随着疲劳荷载作用次数的增加，混凝土的疲劳变形急剧增加，混凝土很快便发生破坏，这个过程也较短，大约占疲劳寿命的10%。侯景鹏[110]对疲劳变形进行研究还发现上述疲劳变形规律既不依赖于荷载应力水平、混凝土受力状态，也不依赖于混凝土材料组分，具有普适性和稳定性。而且，有相当多的研究资料认为疲劳变形三阶段各占疲劳寿命的比例为常数，与应力水平无关[111]。

上述损伤过程的本质均是材料内部的微缺陷（如微裂纹、微孔洞等）发展引起的疲劳损伤累积[112，113]。合理地量化这些微缺陷（如微裂纹、微孔洞等）是描述混凝土损伤的关键，但这些缺陷在材料内部的分布是呈离散状态的，因此，损伤力学假定所有微缺陷都是连续的，这些微缺陷给材料的力学性能所带来的影响则用一个或多个连续的内部变量来表示，这种变量就称作损伤变量。损伤变量是根据所研究材料内部存在微细观缺陷的特征引入的，是材料内部受损伤和劣化程度的度量，在物理概念上可直观理解为微裂纹和微孔洞占整个材料体积的百分比。损伤变量定义的基准量也可分为微观和宏观两类[114]：

（1）微观基准量：孔隙的数目、长度、面积、体积；孔隙的形状、排列方式、取向；

裂隙的张开、滑移、闭合或摩擦等缺陷性质。

（2）宏观基准量：变形模量、应变、屈服应力、拉伸长度、延伸率、电阻、密度、超声波、声发射等。

从实际工程应用角度，更注重损伤过程中宏观物理、力学性能各参量的劣化演变规律，因此，常采用宏观基准量来定义混凝土的损伤变量。工程上常用的损伤变量定义方式有弹性模量法[115]、最大疲劳应变法[58]、残余疲劳应变法[116]、剩余强度法[117]、耗散能量法[118]、超声波速法[119]等，如表 1-1 所示。

一般来说，损伤变量大多数仅是材料性能劣化的相对度量和间接表征，并无几何上的绝对真实意义。损伤变量会因失效判据和试验中材料的破坏特征不同而导致其定义的有效性不相同。虽然采用宏观基准量来定义损伤变量是不完备的，但还是能从不同方面体现损伤的演变过程[120]。合适地选取、量化反映材料真实的损伤状态且易于测量的损伤变量，是描述大温差环境下混凝土疲劳累积损伤规律的关键所在。

工程上常用的损伤变量 **表 1-1**

名称	公式	含义
弹性模量法[115]	$D=1-\frac{E'}{E}$	E 为混凝土的初始弹性模量；E' 为经历一定循环次数后的弹性模量
最大疲劳应变法[58]	$D=\frac{\varepsilon_{\max}^{n}-\varepsilon_{\max}^{0}}{\varepsilon_{\max}^{\mathrm{f}}-\varepsilon_{\max}^{0}}$	$\varepsilon_{\max}^{n}$ 为疲劳 n 次后的瞬时最大应变；$\varepsilon_{\max}^{0}$ 为混凝土疲劳初始最大应变；$\varepsilon_{\max}^{\mathrm{f}}$ 为极限最大应变
残余疲劳应变法[116]	$D=\frac{\varepsilon_{\mathrm{r}}^{n}}{\varepsilon_{\mathrm{r}}^{\mathrm{f}}}$	$\varepsilon_{\mathrm{r}}^{n}$ 为疲劳 n 次后的残余应变；$\varepsilon_{\mathrm{r}}^{\mathrm{f}}$ 为破坏时的极限残余应变
剩余强度法[117]	$D=1-\frac{\sigma_{\mathrm{t}}}{f_{\mathrm{t}}}$	σ_{t} 为受压疲劳加载一定次数后的剩余疲劳强度；f_{t} 为混凝土试件的初始劈拉强度
耗散能量法[118]	$D=\frac{E_{\mathrm{s}}}{E_{\mathrm{tot}}}$	E_{s} 为疲劳加载一定次数后耗散的能量；E_{tot} 为单位体积混凝土总的耗散能量
超声波速法[121]	$D=1-\left(\frac{V_i}{V_0}\right)^2$	V_0 为冻融循环前混凝土试件的脉冲传播速度；V_i 为 N 次冻融循环后混凝土试件的脉冲传播速度
	$D=1-\left(\frac{f_i}{f_0}\right)^2$	f_0 为冻融循环前混凝土试件的共振频率；f_i 为 N 次冻融循环后混凝土试件的共振频率

1.4 污泥灰混凝土力学性能研究

1.4.1 污泥灰混凝土抗压性能研究

污泥灰混凝土抗压强度的研究对于结构设计和优化、结构健康监测与维护都具有重要的意义。深入研究污泥灰混凝土抗压强度变化规律，有助于提高污泥灰混凝土结构的安全性、可靠性和可持续性[122]。

已有一些学者研究了不同污泥灰掺量下的混凝土抗压强度变化规律。Amminudin等[123]在混凝土中使用干污水污泥代替水泥，替代比例为0%、5%、10%、15%，分别养护7d和28d后研究混凝土立方体试件的抗压强度。结果表明,替代比例为5%～10%时，混凝土试件的抗压强度增加，说明污泥灰具有很好的填充效应；替代比例超过10%时，混凝土试件的抗压强度下降，原因为污泥灰的加入抑制了混凝土水化反应。Mosaberpanah等[124]的研究也证实了污泥灰含量为5%和10%的混合物在7d与28d的抗压强度相比基线混凝土分别增加了19.52%和13.78%，以及24.76%和21.68%。Azarhomayun等[125]比较了10%和20%掺量情况下的抗压强度，结果表明，20%污泥灰代替水泥导致混凝土试件的抗压强度降低25%。原因考虑为：高掺量污泥灰中的化学成分与混凝土中的水泥化学物质发生反应，这些不利的反应引起胶凝体的膨胀破坏，导致混凝土内部的微观结构发生变化，使得混凝土抗压强度降低。Gu等[126]探索了污泥灰掺量为10%的超高性能混凝土抗压强度，试验结果表明7d和28d抗压强度均略有增加。Ottosen等[25]、Xia等[133]也基于10%掺量得到了类似结论。

由上述研究可知，小掺量污泥灰能够促进混凝土水化反应，提高抗压强度，大掺量污泥灰反而会抑制混凝土水化反应。但是上述研究并未对污泥灰中何种化学成分抑制了混凝土水化反应进行分析，导致抑制混凝土水化反应的原因可能是污泥灰中含有的重金属物质。因此，需要研究不同掺量污泥灰混凝土的重金属结合形式，以明确污泥灰中所含重金属元素对混凝土水化反应的作用机理。

1.4.2　大温差环境下污泥灰混凝土的力学性能

对于污泥灰混凝土在大温差循环作用后的力学性能尚未见报道，但有学者研究常规冻融循环作用后污泥灰混凝土发现，与普通混凝土一样，随着冻融循环次数的增加，基体内孔隙率增大，污泥灰混凝土的抗压强度逐渐降低[127]。然而也有研究发现，虽然污泥灰的加入增加了水泥砂浆的孔隙率，但同时也降低了混凝土的平均孔径，其对孔结构的细化作用可以抵消冻胀应力，降低基体中水分扩散产生的应力，从而提高砂浆的抗冻性[128，129]，而且污泥灰参与水化反应使得基体致密，抗压强度提高。与快速冻融循环试验温度−18～5℃相比，大温差−50～38℃温度范围更大，其循环作用后污泥灰混凝土力学性能如何演变，值得进一步研究。

污泥灰中含有的重金属对混凝土的力学性能也存在影响。苏小梅等[130]研究发现当污泥灰掺量小于6%时，对水泥砂浆试件的力学性能影响很小，但当污泥灰掺量达到 11% 时，其重金属元素含量变高，重金属离子发生化学反应生成的氢氧化物沉淀（如 $Ca_2Cr(OH)_7 \cdot 3H_2O$）包裹在水泥颗粒表面，阻碍水泥颗粒的进一步水化，改变水化进程，导致水泥初凝时间延长并抑制力学性能的发展，对水泥砂浆的力学性能产生消极影响。刘兆鹏等 [131] 通过微观试验发现 Pb^{2+} 在水化碱性溶液中溶解度较高，会在水泥颗粒表面形成一层不透水层，抑制水泥的水化反应。然而，还有学者认为 Pb^{2+} 通过离子替换等形式进入 C-S-H，增强了 C-S-H 凝胶的致密度，优化了孔径分布，从而使混凝土的强度增加 [132]。实际中，污泥灰掺入的积极与消极影响同时存在，污泥灰中的重金属对混凝土力学性能是否有利目前尚未有明确的结论。

由目前的文献调研可知，污泥灰混凝土力学性能的研究以常规快速冻融循环试验为主，人们对大温差环境下污泥灰混凝土固化重金属能力及力学性能演化规律还缺乏足够的认识。实际上，在大温差环境中，正负温度交替变化、混凝土含水量变化以及混凝土孔隙内水分扩散路径演变等因素的变化组合是多样的，但无论哪种因素，都会导致混凝土内部的孔结构演变，该演变会对混凝土固化重金属的能力和力学性能产生影响。因此，解决大温差环境下污泥灰混凝土固化重金属及力学性能演化机理的核心问题是探明大温差环境导致混凝土孔结构演变。

1.5　混凝土固化重金属机理研究

1.5.1　混凝土对重金属离子的固化作用

国内外关于水泥固化重金属机理，可以概括为以下四点 [133，134]（图 1-1）：

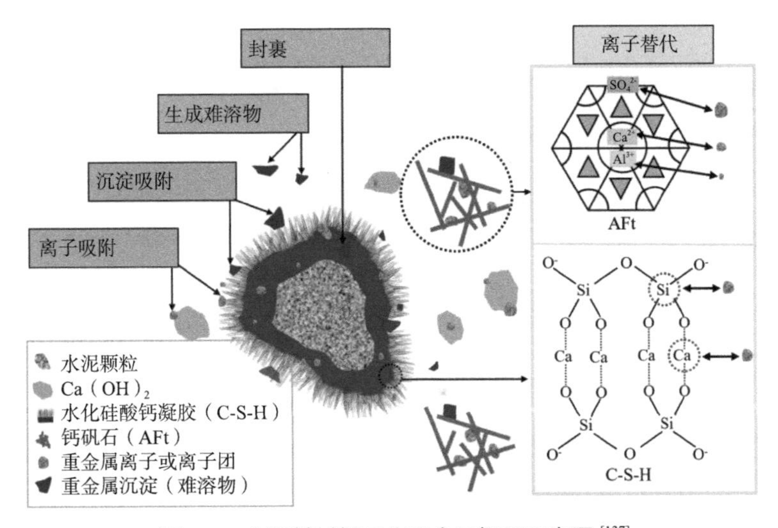

图 1-1　水泥基材料固化重金属机理示意图 [137]

（1）吸附：水泥胶凝体系中的水化产物和表面活性剂等成分可以通过物理吸附作用吸附污泥灰中的重金属离子。这种吸附作用是通过静电相互作用或化学键的形式发生的，使重金属离子暂时固定在胶凝材料的表面或孔隙中。吸附作用是较为临时的结合方式，容易受到环境条件的影响。

（2）替代：在水泥胶凝材料的水化过程中，污泥灰中的重金属离子可以替代水化产物中的离子进入水化产物晶体结构中。这种替代作用发生在水化产物晶格的缺陷或空位处，使重金属离子与晶体结构相结合，从而固化重金属。替代作用通常需要适当的条件和时间，以便重金属离子能够充分替代水化产物中的离子。

（3）沉淀：重金属离子可以与胶凝体系中的某些成分反应生成固体沉淀物。这种反应可以涉及化学沉淀、共沉淀等过程，使重金属离子以固体形式固定在胶凝材料中。

（4）封裹：当污泥灰被胶凝材料包裹时，重金属离子也被封存在胶凝材料的基质中。胶凝材料的基质可以形成一种物理屏障，阻止重金属离子的迁移和释放。这种封裹作用可以通过胶凝材料的孔隙结构来实现，从而有效地固化重金属离子。

1.5.2 重金属离子在水泥基体中的具体结合形式

重金属的种类繁多，我国将重点防控的重金属污染物分为两类：第一类：铅（Pb）、汞（Hg）、镉（Cr）、铬（Cr）、砷（As）；第二类：铊（Tl）、锰（Mn）、铋（Bi）、镍（Ni）、锌（Zn）、锡（Sn）、铜（Cu）、钼（Mo）等。污泥灰中重金属元素包括镍（Ni）、铜（Cu）、锌（Zn）、铅（Pb）、铬（Cr）等，涵盖了重点防控的第一类和第二类重金属。不同重金属离子在水泥体系中的结合形式不同[135]。

（1）Ni（镍）元素

Macphee 等[136]根据元素在元素周期表中的位置以及溶解性质推测 Ni^{2+} 在 pH 值 12 ~ 13 范围内均能够以稳定的沉淀形式存在。Roy 等[137]根据 X 射线衍射法（XRD）、热重和差分热重分析（TG-DTG）以及傅里叶变换红外光谱分析（FTIR），Ni 可能以氢氧化物沉淀的形式存在于水化体系中，并且沉淀形式与 pH 值有关。Hekal 等[138]根据 XRD 的测试结果，认为 Ni 主要以 $Ni(OH)_2$ 凝胶的形式与 C-S-H 凝胶共存，并且固化效果非常高。

（2）Cu（铜）元素

Roy 等[139]采用 XRD 和扫描电子显微镜（SEM）分析硝酸铜在水泥胶凝材料中的存在形式，发现 Cu^{2+} 主要以 $CuO \cdot 3H_2O$ 的形式存在，但是该物相衍射峰的试验数据与对应标准卡片并不完全重合。Wu 等[140]认为，Cu^{2+} 在 C_3S 水化体系中形成的沉淀

是 $Cu(OH)_2$。Maiti 等 [141] 同样采用 XRD 和 SEM 分析水泥作为粘合剂对铅和含铜飞灰（吸附剂）进行固化 / 稳定，认为 Cu^{2+} 主要与 C-S-H 结合，并改变 C-S-H 凝胶的微观结构，生成 C-S-H-Cu 化合物。此外，Qian 等 [142] 研究发现 Cu^{2+} 可能进入 AFt 和 AFm 结构中。

（3）Zn（锌）元素

Hale 等 [143] 认为，Zn^{2+} 不能被 C-S-H 凝胶固化，而是以氢氧化物的形式存在于水泥凝胶体系中。在高 pH 值下，Zn^{2+} 是通过封裹固定化，而不是沉淀物的形成。Li 等 [144] 同样认为，由于 $Zn(OH)_4^{2-}$ 和 $Zn(OH)_5^{3-}$ 带负电荷，因此不能被 C-S-H 吸附，但 $Zn(OH)_4^{2-}$ 和 $Zn(OH)_5^{3-}$ 可能与 Ca^{2+} 结合生成 $CaZn_2(OH)_6 \cdot 2H_2O$ 沉淀。Ziegler 等 [145] 通过等温吸附研究发现，在低浓度时锌离子能够在 C-S-H 表面吸附，在高浓度时锌离子以 $Zn(OH)_2$（$pH<12$）或者 $CaZn_2(OH)_6 \cdot 2H_2O$（$pH>12$）形式沉淀，研究中并没有直接观测到两种沉淀物。Yousuf 等 [146] 通过 FTIR 测试研究发现，Zn^{2+} 在硅酸盐水泥中以 $CaZn_2(OH)_6 \cdot 2H_2O$ 沉淀的形式存在。

（4）Pb（铅）元素

Wang 等 [135] 通过 XRD 研究水泥基体对 Pb^{2+} 的固化形式，Pb^{2+} 部分固定为氢氧化物，并被 C-S-H、AFt 和 AFm 吸附。Wang 等 [147] 研究发现，Pb^{2+} 在水泥基体中形成氢氧化物沉淀，随后转换为更稳定的 PbO 沉淀；此外，Pb^{2+} 还有可能被吸附在钙的水合物或者 C-S-H 凝胶上。Lee 等 [148] 通过 XRD 和元素线扫描等技术手段研究含铅废物在水泥中的固化，研究发现 Pb^{2+} 在水泥体系中以 $Pb_4SO_4(CO_3)_2(OH)_2$、$3PbCO_3 \cdot 2Pb(OH)_2 \cdot H_2O$ 以及两种不能确认的铅盐的形式存在。Maiti 等 [141] 通过 XRD 和 SEM 试验手段发现，Pb 元素在水泥中主要被 C-S-H 凝胶吸附。Halim 等 [149] 通过背散射电子成像（BSE）图片发现 Pb 元素均匀地分布在 C-S-H 周围，结合浸出试验，认为 Pb^{2+} 在水泥体系中以硅酸盐的形式沉淀。

（5）Cr（铬）元素

Omotoso 等 [150] 利用 XRD 研究硝酸铬和氯化铬在 C_3S 体系中的存在形式，发现 Cr^{3+} 主要以 Ca-Cr 复合氢氧化物的形式存在，并且该复合物的形式与初始 Cr^{3+} 浓度和 C_3S 的水化龄期有关，但是无法确定该复合物的具体形式。Moulin 等 [151] 利用等温吸附曲线和 X 射线吸收光谱系统研究 Cr^{3+} 在水泥不同的矿物相中的结合机理，研究认为在 C_3S 体系中 Cr^{3+} 能够以 $Ca_3[Cr(OH)_6\text{-}(SiO_4)_{x/4}]_2$ 形式存在。在 C_3A 和 C_4AF 体系中，Cr^{3+} 可以替代水化铝酸钙或水化铝铁酸钙中的 Al 或 Fe。Wang 等 [135] 利用 XRD 研究水泥基体对 Cr^{3+} 的固化形式，研究表明 CrO_4^{2-} 难以沉淀或被水合物吸收。

1.5.3 大温差环境下污泥灰混凝土固化重金属能力

重金属离子在固化材料中的主要浸出机制是扩散[134]，该过程与基体内部水分条件和扩散通道孔结构有着密不可分的关系。

含水量是衡量混凝土内部水分条件的重要指标，水胶比是影响混凝土含水量的重要因素，Onuagulachi 等[152]和 Sun 等[153]研究了不同水胶比的污泥灰混凝土，发现水胶比越高的混凝土浸出重金属溶液的浓度越高。污泥灰的掺入，对混凝土含水量是否会产生影响，目前研究结论并不一致。有的学者认为，混凝土中掺加了污泥灰，相当于在用水量不变的情况下，降低了水泥的用量，产生了“稀释效应”，减少了水泥正常的水化反应产物[154]，从而使混凝土内部含水量较高。然而，还有学者认为，污泥灰的火山灰活性较高，主要水化产物（包括 C-S-H 凝胶、$Ca(OH)_2$ 和 AFt）的形成和生长都会使基体更加致密[155]，而且污泥灰为不规则多孔颗粒，含有许多孤立的开放孔隙，可以吸收混凝土内部多余的水分，反而可以减少由于掺加污泥灰而引起的水泥“稀释效应”，降低混凝土内部的含水量。在内蒙古、新疆等大温差地区，属于干燥地区，混凝土内部含水量往往高于表面，内外水分含量的不一致产生湿度差，从而为水分扩散提供了动力，而且该类地区大温差导致的冻融循环使部分孔内溶液结冰，引起孔溶液中离子浓度梯度差异[137]，该差异也为混凝土内水分扩散提供动力，两种扩散动力使混凝土内部的自由水会逐渐沿着微小孔隙向混凝土的表面扩散，扩散的同时也使溶于其中的重金属浸出。

混凝土内部的孔结构为重金属离子的浸出提供通道，其也会受到温度作用的影响。Wang 等[127]研究发现冻融过程损坏了水化产物 C-S-H 的微孔结构，降低了其吸附、封裹重金属的能力，使重金属元素存在于孔隙水中，在冻结降温过程中，混凝土内部的孔隙水处于高负压状态，水泥基体受到高应力作用，造成了基体的压缩，部分孔隙水被挤出胶凝孔，随后冻结为微冰晶；在温度缓慢回升的过程中，水泥基体逐渐膨胀，但受到微冰晶的阻碍，冻结过程中被挤出的水分无法回流至胶凝孔中，溶解在其中的重金属则会浸出。而且冻融过程使基体内部产生大量的微裂缝，导致重金属元素有更多的浸出通道。Kim 等[128]经过 −25 ~ 25℃的冻融循环试验发现，与未进行冻融循环试验的基体相比，基体材料的孔隙率增加，降低了孔结构对重金属沉淀、离子吸附、封裹能力。

1.6 混凝土的孔结构

宏观性能的变化源于微观结构的改变，混凝土受到温差和荷载共同作用后其性能衰减的本质原因，学者们一致认为是由于混凝土内部的孔洞、裂纹等细微观缺陷的发展及贯通造成的[19, 156]。20世纪80年代，Wittmann[157]提出了混凝土孔隙学理论，是研究孔隙特征或孔结构的理论。有学者将混凝土中的孔分为凝胶孔、毛细孔和气泡三种。凝胶孔为孔径小于4nm的孔，对透水性和强度的影响忽略不计；毛细孔指毛细孔径大于20nm的孔，毛细孔的孔径范围由水胶比和水泥水化程度来决定，水胶比较低且水化反应充分时毛细孔的范围为20 ~ 50nm，水胶比较高且水泥水化不充分时毛细孔范围为3 ~ 5μm，大于50nm的毛细孔，对混凝土的抗冻性是有害的；混凝土中的气泡是50 ~ 200μm的孔，气泡是在混凝土的施工过程中遗留产生的，通常会对混凝土的强度产生影响[158]。还有学者按照孔的大小把混凝土中的孔划分为小于4.5nm、4.5 ~ 50nm、50 ~ 100nm和大于100nm四部分，并通过试验发现大于100nm的孔对混凝土各项宏观性能起了决定性作用[166]。1973年，吴中伟院士[159]将混凝土中的孔进行了进一步的划分，根据不同孔径对水泥基材料性能的影响，将孔按照孔径大小分为小于20nm的无害孔、20 ~ 100nm的少害孔、100 ~ 200nm的有害孔、大于200nm的多害孔，且指出减少100nm以上的有害孔、增加50nm以下的少害孔和无害孔，可以提高水泥基材料的结构性能和耐久性。

国内外学者根据试验数据、理论分析等方法得到了不同的混凝土内部孔分类方法[158-160]，但至今还未达成共识。因此，对于大温差地区混凝土孔结构的划分及研究亟待进行。

1.6.1 环境温度、荷载与孔结构

环境温度与荷载均会对混凝土的孔结构产生影响，该影响则体现在宏观力学性能的劣化方面。陈惠苏等[161]研究发现，干燥大温差气候下混凝土的孔隙率提高，平均孔径和临界孔径增大，孔体积分布曲线向大孔径段偏移，有害孔和多害孔所占比例显著提高。孔结构的劣化造成宏观性能的降低，主要表现为混凝土强度的损失。Qu等[162]研究了在反复冻融循环作用下混凝土的平均孔径和总孔隙率的变化趋势，发现冻融循环会使混凝土的平均孔径和总孔隙率增加显著，从而影响混凝土的耐久性及混凝土结构使用寿命。杨晓林等[163]研究发现，未冻融混凝土的孔隙率约为2.79%，然而随着冻融循环次数的增加，在结冰膨胀压力和渗透压力的累积作用下，导致混凝土内部萌生大量的裂纹和孔洞，破坏了混凝土原有的致密结构，孔隙率增加到10.83%。Zhang等[164]和何俊辉[165]通过研究冻融循环作用下混凝土孔结构发现，随着冻融循环次数的增加，孔径分布由小孔向大孔方向转移，即总孔隙率增大的原因是大孔的增加。

在荷载作用下，混凝土的孔结构总会经历扩展、贯通，从而导致混凝土孔隙率的增加。关于孔结构与混凝土力学性能之间关系，薛翠真等[166]研究发现，混凝土抗压

强度与平均孔径、毛细孔和大孔数量均呈负相关，与凝胶孔及过渡孔数量之间未有明显的定量关系。Deo 等[167]比较了加载前后混凝土的孔结构，发现孔隙率增加约 10%会导致抗压强度降低约 50%。Ki-Bong 等[168]和 Berodier 等[169]研究发现混凝土在荷载作用下的强度损失是总孔隙率和较小孔隙率的增加引起的。在孔结构与力学性能模型的研究上，最初主要集中在总孔隙率与混凝土强度的模型研究方面，学者们提出了许多经验公式[170–173]，并在实践中得到了一定程度的验证。Kumar 等[173]引入平均孔径，建立了混凝土抗压强度与平均孔径、孔隙率之间的关系模型。Ozturk 等[174]通过对大量试验数据的回归分析，建立了混凝土强度与孔隙率的关系。Odler 等[175]研究了不同水胶比下混凝土的强度和孔结构，并用线性回归方法建立了强度与孔径分布的关系模型。Zhou 等[176]发现孔隙度参数与强度之间存在良好的线性关系。还有很多学者都提出了关于混凝土强度与总孔隙率关系的半经验公式，具有代表性的四个关系式见表 1-2[128]。

混凝土强度与总孔隙率关系的半经验公式 **表** 1-2

关系式类型	半经验公式	作者及发表时间
幂函数关系式	$f_c=f_0(1-p)^a$	M.Y.Balshin，1949 年
指数函数关系式	$f_c=f_0\exp(-ap)$	E.Y.Ryshkewitch，1953 年
对数函数关系式	$f_c=a\ln(f_0/p)$	K.K.Schiller，1971 年
线性关系式	$f_c=f_0(1-ap)$	Hasselmann，1985 年

注：f_c 为混凝土的抗压强度；f_0 为混凝土孔隙率为 0 时的抗压强度；p 为孔隙率；a 为经验常数。

但随着研究的深入，学者们发现即使混凝土孔隙率相同，但由于孔径分布不同，强度也存在着明显差异。Kumar 等[173]通过研究混凝土强度和孔隙率关系发现，线性、幂函数、指数以及对数关系式与实测数据相比，误差均是较大的。学者基于分类孔径对强度产生的影响建立的模型较仅考虑总孔隙率影响的模型更为合理[177]。对疲劳荷载对混凝土的孔结构的影响研究较少，但已有研究均表明，孔隙率越高混凝土的疲劳寿命越低[177–179]。

在温度、荷载的影响下，混凝土孔结构由小孔向大孔转移是学者已达成的共识，并且提出了平均孔径、最可几孔径、孔径分布等参数表征孔结构[177, 179, 180]，然而各参数与疲劳寿命之间的关系尚不明确[179, 181]。大温差地区混凝土疲劳寿命与孔结构的关系研究较少，而且现有的参数仅从孔径和孔隙率两方面对孔结构进行描述，而孔结构是复杂的，因此，需要从多维度进行孔结构表征，才能综合反映混凝土内部孔结构对其抗弯强度、疲劳寿命的影响，为建立孔结构与宏观力学性能的关系研究提供思路。

1.6.2 孔结构对混凝土重金属固化性能的影响

混凝土宏观性能变化源于其微观结构的改变，尤其孔洞、裂缝等细微缺陷的发展和贯通，这些缺陷直接影响混凝土固化重金属能力。在大温差地区，温差作用可能导致混凝土内部缺陷的发展和贯通，进而引起重金属的浸出增加[182]。混凝土内部孔结构与裂纹的贯通密切相关。由于混凝土内部裂纹的尺寸难以直接测量，研究混凝土的孔结构对重金属浸出量的影响更具可操作性。因此，建立混凝土内部孔结构与重金属浸出量之间的关系对于研究大温差地区混凝土的抗压性能具有实际意义和重要影响。这种研究可以为混凝土结构的设计和维护提供更有效的指导，以提高其使用寿命。

混凝土孔结构中的孔隙表面具有一定的吸附和交换作用，可以吸附和交换重金属离子。孔隙的形态和孔隙表面的特性（如比表面积、孔径分布和孔隙率）会影响重金属离子的吸附和交换行为。研究孔结构可以帮助了解孔隙表面的吸附和交换性能，从而预测和控制重金属离子的吸附和迁移过程。此外，孔隙的大小、连通性和分布会影响重金属离子在混凝土内的扩散和迁移速率。研究孔结构可以揭示重金属离子的释放和迁移机制，为控制和减少重金属离子的浸出提供科学依据。通过研究孔结构，可以了解不同因素对于混凝土重金属浸出的影响。

综上所述，研究混凝土孔结构对于深入理解混凝土重金属浸出的机制和行为变化具有重要意义。通过揭示孔结构的形态和分布，可以预测和控制重金属离子的进入、吸附、迁移和释放过程，并在保护环境的前提下获得更优的抗压强度，从而为混凝土的工程应用和保护环境提供科学依据。

1.6.3 核磁共振孔结构测试技术及应用于混凝土的研究

在测量孔结构方面，目前常用的测试方法主要有扫描电子显微镜（SEM）、小角射线散射法（SAXS）、压汞法（MIP）、同步加速X射线计算机断层扫描技术（CT）等。然而以上测量技术都存在测量半径较小的孔时出现较大误差的问题。核磁共振技术（NMR）测量孔结构弥补了以上技术的不足。从图1-2可以看出，所有测试方法测量的孔径范围都小于核磁共振设备的孔径测量范围[183-186]。

Purcell和Bloch研究小组发现核磁共振这一物理现象以来，核磁共振测试技术已经广泛应用到食品安全、生物制药和材料表征等领域[188]。近年来，随着核磁共振技术的发展，由于其可提供关于水泥基材料的孔隙率、孔径分布等方面的信息，已逐渐成为表征水泥基材料孔结构信息的一种重要手段[189]。在水泥基材料的孔隙中，通常填充有水分，在一定的射频能的激发下，处在磁场中的水分子会发生共振现象，发生核磁

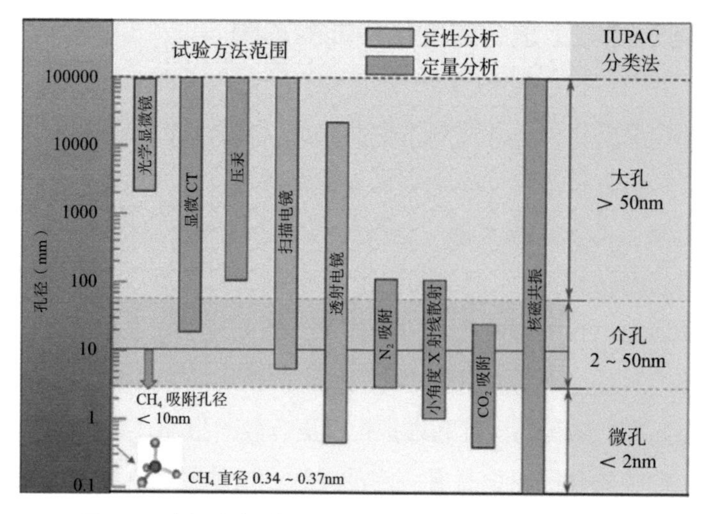

图 1-2　孔径分布测试方法测量范围（nm）的比较 [187]

共振的核自旋系统。该系统宏观磁化矢量在横向方向恢复到平衡态的过程称为横向弛豫过程，恢复过程的时间可用横向弛豫时间 T_2 表征，T_2 的大小与水分子所在的孔隙尺寸有着定量的关系，从而能够得到孔结构的信息 [190]。因此，低场核磁共振技术既可以检测连通孔，也可以检测非连通孔，这是目前其他测量设备所不具备的优势。

由于该测试技术可以快速、无损、测孔范围更广地确定孔隙率、渗透率和连通性 [187]，该方法已逐渐开始在混凝土的孔结构研究中使用。Zhang 等 [191] 分析认为，由于 NMR 具有无损且能够测量较大样品的特性，NMR 测得的结果更接近于混凝土中的真实孔结构。Zhang 等 [192] 利用核磁共振技术研究了玄武岩纤维、粉煤灰、硅灰三种矿物对混凝土中氯离子渗透和微观结构的影响，硅灰的加入对孔隙率的降低作用最为明显，粉煤灰对混凝土氯离子扩散系数的降低作用最为显著。Rifai 等 [186] 利用核磁共振技术和 X 射线计算机断层扫描两种无损分析方法，测量了蒸压轻质加气混凝土在荷载作用过程中孔隙体积和孔径分布的变化规律，发现核磁共振技术可以很好地补充 X 射线计算机断层扫描测量孔径范围的不足。王萧萧 [193] 将核磁共振技术运用到天然浮石混凝土的耐久性分析中，发现天然浮石混凝土的核磁共振 T_2 谱分布一般为 4 个峰，冻融循环使混凝土内部的小孔逐渐向大孔扩展，造成混凝土孔隙度、T_2 谱面积增大。邱继生等 [194] 基于低场核磁共振技术，研究了不同聚丙烯纤维掺量的混凝土在冻融作用下 T_2 谱面积的分布与变化特征、孔结构分布特性以及冻融损伤规律，结果表明，随着冻融循环次数的增加，T_2 谱整体呈右移趋势，即向大孔隙方向偏移，且 T_2 谱面积逐渐增大的同时第一峰面积所占比例在减小，第二峰和第三峰面积所占比例在增加，说明冻融循环使混凝土内部的大孔隙大幅增加，出现了明显的冻融损伤。Liu 等 [187] 使用核磁共振技术评估了水胶比、粉煤灰替代率对混凝土抗压强度的影响，研究发现，混凝

土的 T_2 谱主要由 3 ~ 5 个信号峰组成，随着水胶比的增大，主信号峰的 T_2 谱面积以及混凝土总孔隙率增大，混凝土的抗压强度降低。当粉煤灰替代率为 30% 时，主信号峰的 T_2 谱面积最小，说明此时总孔隙率最小，此时的粉煤灰替代率最佳，抗压强度降低仅为 13.5%。李根峰等 [195] 使用核磁共振技术评估风积沙混凝土的孔隙特性，发现风积沙混凝土组表征中大孔的 T_2 峰值小于普通混凝土的，随着普通混凝土中孔径和大孔数量的增加，其抗冻性低于风积沙混凝土。杨晶 [196] 通过核磁共振技术研究混凝土冻融损伤演变规律发现，随着冻融循环次数的增加，T_2 谱面积初期呈现增速较快而后期增速减慢的规律；大孔孔隙率随循环次数增加而增大，小孔孔隙率随循环次数增加而减小；利用损伤程度不同的混凝土试件进行 T_2 谱与核磁共振扫描图像变化对比研究发现，两者具有较好的同步性，体现了核磁共振技术测量结果的准确性，这为有效的分析混凝土在冻融循环过程中的结构损伤演化规律奠定了基础。魏毅萌等 [197] 通过核磁共振技术测试了冻融循环过程中再生混凝土的孔径分布及其对再生混凝土抗冻性能的影响，结果表明混凝土中孔径分布和孔体积的变化率可以反映混凝土的抗冻性，可以作为判断混凝土抗冻性的重要指标。

1.7 数字图像相关技术应用于混凝土的研究

结构的变形信息对安全评定和工程质量具有十分重要的意义。研究表明，混凝土的损伤演化与应变变化趋势一致 [103，197–200]。因此，获得结构在荷载或其他外界因素作用下的变形信息是土木工程最重要和基本的任务之一。

在应变测量试验中，位移计、应变片、百分表等传统的测量方法以其测量结果稳定、测量精度高、采集数据方便、对环境要求低等优点而被广泛地应用于土木工程试验中。然而，这些测量方法常由于测点数、试件表面状况、空间以及安装条件等限制，导致其在复杂的环境中精度降低甚至失效，因此在实际工程应用中受到了很大的制约和影响，不能满足越来越高的测试要求 [201，202]。大量的试验结果显示，混凝土构件总是在一个无法预知精确位置的局部区域内发生破坏，而在实际的测量中，很难保证应变片所在的位置正好为研究的目标点，因此，常用测量方法的结果不能准确地反映破坏位置的情况 [203]。另外，应变片的滑移和标距不同也会对试验数据的可靠性产生不利的影响 [204–206]。综上所述，对于大温差环境下混凝土疲劳应变的研究，如使用应变片等接触式测量方法，试验数据精度必然会受到不利影响。

得到更准确、更全面的荷载或其他外界因素作用下混凝土结构的变形信息，是解决混凝土这种广泛应用的建筑材料性能研究的关键 [195，207]。近年来，非接触测量方法越来越多地被用于材料的研究，红外探测、超声检测和应力波反射法等一些新颖的测量方法也逐渐在土木工程试验中尝试使用。然而这些测量方法尚未成熟，其结果的可靠性有待考究[208–212]。数字图像相关（DIC）技术作为非接触测量的方法之一，具有实时观测且能获得全场的位移和应变数据，不受测点数、空间、试件表面状况和安装条件等影响的优势。该方法是由日本学者 Yamaguchi[213] 及美国学者 Peter 和 Ranson[214] 独立提出的，较位移计、应变片等接触式变形测量方法，具有非接触测量、精度高、对环境无特殊要求以及能获得试件在加载过程中任意区域、方向上的变形信息的优势[215]。

DIC 技术是通过匹配试件表面变形前后的散斑图像，分析试件表面散斑点的运动得到变形场（图 1-3），再通过计算得到应变场。变形前后的子区如图 1-4 所示，在变形前图像 $f(x,y)$ 中取某点 (x_0,y_0) 为中心的 $(2M+1)\times(2M+1)$ 像素大小的正方形参考子集，在变形后图像 $g(x',y')$ 中按预先定义的相关函数进行相关计算，并通过一定的搜索方法寻找与参考子区的相关系数为最大值的点，从而得到变形后目标子区中心点 (x_0',y_0') 的 x 和 y 方向的位移分量 u 和 v。重复上述过程，可得到计算区域的全场位移[216]。

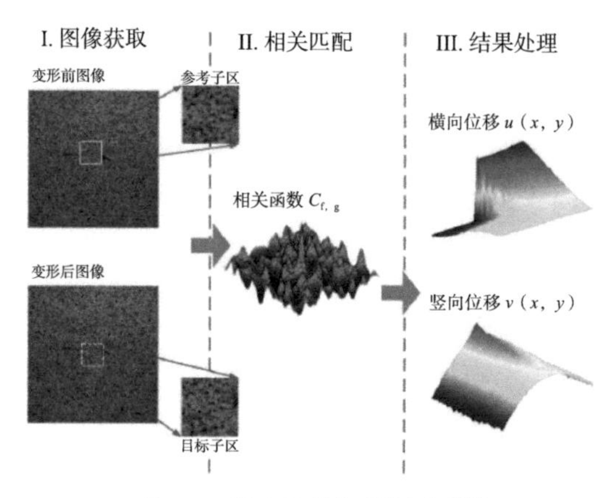

图 1-3　数字图像相关技术[216]

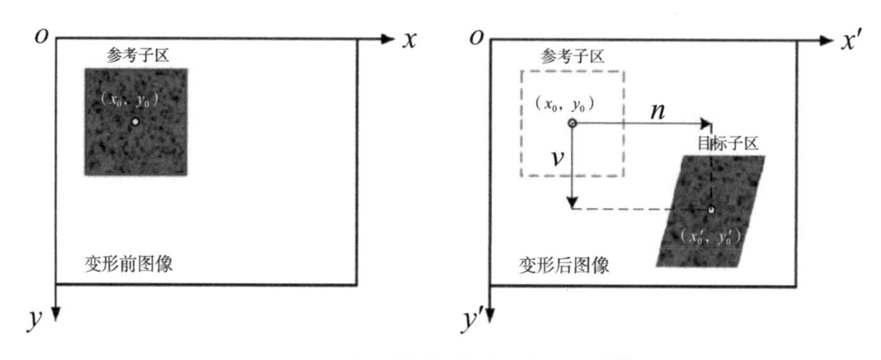

图 1-4　变形前后图像子区示意图[217]

为了判断变形后的目标区域与变形前的区域是否相对应，需从数学角度定义一个相关函数衡量图像相似程度：

$$C_{\mathrm{f,g}} = Corr\left\{f\left(x,y\right),g\left(x',y'\right)\right\} \tag{1-6}$$

式中 $f(x, y)$——变形前图像参考子区中坐标为（x_0，y_0）点的灰度；

$g(x', y')$——变形后图像目标子区对应点（x'，y'）的灰度；

$Corr$——描述 $f(x,y)$ 和 $g(x',y')$ 相互之间相似程度的函数[218]。$C_{\mathrm{f,g}} \in (0,1)$，当 $C_{\mathrm{f,g}}=1$ 时，两个子区完全相关；当 $C_{\mathrm{f,g}}=0$ 时，两个子区不相关。

由于 DIC 技术独特的优势，目前也逐渐被使用在混凝土中的变形[218，219]和裂纹扩展[220，221]等方面的研究中。Mohammed 等[222]使用 DIC 技术和应变片两种方法同时测量了混凝土的疲劳性能，结果表明 DIC 技术得到了更加准确和全面的信息，这是常规变形测量方法不能实现的。郝文峰等[223]研究发现通过 DIC 技术获得的疲劳荷载作用后的位移、应变等全场信息，能够更加直观地反映材料在疲劳荷载作用下的力学性能。徐振斌[224]利用 DIC 技术分析了混凝土在疲劳荷载作用下的位移场、应变场分布，定性地判断了混凝土试件疲劳性能劣化的规律，并比较分析了电测法的结果，验证了 DIC 技术可应用于混凝土疲劳试验的测量。李佳等[225]利用 DIC 技术对混凝土试件表面与侧面在疲劳过程中的位移、应变场进行分析，直观、定量地得到了试件全场位移变化规律，为混凝土疲劳断裂破坏的观测与判断提供了新的途径。高红俐等[226，227]利用 DIC 技术研究了拉伸试件在交变载荷作用下裂纹尖端区域的位移、应变场变化规律，结果显示使用 DIC 技术测量应变的最大误差仅为 4.12%，证明了 DIC 技术的可行性。

对于混凝土疲劳测试而言，其疲劳损伤过程中的变形具有随机性及非均匀性的特点，采用传统的测量方式无法准确地监测到混凝土的疲劳过程中最大应变、断裂位置等信息，因此，利用 DIC 技术全过程记录各时刻的变形图像，得到所需要的位移场、应变场等信息，利用以上信息分析混凝土的疲劳损伤，可为大温差地区混凝土疲劳寿命更为准确的预测奠定试验基础。

1.8 人工神经网络模型应用于混凝土的研究

混凝土抗压强度受材料、荷载和环境等多种复杂因素的影响。这些因素使得建立准确的混凝土抗压强度预测模型变得困难。预测混凝土抗压的传统方法主要有经验公式、非破坏性测试方法（通过对混凝土进行声波、超声波、电阻率、回弹等物理性能进行测量）等。然而，由于传统方法需要进行函数假设并需确定经验参数，这些数学和物理建模方法的预测精度较低，通用性较差[228]。基于统计学概率的模型在复杂和高度不确定性数据中的预测精度仍有提升空间。近年来，人工神经网络（ANN）因其强大的非线性拟合能力而得到广泛应用。ANN 不需要函数假设，可以通过数据驱动的训练过程学习复杂的非线性关系，这在抗压强度预测研究中是有利的。使用 ANN 进行混凝土抗压强度预测的研究很多，且实现了更高的预测精度[229，230]。因此，ANN 被视为解决具有高度不确定性的混凝土抗压强度预测问题的合适方法。

ANN 模型的高预测精度依赖于充足的训练数据，然而混凝土的抗压强度通常由试验确定，可以获得的训练数据是有限的。当训练数据过少时，模型会过度拟合这些典型数据的分布趋势，导致无法掌握真实的混凝土抗压强度的发展趋势，产生过度拟合现象，导致模型预测精度下降[231]。数据增强是扩大训练数据量的有效工具，该方法通过生成合成数据的方式增加用于模型训练的数据量，提高模型的预测精度[19]。经典的序列数据增强方法包括时域变换、统计生成模型和基于学习的模型[232]。时域变换方法主要包括采样、切片、翻转等，但此类方法难以确认是否对序列分布造成影响[233]。统计生成模型如混合自回归等[234]使用统计模型对数据的分布进行建模，但这类方法过度依赖初始值,一旦初始值被扰动,数据将按照不同的条件分布产生。基于学习的模型，例如生成对抗网络（GAN）[235，236]、进化搜索[237]等，基于生成器与源数据分布的精确拟合生成扩充数据。但此类方法在较少数据量的扩充中性能不稳定[238-240]。鉴于此，Fawaz 等[241]提出了基于动态时间扭曲（Dynamic Time Warping，DTW）距离的平均数据增强方法，名为 DBA（DBA）算法，在 UCR archive 中的两个训练集（分别包含 16 组数据和 57 组数据）中获得了至少 60% 的预测精度提升，证明了该方法对小数据集的有效性。但该方法也存在扩充结果易受异常序列影响、扩充过程繁琐等问题。

综上，本书将基于小数据量条件通过数据增强方法和 ANN 模型，建立大温差条件下混凝土疲劳寿命、污泥灰混凝土抗压强度和重金属固化量的预测模型，并对现有数据增强方法进行改进，以解决小数据量情况下数据增强易受异常值影响、扩充操作繁杂等问题，进一步提升对混凝土疲劳性能、抗压强度和重金属固化量的预测精度。

第 2 章

大温差作用下混凝土抗弯性能的研究

2.1 试验概况

2.1.1 试验原材料

水泥：冀东水泥厂生产的 P·O 42.5 普通硅酸盐水泥，其性能见表 2-1。

水泥的性能　　表 2-1

细度 /%	凝结时间 /min		抗压强度 /MPa		抗弯强度 /MPa	
80μm 方孔筛余量	初凝	终凝	3d	28d	3d	28d
2.6	220	270	26.1	47.3	4.9	7.2

细骨料：天然水洗河砂，表观密度为 2650kg/m^3。按照《普通混凝土用砂、石质量及检验方法标准》(JGJ 52-2006) 的有关规定，在配制混凝土时宜优先选择Ⅱ区砂，本试验中使用的砂的颗粒级配和细度模数满足规范中Ⅱ区砂的相关规定。

粗骨料：本试验选取人工碎石作为粗骨料，经过机械破碎、筛分等形成的粒径为 5 ~ 10mm 的碎石（图 2-1）。

水：混凝土的拌合用水的水质要求应符合《混凝土用水标准》(JGJ 63-2006) 的规定。本试验使用呼和浩特自来水厂供应的自来水，各项指标见表 2-2。

混凝土拌合用水水质要求　　表 2-2

项目	pH 值	可溶物 /（mg/L）	不溶物 /（mg/L）	Cl^-/（mg/L）	SO_4^{2-}/（mg/L）	碱含量 /（mg/L）
指标	≥ 4.5	≤ 10000	≤ 5000	≤ 3500	≤ 2700	≤ 1500

图 2-1　破碎粗骨料（左：破碎后；右：破碎前）

2.1.2　混凝土配合比

由于水胶比对混凝土的性能影响明显，因此配合比设计时考虑了水胶比的变化。根据《民用机场水泥混凝土面层施工技术规范》（MH 5006-2015），有抗冻性要求地区的混凝土最大水胶比为 0.42。因此，水胶比共设计了 0.36、0.39、0.42 三个水平。根据本试验对混凝土强度等级的要求，配制的基体混凝土强度等级为 C50，混凝土配合比见表 2-3。

混凝土配合比　　表 2-3

序号	水 /（kg/m^3）	水泥 /（kg/m^3）	细骨料 /（kg/m^3）	粗骨料 /（kg/m^3）	水胶比	减水剂 /%
1	180	500	546	1150	0.36	0.1
2	195	500	592	1160	0.39	0.1
3	210	500	592	1160	0.42	0.1

2.1.3　试件的成型与养护

所有试件的尺寸均为 40mm × 40mm × 160mm。试件成型后置于室内，用保鲜膜覆盖以防止水分挥发。在混凝土初凝前 1h 左右进行抹面，使其与试模口齐平。24h 后拆模、编号，将试件转移到温度 20℃ ±1℃，相对湿度大于 95% 的标养室中进行养护。所有试件标准养护 28d 后，均在 20℃的室温环境中放置 6 个月，再进行抗弯、疲劳试验，从而使混凝土水化完全，强度趋于稳定。

2.1.4　试验方法

2.1.4.1　大温差试验

研究表明，当环境温度为 32℃时，混凝土表面温度可达 63℃；当环境温度为

40 ~ 47℃时，混凝土试件表面温度可高达 80 ~ 90℃ [3]。经过实地测量（图 2-2），内蒙古呼和浩特市气温为 27℃时，白塔机场混凝土道面的表面温度达到了 47℃。

（a）测试环境

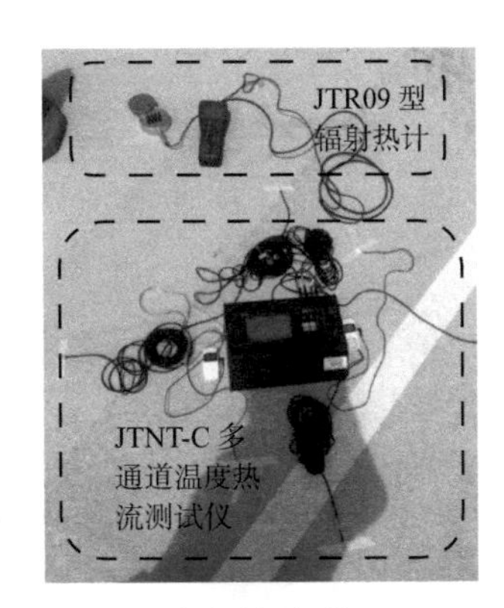

（b）测试仪器

图 2-2　实地测量机场混凝土道面温度

结合我国内蒙古、新疆等地的温度情况，本书将温度范围设置在 −50 ~ 70℃。混凝土的温差循环试验流程及时间见图 2-3。温差循环流程如下：首先将室温 25℃下的试件放入目标温度为 −50℃的低温试验机中；6h 后，当参考试件内部温度达到 −50℃后取出放入高温箱中；1h 后，当参考试件内部温度达到 70℃后，将试件取出放置至室温，完成一次循环。为了使每次循环时混凝土的内外部温度均达到目标温度，温度试验时同时使用了一块 40mm × 40mm × 160mm 的内部埋入热电偶的混凝土（以下简称"参考试件"）进行升降温时间控制。冻融循环次数设置为 0 次、15 次、30 次三种。

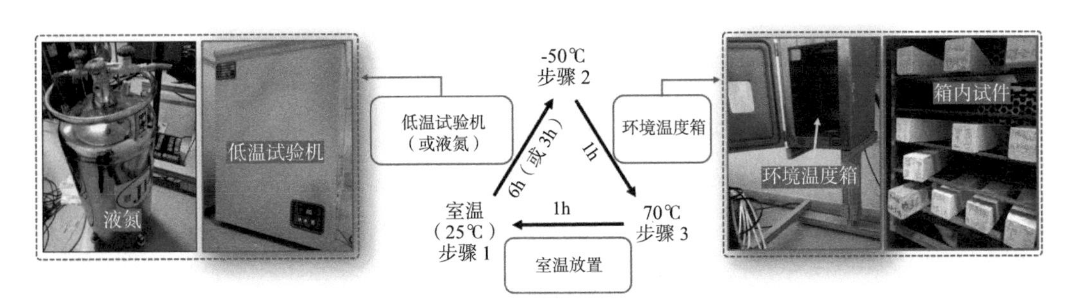

图 2-3　温差循环试验流程

为了研究降温速率对混凝土抗弯性能的影响，用于研究抗弯性能的混凝土试件在进行 15 次温差循环时，多设置了一种降温速率——快速降温。快速降温采用液氮进行，与上述使用低温试验机降温时长不同，该方法从室温 25℃降至 −50℃用时 3h。

2.1.4.2 抗弯强度试验

采用MTS793电液伺服试验机进行静载弯曲试验，按照《混凝土物理力学性能试验方法标准》（GB/T 50081-2019）规定，采用四点弯曲加载模式，如图2-4所示，加载速率设为0.04kN/s。试件的抗弯强度按照GB/T 50081-2019计算，见式（2-1）：

$$\sigma = \frac{Pl}{bh^2} \tag{2-1}$$

式中 σ——混凝土抗弯强度（MPa）；

P——试件破坏荷载（N）；

l——支座间跨度（mm），本试验取120mm；

h——试件截面高度（mm），本试验取40mm；

b——试件截面宽度（mm），本试验取40mm。

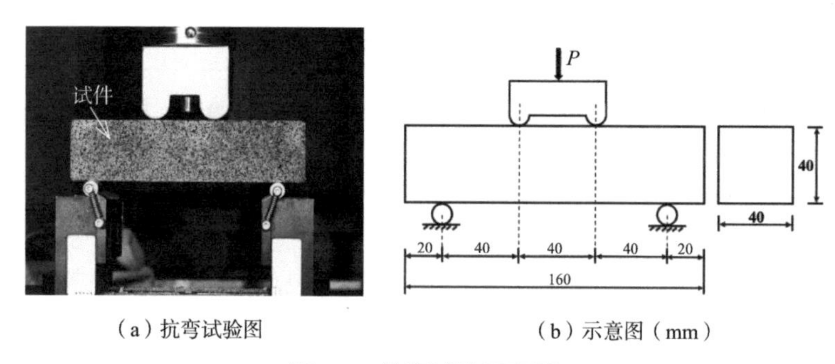

（a）抗弯试验图　　（b）示意图（mm）

图2-4 抗弯试验示意图

2.1.4.3 数字图像相关技术

数字图像相关（DIC）技术是通过对比分析试件表面随机分布的散斑图像来追踪表面各点的运动，进而获得试件表面的变形信息。其基本原理是采用灰度特征值函数$f(x, y)$和$g(x', y')$分别表征变形前后图像中任意一点(x, y)的明暗程度，然后在变形前试件灰度图像$f(x, y)$中确定待求点$O(x_0, y_0)$为中心特定像素大小的区域为参考子区域，在变形后图像$g(x', y')$中按相关函数进行计算，对相关系数取极值得到以$O(x', y')$为中心的目标子区域。最后通过参考子区域和目标子区域的对应关系确定参考子区中心点变形后的位移分量，通过对位移求差分可以获得试件表面的应变场[242]。

评价变形前后图像子区相似性的依据是相关函数，见式（2-2），选用可靠性、抗干扰性、操作性强且计算量小的标准化协方差互相关函数C，当C=1时，两个子区完全相关；当C=0时，两个子区不相关。

$$C=\frac{\sum\left[f(x,y)-f_{\mathrm{m}}\right]\left[g(x',y')-g_{\mathrm{m}}\right]}{\sqrt{\sum\left[f(x,y)-f_{\mathrm{m}}\right]^{2}}\sqrt{\sum\left[g(x',y')-g_{\mathrm{m}}\right]^{2}}} \tag{2-2}$$

式中 f_{m}——参考子区的灰度平均值；

g_{m}——目标子区的灰度平均值。

本书将利用DIC技术得到抗弯试验和疲劳试验全过程位移场、应变场等信息。DIC试验系统图主要包括图像采集设备及计算分析软件两部分，DIC试验系统如图2-5所示。

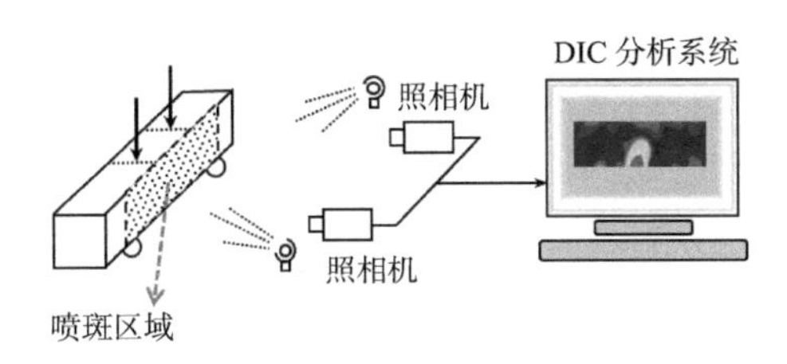

图2-5 DIC试验系统图

试验的具体操作流程为：

1. 喷制散斑

为了采集、分析试件表面的位移和应变，需对其表面喷制散斑。散斑的颜色不仅应与试件形成较大的对比度，还要保证最适合的曝光度。选取黑色哑光漆对试件进行制斑。制斑时要将哑光漆摇匀，并且保证喷头与待喷斑试件表面保持水平，使哑光漆喷出后呈雾状随机掉落在试件表面。试件的散斑效果如图2-6所示。

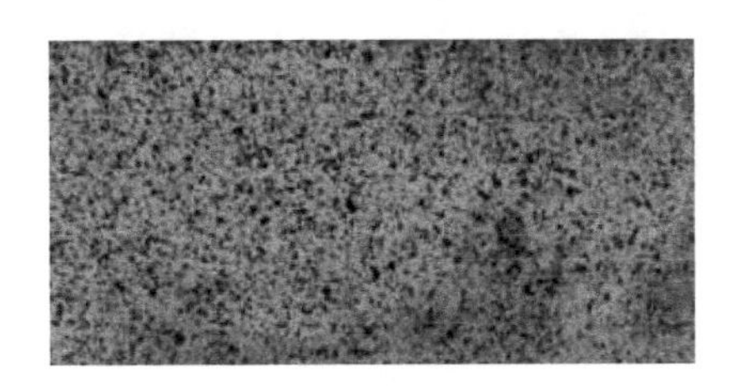

图2-6 试件散斑效果图

2. 调试图像采集设备

首先固定待测试件；然后根据试件的位置和角度对图像采集设备的三脚架位置和高低进行调整，保证试件的测试范围包含在图像采集设备的拍摄范围内；最后，对图像采集设备的焦距以及补灯光的亮度进行调整，直到DIC分析系统显示器上的图片清晰度最优为止。

3. 标定

为了对采集的试件变形前后图片进行处理和计算，需要对变形前的初始位置进行标定。根据试件的尺寸选择与其待测面高度尺寸相仿的标定板进行标定。调整图像采集设备合适的曝光度后，按照不同的平面角度转换标定板进行图像采集，标定图像的数量不少于 30 组。在 DIC 分析系统中进行标定图像的计算，剔除不合格的图像，完成试件初始位置的标定。标定完成后，试验过程中不可改变图像采集设备的位置，否则会造成位移场和应变场等的计算出现误差。

4. 采集图像

采集被测试件从加载开始直至破坏全过程的图像，采集有手动和自动等间隔采集两种方式，由于本书需对抗弯和疲劳的全过程进行分析，因此，本试验采用自动等间隔图像采集。

5. 分析图像

将试验过程中采集到的图像导入 DIC 分析系统，以第一张图像作为基准图像，对试验过程中的位移和应变进行计算分析。为了能够研究试件不同时刻的最大应变，试验选取在裂纹可能出现的全部区域进行计算分析（图 2-7a）。

根据 DIC 分析系统，对计算得出的结果进行图像分析，在分析时可以选取点、线、面等并对其全过程中的位移、应变等进行计算和数据的提取（图 2-7b）。

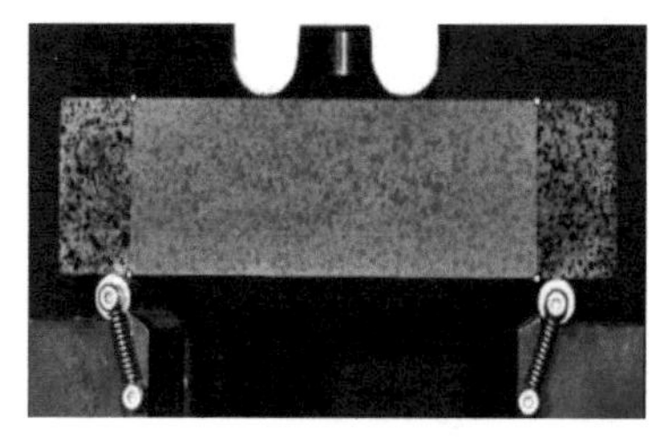

（a）全场计算区域

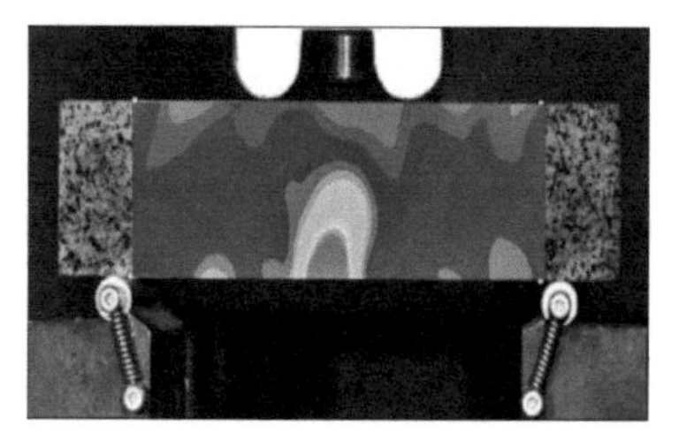

（b）提取数据区域

图 2-7　图像分析区域

2.2　抗弯强度分析

根据抗弯强度试验结果可以得到不同温差循环次数、降温速率、水胶比下的混凝土抗弯试件破坏时的荷载，抗弯强度根据式（2-1）进行计算。图 2-8 为降温速率为慢速时，不同温差循环次数、水胶比与混凝土抗弯强度关系图。由图 2-8 可知，随着水胶比及温差循环次数的增加，混凝土的抗弯强度均呈现降低趋势。

图 2-9 为 15 次温差循环后，混凝土抗弯强度与降温速率、水胶比的关系图，由图 2-9

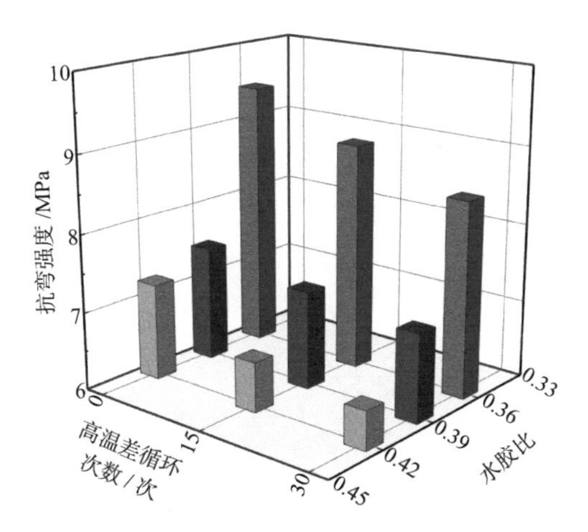

图 2-8 抗弯强度与温差循环次数、水胶比关系图

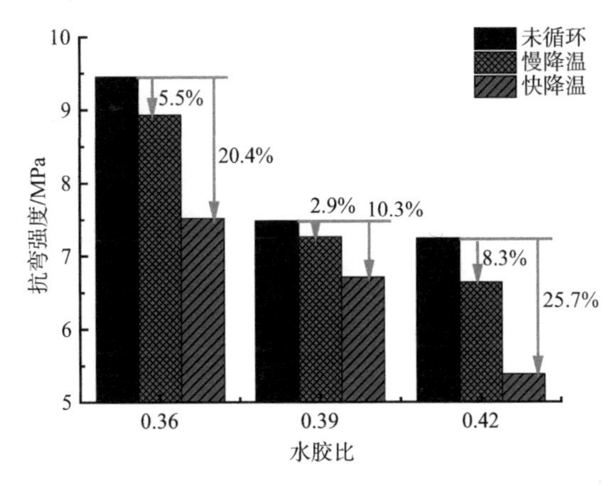

图 2-9 抗弯强度与降温速率、水胶比关系图（15 次温差循环）

分析可知，经过 15 次大温差循环作用，降温速率越快，抗弯强度损失量越大，说明混凝土的抗弯强度受降温速率影响显著。

混凝土是由粗细骨料、水泥、水等共同组成的一个复杂多相聚合体，在温差作用下，由于各物相热胀冷缩性能的差异，导致各物相变形不协调从而产生内应力，而且温度变化还会造成混凝土内外部由于温度梯度而产生应力，这些应力一旦超过了混凝土中薄弱区域的极限强度，混凝土内部就会产生微裂纹进而造成结构的损伤 [3]，此过程的反复进行更会加剧这种损伤，因此，随着温度循环次数的增加，混凝土抗弯强度降低。由于各物相对温度变化的敏感度不同 [3]，降温速率的提高加大了这种差异带来的变形和应力，使得损伤加剧，混凝土抗弯强度随之下降显著。随着水胶比的增加，混凝土内部原始裂纹数量增多，水泥基体的有效连接面积减少，混凝土中薄弱区域增多。因此，水胶比的增加也会对混凝土的抗弯强度产生不利影响。

2.3 基于 DIC 的应变云图混凝土弯曲变形性能分析

通过 DIC 技术得到的应变云图，可确定梁底部最大拉应变位置及数值（图 2-10），并且还可获得受压区的应变以及全场应变（图 2-10），用于更加全面地研究混凝土在受弯荷载下的变形损伤规律。

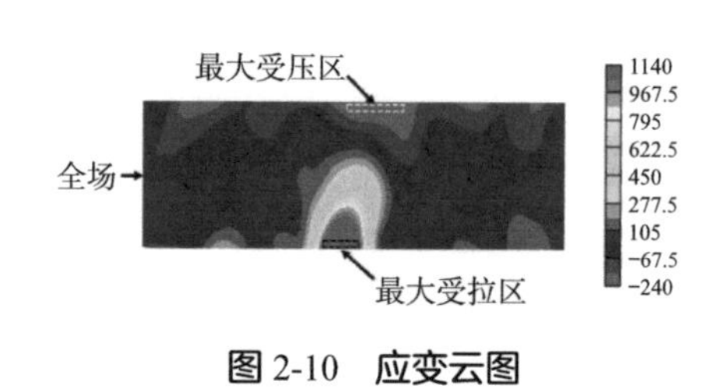

图 2-10 应变云图

2.3.1 弯曲破坏变形过程

图 2-11 为水胶比 0.36、15 次温差循环（快速降温）后，混凝土试件的四点弯曲受压和受拉的应力 - 应变关系曲线和应变云图，x 轴正方向为拉应变，负方向为压应变。由于 DIC 技术采用自动等间隔图像采集，混凝土在达到峰值应力的瞬间即发生断裂，峰值后的应变未能获得有效监测，因此，应力 - 应变曲线下降段未能成功绘制。

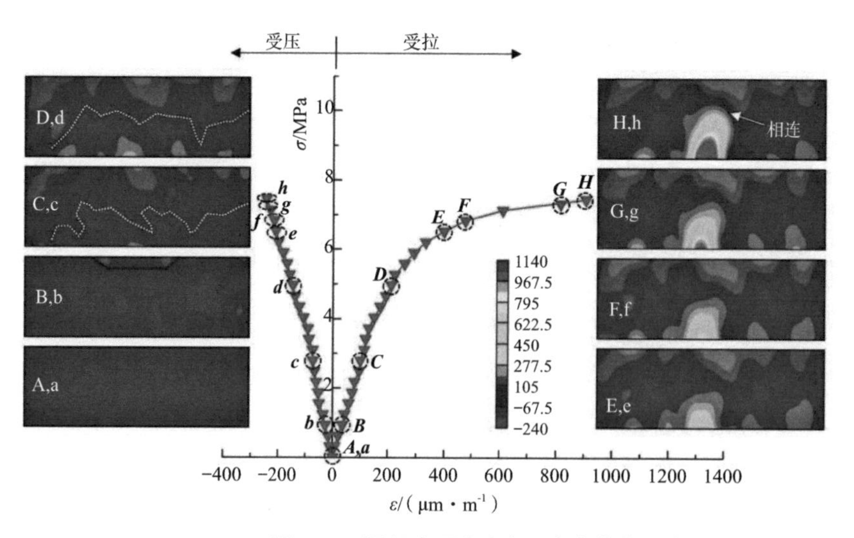

扫码看彩图

图 2-11 混凝土受弯应力 - 应变曲线和应变云图

图 2-11 中，加载初期（曲线 A，a 点），应变场分布均匀，均为蓝色；随着荷载逐渐加大至 $0.1\sigma_{max}$（曲线 B，b 点）时，在受压区出现了压应变集中的点，如图（B，b）

中黑色虚线所示，该两点为试件顶部荷载的作用点（图 2-4），在受拉区也出现了较大范围的拉应变，但未形成应力集中区域；荷载继续增加至 $0.4\sigma_{max}$（曲线 C，c 点）时，受压区域范围进一步扩大，保持在试件顶部，拉应变区域也进一步扩大并出现了应力集中区域，如图（C，c）中白色虚线所示，由应力 - 应变曲线可知，此时拉应变已大于压应变绝对值；增加荷载至 $0.7\sigma_{max}$（曲线 D，d 点）时，压应变区域和拉应变区域继续增大；当荷载增加至 $0.9\sigma_{max}$（曲线 E，e 点）时，应力集中区域显著增大，如图（E，e）绿色区域所示，由云图颜色对应数值可知，压应变集中区域数值比拉应变集中区域小，说明拉应变此时增加迅速；荷载继续增加至 $0.95\sigma_{max}$（曲线 F，f 点）、$0.98\sigma_{max}$（曲线 G，g 点）时，应力集中区域成为拉应变发展的核心区域，如图（F，f）、图（G，g）黄色和红色区域所示，此时压应变发展不显著；加载至 σ_{max}（曲线 H，h 点）时，受拉区迅速扩展并与受压区相连，试件瞬间断裂破坏。

图 2-12 为水胶比 0.36、15 次温差循环（快速降温）后，混凝土试件的应力与累计应变、应变变化速率关系图，x 轴为应力与最大应力的比值（σ/σ_{max}），左侧 y 轴为累计应变数值，右侧 y 轴为应变变化速率数值。图 2-12 的受拉区曲线与洪锦祥 [243] 基于微裂纹的分析得出的对应曲线的特征相符（图 2-13），按照应变变化速率曲线的变化，分为三个阶段。第一阶段：A 点（坐标原点，对应图 2-11 的 A 和 a 点，图（A，a））到 D 点（对应图 2-11 的 D 和 d 点，图（D，d））处，拉应变累计曲线近似为直线，变化速率几乎没有变化，这与图 2-13 裂纹引发阶段相对应，因此，图 2-11 云图并没有出现拉应力区的集中。此时荷载为峰值应力的 50% 处，这与《水工混凝土试验规程》（DL/T 5150-2017）中，弯拉弹性模量可取自混凝土应力 - 应变曲线 50% 峰值应力 $\sigma_{0.5}$ 与对应应变值 $\varepsilon_{0.5}$ 之比观点一致，即 50% 峰值应力之前的变形（AD 段）可视为弹性变形，此时，损伤还未开始；第二阶段：荷载逐渐增加，DE 段拉应变变化速率逐渐增大，对应图 2-13 裂纹稳定扩展阶段，因此，图 2-11 云图（D，d）到图（E，e）绿色区域逐渐显著但面积并未迅速增大；

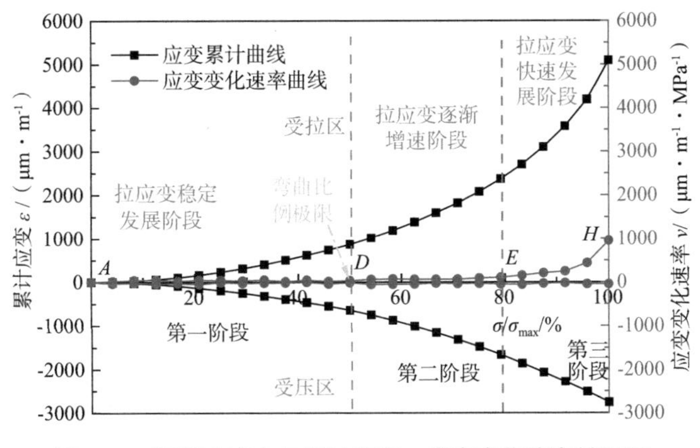

图 2-12　混凝土应力与累计应变、应变变化速率关系图

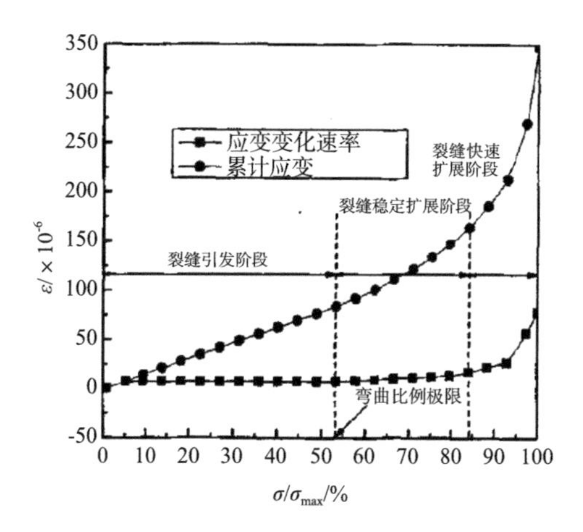

图 2-13　混凝土的弯曲应力 - 应变

第三阶段：荷载继续增加，图 2-12 中 *EH* 段拉应变变化速率增加更快，对应图 2-13 裂纹快速扩展阶段，因此，图 2-11 云图（E，e）到图（H，h）红色、绿色区域面积快速增大。

图 2-12 的受压区应变累计曲线逐渐增加，压应变变化速率曲线几乎平行于 x 轴，且数值很小，说明断裂前混凝土的压密过程一直发展但压密速度并不显著，这与图 2-11 中云图（E，e）到图（H，h）紫色区域发展稳定是一致的。

2.3.2　弯曲破坏机理分析

从能量角度分析，能量驱动混凝土试件破坏的过程为：外界输入的一部分能量以弹性能的形式储存在混凝土试件中，使混凝土内部的能量 E_e 不断增加；而其余能量则以塑性变形和损伤的形式耗散，从而降低混凝土内部存储弹性能的能力，即降低了混凝土的储能极限 E_c。由图 2-14 可知，当内部的能量 E_e 与储能极限 E_c 相等时，试件发生破坏 [244]。如图 2-14 所示，随着荷载的增加，内部的能量 E_e 逐渐升高；荷载使试件的损伤逐渐增加，试件的储能极限 E_c 逐渐降低，当内部的能量 E_e 达到试件的储能极限 E_c 时，试件即发生破坏。

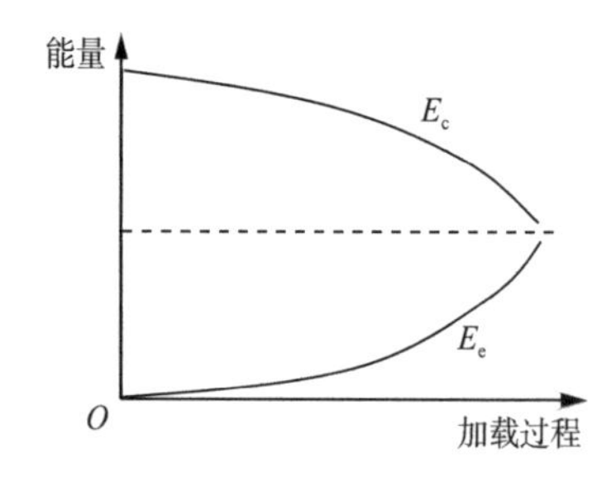

图 2-14　能量驱动破坏机制

因此，对于图 2-12 中第一阶段，拉应变变化速率几乎没有改变，说明此时加载输入的能量大部分以弹性应变能的形式积聚在试件内部，不断提高试件的内部能量 E_e，此时，有很少部分能量以塑性变形和损伤的形式耗散，降低了试件的储能极限 E_c；当达到第二阶段时，拉应变变化速率不断增大，说明通过荷载输入的能量转化为弹性能的比例有所下降，而以塑性变形、裂纹开裂、扩展等形式耗散的能量占比不断增加，储能极限 E_c 持续下降，此时变形处于弹塑性的过渡阶段；当进入第三阶段时，拉应变变化速率加速提高，说明以裂纹扩展的动能和塑性变形的形式耗散的能量占比加速提高，使试件储能极限 E_c 加速下降；当荷载达到最大值时，由于试件损伤而降低的试件储能极限 E_c 低于试件由于弹性变形而存储的能量 E_e，试件发生断裂破坏。

由此可知，混凝土的应变可以反映不同阶段混凝土的损伤，因此接下来，将重点对不同水胶比、温差循环次数、降温速率的混凝土的应变进行分析。

2.4 不同水胶比、温差循环次数、降温速率对弯曲性能的影响

2.4.1 应力 - 应变曲线

图 2-15 为不同水胶比、温差循环次数和降温速率的混凝土试件四点弯曲的应力 - 应变（拉应变和压应变）关系曲线。由图 2-15 可知，相同水胶比下，随温差循环次数的增多、降温速率温度的提高，曲线高度逐渐降低，说明温差作用将导致混凝土的强度逐渐降低，这与图 2-9 的分析一致，并且 x 轴正方向曲线逐渐右移，x 轴负方向曲线逐渐左移，说明温度作用导致混凝土的应变逐渐增大。曲线斜率在正负方向均逐渐降低，说明混凝土的弹性模量逐渐降低。

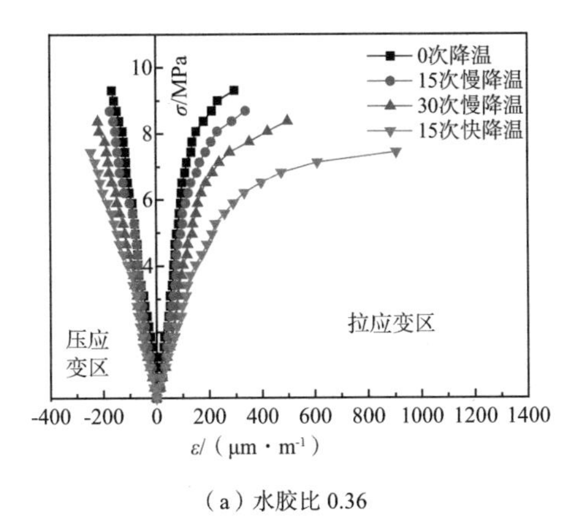

（a）水胶比 0.36

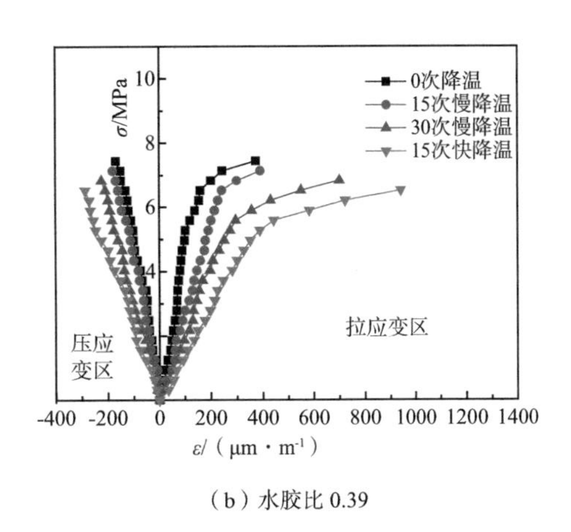

（b）水胶比 0.39

图 2-15 不同水胶比、温差循环次数和降温速率的混凝土应力 - 应变曲线（一）

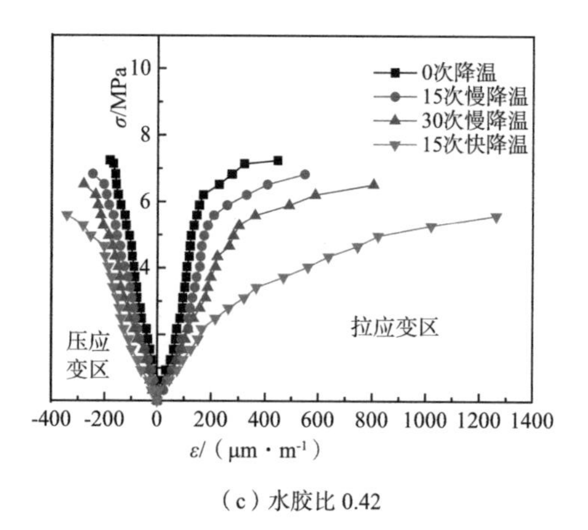

（c）水胶比 0.42

图 2-15　不同水胶比、温差循环次数和降温速率的混凝土应力 - 应变曲线（二）

2.4.2　峰值应变

混凝土断裂时的破坏应力或峰值应力对应的应变称为峰值应变。图 2-16 为不同水胶比、温差循环次数和降温速率下混凝土的峰值应变柱状图。由图 2-16 可知，随着水胶比、温差循环次数和降温速率的增加，拉、压峰值应变均逐渐增大。这是因为随着温差循环次数的增多、降温速率的提高，试件内部微裂纹、孔洞增多，试件整体变得疏松，挠度变大，对混凝土造成了的损伤更加严重，从而导致应变的增大和弹性模量的降低。

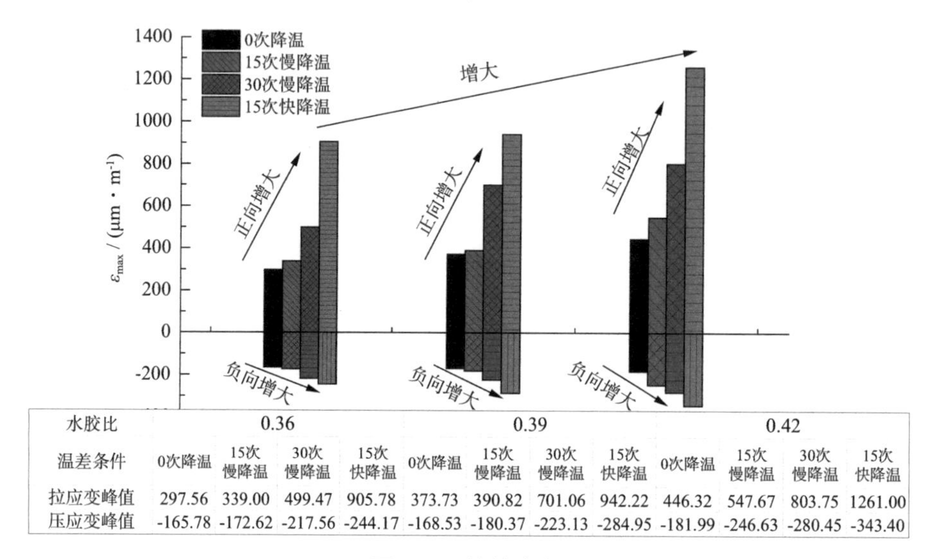

水胶比	0.36				0.39				0.42			
温差条件	0次降温	15次慢降温	30次慢降温	15次快降温	0次降温	15次慢降温	30次慢降温	15次快降温	0次降温	15次慢降温	30次慢降温	15次快降温
拉应变峰值	297.56	339.00	499.47	905.78	373.73	390.82	701.06	942.22	446.32	547.67	803.75	1261.00
压应变峰值	-165.78	-172.62	-217.56	-244.17	-168.53	-180.37	-223.13	-284.95	-181.99	-246.63	-280.45	-343.40

图 2-16　峰值应变

2.4.3 应变变化速率

计算图 2-12 所示的 AD（$0.70\sigma_{max}$）、DE（$0.90\sigma_{max}$）、EH（σ_{max}）处的应变变化速率，如图 2-17 所示。在不同水胶比、温差循环次数和降温速率下，混凝土的拉应变变化速率均呈现出图 2-12 所示的三段式变化，且拉应变变化斜率总体呈现 $AD < DE < EH$ 的规律，说明不同试验条件下混凝土受弯破坏经历的过程是相同的，结合图 2-13，宏观表现均为裂纹的引发、缓慢发展和快速发展至断裂。

相同水胶比、降温速率下，随着温差循环次数的增加，拉应变变化速率曲线中 D、H 和 E 点的值均增大，说明温差循环次数会加速混凝土在荷载作用下裂纹的引发、扩展过程，也就是加速了混凝土的损伤。由图 2-17 还可知，同样为 15 次温差循环，慢速降温时，与 0 次温差循环的混凝土应变变化速率曲线较为接近，但快速降温应变变化速率提高显著，说明快速降温会加速混凝土的变形，较慢速降温，快速降温对混凝土造成的损伤更大。

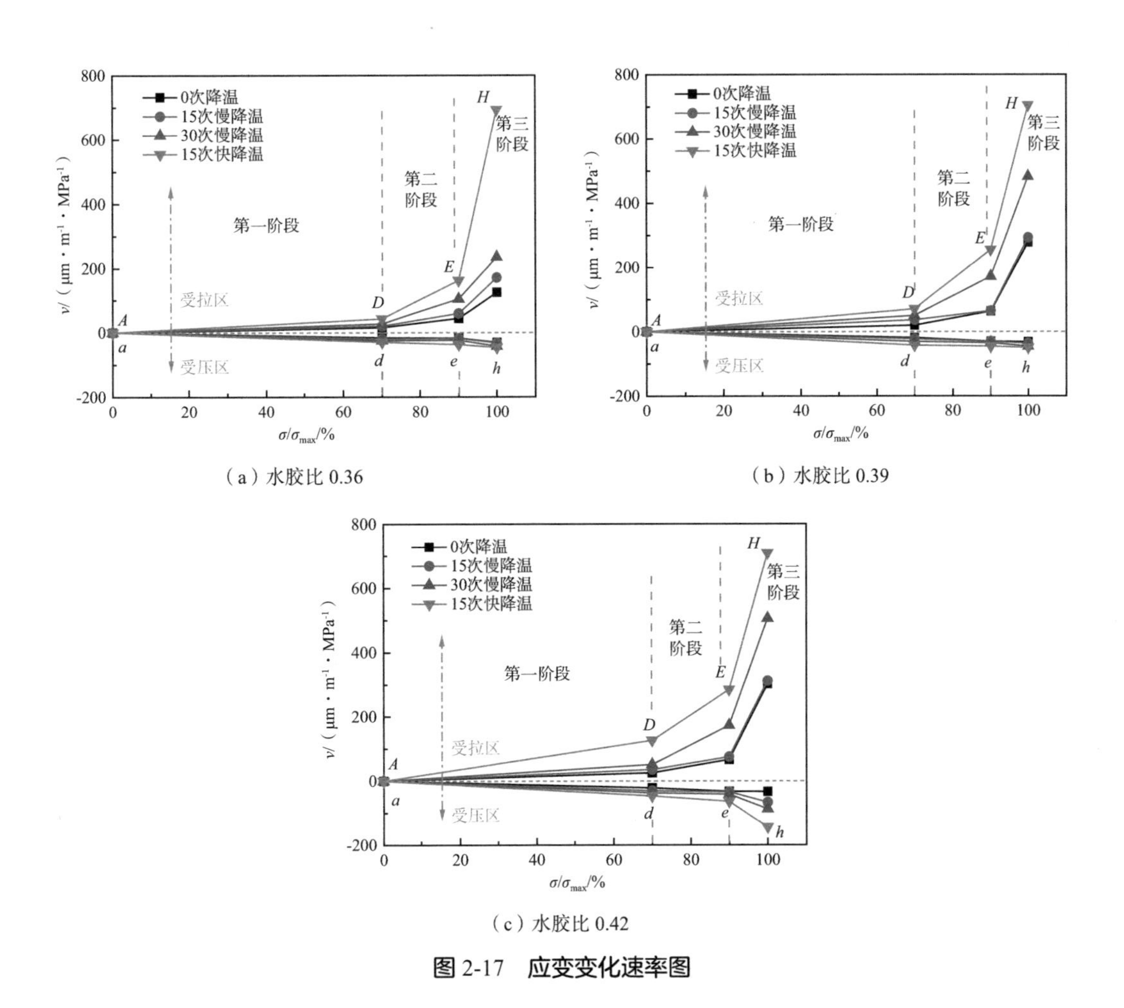

（a）水胶比 0.36

（b）水胶比 0.39

（c）水胶比 0.42

图 2-17 应变变化速率图

水胶比较低时（图 2-17a 和 b），温差条件对压应变的变化速率几乎无影响，而水胶比提高至 0.42 时，如图 2-17（c）所示，随着温差循环次数的提高，压应变压缩率逐渐提高，降温速率提高，该趋势增加显著，说明水胶比越高，对压应变变化速率影响越大。这是因为水胶比越大，新生成的水泥浆胶体浓度越低，水化后混凝土内的多余游离水分越多，该部分水蒸发后形成了更多的孔隙，水化产物不致密，导致混凝土密实度低，荷载作用下，容易被压实。

2.4.4 峰值韧度比

韧度反映材料破裂过程中吸收能量的能力。本试验测得的弯曲应力 - 应变曲线能够完整地反映试件从加载到破坏的整个过程，因此分别计算各弯曲应力 - 应变曲线下的面积，得到不同水胶比的混凝土经历不同温差循环次数和降温速率的韧度。将经历不同温差条件作用的混凝土与未经历温差作用的混凝土应力 - 应变曲线下的面积之比定义为韧度比[245]。韧度比相较于韧度更能直观地反映混凝土的韧性变化。

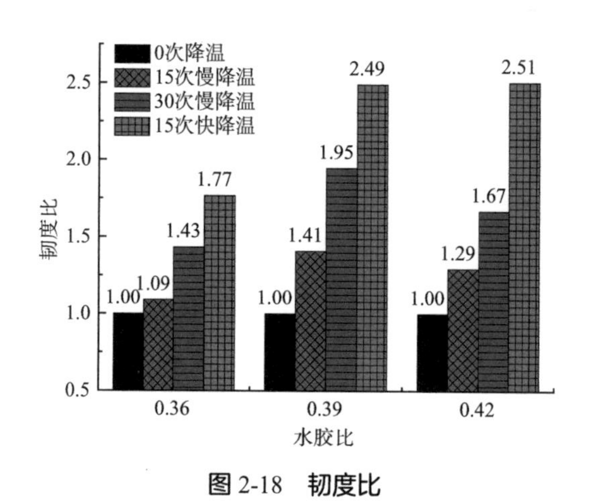

图 2-18　韧度比

图 2-18 为混凝土经历不同温差循环次数和降温速率后的韧度比。由图 2-18 可知，随着温差循环次数的增加，韧度比逐渐提高。同样 15 次温差循环，降温速率提高后，快速降温较慢速降温韧度比提高更加显著。结合 2.3.2 节图 2-14，从能量角度分析，未经温差作用的试件储能极限 E_c 较高，加载初期输入的大部分能量以弹性应变的形式存储在混凝土内部，由于在弹性阶段存储了大量的能量，一旦达到了试件储能极限，能量将迅速释放，表现为脆性破坏。随着温差循环次数的增加和降温速率的提高，试件微裂纹增多（见 2.3.2 节分析），试件变得疏松，温差造成的损伤会逐渐降低试件本身的储能极限 E_c，同时在加载过程中由于混凝土内部结构疏松会以裂纹扩展的动能和塑

性变形等形式耗散更多能量[244]，从而使得试件破坏过程中需要输入的能量增加，也就致使试件的韧度比得到了提高。

2.5 不同水胶比、温差循环次数、降温速率下混凝土的损伤变量

目前，评价混凝土冻融损伤的指标主要是强度损失率和相对动弹性模量[246, 247]，但二者都是描述混凝土整体强度和变形能力的平均指标，虽然能够在整体上反映混凝土构件的损伤状态，但它们不能反映过程中混凝土的损伤演化。由 2.3.1 节通过 DIC 获得的水平应变云图（图 2-11）的分析可知，试件弯曲破坏过程的应变能够更加显著地反映试件弯曲损伤的变化特征。

通过 DIC 全场应变云图统计不同水胶比不同温差作用后混凝土的全场（图 2-11）平均应变，绘制弯曲应力 - 全场平均应变曲线，如图 2-19 所示。该曲线与 2.4.1 中图 2-15 不同，图 2-19 中应力 - 全场平均应变曲线的初始位置均从坐标第二象限压应变

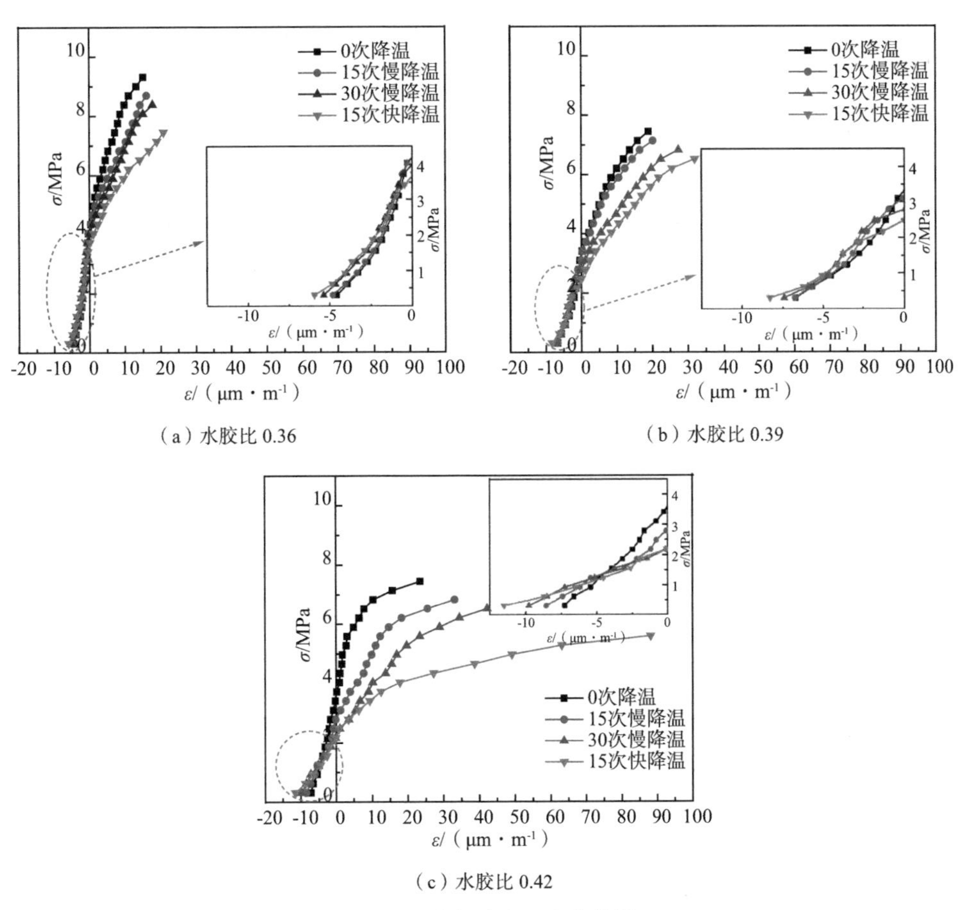

（a）水胶比 0.36

（b）水胶比 0.39

（c）水胶比 0.42

图 2-19 全场应力 - 应变曲线

开始，这是因为混凝土在荷载作用下，试件的内部原始孔洞、裂纹压缩密实，因此整体表现出了应变为负值。由图 2-19 图中虚线椭圆的放大图发现，随着温差循环次数的增加以及降温速率的提高，试件的整体压缩量是逐渐增大的，说明温差作用导致试件内部结构变得疏松，越疏松荷载作用下则会有更大的压缩量。随着荷载逐渐增大，受拉区应变增加迅速，增速远远超过压应变，全场应变平均值由负值转为正值，应变成为以拉应变为主导。

由 2.3 节分析可知，受拉区拉应变较受压区对于混凝土的损伤反应更为显著，因为，本书通过分析受拉区拉应变值与混凝土受力范围内的全场应变平均值的关系，衡量试件的弯曲程度，反映混凝土试件的损伤程度。

文献 [62] 根据热力学理论，经过推导，建立了损伤变量 D_f 和塑性应变 ε^p 之间的关系，见式（2-3）:

$$D_f = \left(\varepsilon^p - \varepsilon_0^p\right) / \left(\varepsilon_c^p - \varepsilon_0^p\right) \tag{2-3}$$

式中 ε^p——试件的塑性应变；

ε_0^p——试件开始损伤时的应变；

ε_c^p——试件临界破坏时的应变。

根据《水工混凝土试验规程》（DL/T 5150-2017），弯拉弹性模量可取自混凝土应力 - 应变曲线 50% 峰值应力 $\sigma_{0.5}$ 与对应应变值 $\varepsilon_{0.5}$ 之比，可见，50% 之前的变形可视为弹性变形，因此，损伤实际是从塑性变形开始，用塑性变形来描述的损伤过程，直观且物理意义明确。

本书结合文献 [62，244] 的研究，根据混凝土的受拉区应变值和全场平均应变值定义损伤变量 D_f 为

$$D_f = \begin{cases} 0 & \sigma < \sigma_{0.5} \\ \left(\bar{\varepsilon}_i - \bar{\varepsilon}_{0.5\sigma_{max}}\right) / \left(\bar{\varepsilon}_{max} - \bar{\varepsilon}_{0.5\sigma_{max}}\right) & \sigma_{0.5} \leqslant \sigma < \sigma_{max} \end{cases} \tag{2-4}$$

式中 $\bar{\varepsilon}_{0.5\sigma_{max}}$——50% 峰值应力时，受拉区应变应值与混凝土受力范围内的全场应变平均值之差；

$\bar{\varepsilon}_{max}$——$\bar{\varepsilon}_i$ 的最大值，即荷载达到最大值时的 $\bar{\varepsilon}_i$；

$\bar{\varepsilon}_i$——50% 峰值应力至峰值应力区间内，受拉区应变与混凝土受力范围内的全场平均应变之差，见式（2-5）:

$$\bar{\varepsilon}_i = \varepsilon_{xx}^L - \frac{1}{N}\sum_{i=1}^{N}\left(\varepsilon_{xx}\right)_i \tag{2-5}$$

ε_{xx}^L——50% 峰值应力至峰值应力区间内受拉区应变；

$\frac{1}{N}\sum_{i=1}^{N}\left(\varepsilon_{xx}\right)_i$——50% 峰值应力至峰值应力区间内，混凝土受力范围内全场平均应变。

表2-4中列出了水胶比为0.42的混凝土、15次温差循环（快速降温）后受力范围内的全场平均应变值、受拉区应变值以及它们的差值。根据式（2-5）计算其损伤变量也列入表2-4中。由表2-4可知，随着荷载的逐渐增大，损伤变量也逐渐增大。按照表2-4统计不同水胶比、温差循环次数、降温速率的损伤变量，绘制损伤变量 D_f 随荷载的变化曲线如图2-20所示。

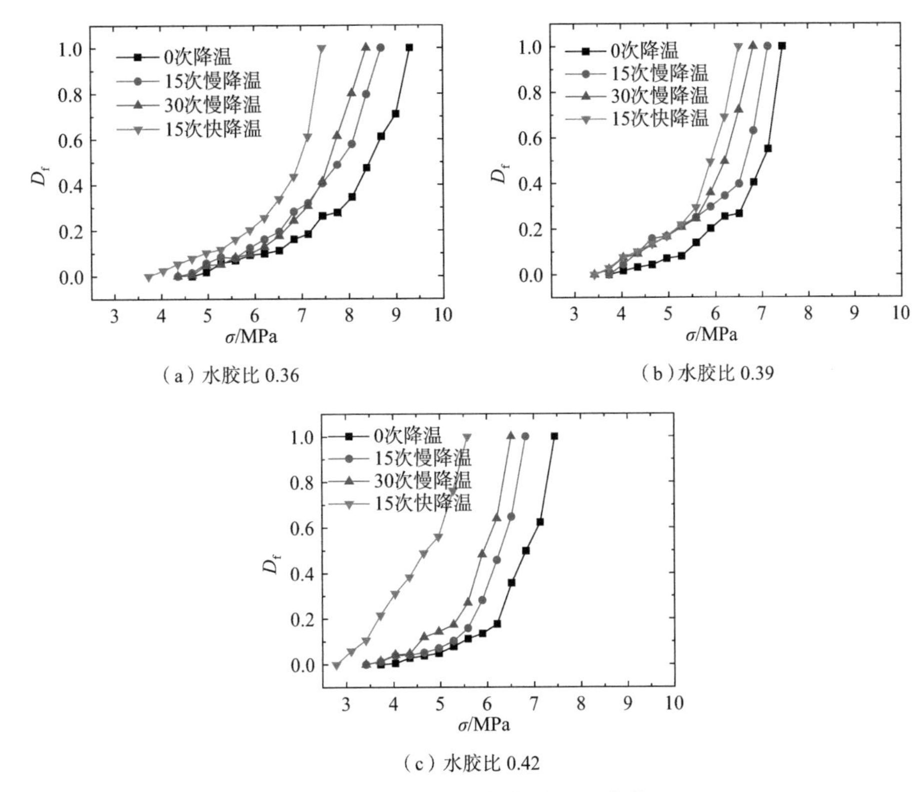

（a）水胶比0.36

（b）水胶比0.39

（c）水胶比0.42

图2-20 损伤变量与荷载关系曲线

由图2-20可知，不同水胶比、温差循环次数及降温速率下，随着荷载的增加，曲线均逐渐变陡，损伤变量逐渐增大，说明经过了弹性变形阶段后，进入了2.3.1节所述的第二阶段和第三阶段，裂纹发展迅速，损伤也在增大。由图2-20还可知，随着温差循环次数的增加和降温速率的提高，损伤曲线逐渐左移，这说明在相同水胶比下，损伤量与温差循环次数和降温速率有关，温差循环次数越大、降温速率越高，对混凝土造成的损伤越严重。这也就是2.2节中抗弯强度随温差循环次数增加、降温速率提高而降低的原因。

水胶比为 0.42 的混凝土经历 15 次温差循环（快速降温）后应变与损伤　　表 2-4

σ/MPa	$\frac{1}{N}\sum_{i=1}^{N}(\varepsilon_{xx})_i$ /（μm · m^{-1}）	ε_{xx}^{L} /（μm · m^{-1}）	$\bar{\varepsilon}_i$ /（μm · m^{-1}）	D_f
2.79	3.52	262.99	259.47	0.00
3.10	6.33	319.59	313.26	0.06
3.41	9.38	365.50	356.12	0.11
3.72	12.50	469.01	456.51	0.22
4.04	17.80	560.64	542.84	0.31
4.35	27.30	636.74	609.44	0.38
4.66	38.70	744.76	706.06	0.49
4.97	49.20	821.14	771.94	0.56
5.28	63.20	1019.00	955.80	0.76
5.59	88.20	1261.00	1172.80	1.00

第 3 章 大温差作用下混凝土疲劳性能的研究

3.1 试验概况

本章研究使用的试验原材料、试件配合比及制作、大温差循环试验和弯曲试验方法均与第 2 章相同。采用 MTS793 电液伺服试验机进行四点弯曲疲劳试验，如图 2-4 所示。疲劳试验根据《公路工程水泥及水泥混凝土试验规程》（JTG 3420-2020）采用正弦波荷载控制模式，如图 3-1 所示，加载频率 10Hz。

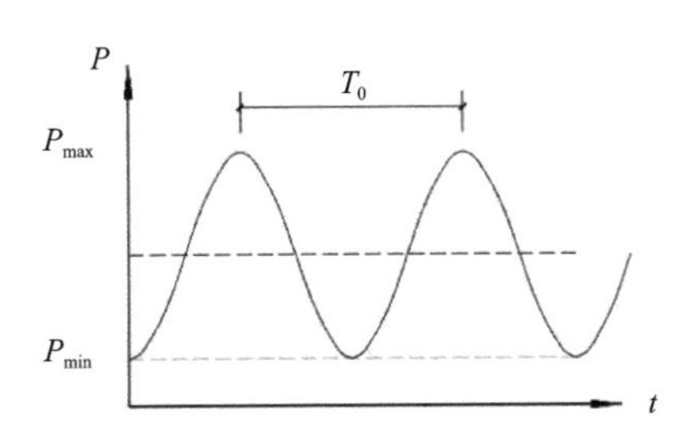

图 3-1 循环荷载随时间变化曲线

图 3-1 中，加载的最小荷载 P_{min} 由应力比 ρ 确定。应力比体现了循环应力的变化特征，是受弯构件在疲劳循环荷载作用下正截面上产生的最小应力 σ_{min} 与最大应力 σ_{max} 的比值，本试验选用荷载控制且试件尺寸相同，因此，可选用最小荷载 P_{min} 和最大荷载 P_{max} 的比值 ρ 表示，见式（3-1）：

$$\rho=\frac{\sigma_{min}}{\sigma_{max}}=\frac{P_{min}}{P_{max}} \tag{3-1}$$

式中 ρ——应力比，本次试验选取应力比 ρ 值为 0.1；

σ_{min}——疲劳循环荷载受弯构件正截面的最小应力（MPa）；

σ_{max}——疲劳循环荷载受弯构件正截面的最大应力（MPa）；

P_{min}——疲劳循环试验最小荷载（N）；

P_{max}——疲劳循环试验最大荷载（N）。

应力水平是循环荷载最大值与静载弯曲强度的比值，见式（3-2）。通常情况下，水泥混凝土路面结构的应力水平为0.2～0.65，然而，随着经济的发展，在交通组成中重载车辆所占比例不断提高，对于按正常交通组成条件下设计的路面结构，其实际应力水平已远高于该范围。调查显示，有些路面结构承受的应力水平已经超过了0.65，甚至达到1.0而出现一次性断板[248]。文献[249]认为，当应力水平大于0.6时，路面结构S短期内将会迅速损坏。基于上述考虑，对经过不同温差循环次数作用后不同强度等级的混凝土试件进行疲劳性能试验时，应力水平选取0.80、0.85、0.90。

$$S=\frac{P_{max}}{P} \tag{3-2}$$

式中　S——应力水平；

P——试件破坏荷载（N），定义同式（2-1），P的数值由抗弯试验确定。

3.2　疲劳寿命试验结果及统计分析

3.2.1　疲劳寿命试验结果

表3-1中列出了不同水胶比、温差循环次数（本章均为慢速降温）、应力水平时混凝土的疲劳寿命试验值。将相同条件下试件的疲劳寿命按照从小到大的顺序列入。

由于混凝土组成材料性能差异较大，存在固有的多相性和不均性，在不同温差循环次数、水胶比和应力水平下，表现出不同的变化，从而导致其疲劳试验得到的疲劳寿命具有很大的离散性[250]，为了建立起有助于工程设计使用的有效方法，学者们对疲劳寿命的统计特性进行了大量研究，提出了疲劳寿命的概率分布函数，在保证混凝土构件安全性方面起到了很大的作用[251]。

目前，在工程中被广泛使用的疲劳寿命概率分布函数是威布尔分布和正态分布。但用正态分布描述疲劳寿命的分布时，不能真实反映研究对象的疲劳寿命存在一个最小寿命值，而三参数威布尔分布考虑了最小寿命值，能更准确地描述疲劳强度或疲劳寿命的概率分布[252]。因此，本章采用威布尔分布分析大温差地区混凝土的疲劳寿命变化规律。

3.2.2 疲劳寿命三参数威布尔统计分析

对表 3-1 中数据进行三参数威布尔分布检验。在相同循环荷载作用下，材料疲劳寿命 N 的威布尔分布概率密度函数见式（3-3）:

$$f(N)=\frac{\beta}{\eta}\left[\frac{N-\gamma}{\eta}\right]^{\beta-1}\exp\left\{-\left[\frac{N-\gamma}{\eta}\right]^{\beta}\right\}\quad(0\leqslant N\leqslant+\infty)\tag{3-3}$$

式中 N——混凝土的疲劳寿命试验值；

γ——位置参数，γ 作为混凝土的最小寿命值，表示混凝土在使用寿命达到 γ 值以前不会失效，因此 $N\geqslant\gamma$，且 $\gamma>0$；

η——尺度参数，具有放大或缩小分布曲线的作用，η 越大，则分布的离散性越大；

β——形状参数，决定概率密度函数的基本形状，β 越小，则分布的离散性越大。

三参数威布尔分布下的失效概率 F 满足以下方程：

$$F(N)=1-\exp\left[-(\frac{N-\gamma}{\eta})^{\beta}\right]\tag{3-4}$$

对式（3-4）取两次自然对数，

$$\ln\ln\frac{1}{1-F(N)}=\beta\cdot\ln(N-\gamma)-\ln\eta^{\beta}\tag{3-5}$$

令 $Y=\ln\ln\frac{1}{1-F(N)}$，$X=\ln(N-\gamma)$，$Q=\ln\eta^{\beta}$，则式（3-4）变成线性方程

$$Y=\beta\cdot X-Q\tag{3-6}$$

当已知位置参数 γ 值时，依据最小二乘法，可得到线性方程中的斜率 β 和截距 Q 的值，从而求出函数中的尺度参数 η。

$$\eta=\exp\left(\frac{Q}{\beta}\right)\tag{3-7}$$

如果可靠度为 P，根据失效概率 F 与可靠度 P 的关系，

$$P(N)=1-F(N)\tag{3-8}$$

将式（3-4）代入得

$$P(N)=\exp\left[-(\frac{N-\gamma}{\eta})^{\beta}\right]\tag{3-9}$$

变换式（3-9）得

$$\frac{1}{P(N)}=\exp(\frac{N-\gamma}{\eta})^{\beta}\tag{3-10}$$

对式（3-10）两边取自然对数后并整理，得到不同失效概率下对应的等效疲劳寿命 N_f：

$$N_f = \eta(\ln\frac{1}{P})^{\frac{1}{\beta}} + \gamma \quad (3\text{-}11)$$

1. 位置参数 γ 的求解

给一个初始值 γ_0（$\gamma_0 \leqslant N_{min}$，$N_{min}$ 为试验得到的试件寿命中最小值），求 β 值、Q 值。

$$\beta = \frac{\sum_{i=1}^{n} X_i Y_i - \frac{1}{n}(\sum_{i=1}^{n} X_i)(\sum_{i=1}^{n} Y_i)}{\sum_{i=1}^{n} X_i^2 - \frac{1}{n}(\sum_{i=1}^{n} X_i)^2} \quad (3\text{-}12)$$

$$Q = \frac{1}{n}\sum_{i=1}^{n} Y_i - \frac{1}{n}\sum_{i=1}^{n} X_i \quad (3\text{-}13)$$

式（3-12）、式（3-13）中 n 为样本容量。表征拟合直线的线性相关拟合度 R 用式（3-14）计算：

$$R = \frac{L_{XY}}{\sqrt{L_{XX} \cdot L_{YY}}} \quad (3\text{-}14)$$

式中

$$L_{XX} = \sum_{i=1}^{n} X_i^2 - \frac{1}{n}(\sum_{i=1}^{n} X_i)^2$$

$$L_{YY} = \sum_{i=1}^{n} Y_i^2 - \frac{1}{n}(\sum_{i=1}^{n} Y_i)^2$$

$$L_{XY} = \sum_{i=1}^{n} X_i Y_i - \frac{1}{n}\sum_{i=1}^{n} X_i \sum_{i=1}^{n} Y_i$$

当线性相关拟合度 R 的绝对值趋近 1 时，说明两个变量之间线性相关性好。因此，设目标函数 U 优化 γ_0，使 R 值的绝对值接近 1：

$$U = |1 - |R|| \quad (3\text{-}15)$$

以 γ_0 为变量，使目标函数 U 取极小值，此时 γ_0 即为最优值。该值可作为三参数威布尔分布函数的位置参数 γ。

2. 经验分布可靠度的选取

假设疲劳寿命试验数据有 n 个，按从小到大排序为 $N_1 < N_2 < N_3 < \cdots < N_n$[$N_i$（$i$=1、2、3…$n$）]，对应的可靠度为 $P(N_1) < P(N_2) < P(N_3) < \cdots < P(N_n)$。那么，第 i 个试件的可靠度 $P(N_i)$ 可用中位秩计算方法求得，见式（3-16）：

$$P(N_i) = 1 - \frac{i - 0.3}{n + 0.4} \quad (3\text{-}16)$$

式中　n——疲劳试验数据的数量；

i——相同应力水平下疲劳试验数据按照从小到大的顺序进行排列的序号。

表3-2中列出了三参数威布尔分布函数的参数γ、η、β及R^2。表3-2中R^2均大于0.900，有的R^2高达0.999，说明本试验条件下的疲劳寿命很好地服从三参数威布尔分布。

由式（3-3）可知，η、β可反映疲劳的离散性。在不同的温差循环次数、水胶比和应力水平下，β并没有表现出明显的规律性，而η值随着应力水平、水胶比、温差循环次数的增加，呈现出不断降低的变化，由此说明混凝土的疲劳寿命离散性在降低。

混凝土疲劳寿命试验结果（次） 表3-1

水胶比	应力水平	编号	温差循环次数		
			0次	15次	30次
0.36	0.80	1	190	227	174
		2	6797	1215	1284
		3	19000	10357	5987
		4	90298	30926	20042
		5	1098606	41425	201833
	0.85	1	487	227	56
		2	1243	2173	973
		3	6513	4665	2618
		4	24251	9835	49587
		5	219740	11285	88394
	0.90	1	160	79	297
		2	550	279	591
		3	2590	1436	1587
		4	40518	20083	3843
		5	158840	43122	10977
0.39	0.80	1	1937	383	41
		2	24663	799	219
		3	81529	876	376
		4	230079	1031	616
		5	1986873	1887	3083
	0.85	1	1107	13	11
		2	8823	114	167
		3	40727	523	231

续表

水胶比	应力水平	编号	温差循环次数		
			0 次	15 次	30 次
0.39	0.85	4	224149	1317	913
		5	540015	2087	1086
	0.90	1	802	11	10
		2	2284	48	28
		3	4976	262	76
		4	22315	440	310
		5	86567	2013	430
0.42	0.80	1	155	71	39
		2	937	213	64
		3	30280	956	143
		4	41123	1281	155
		5	85167	2325	242
	0.85	1	104	54	14
		2	212	127	24
		3	861	245	31
		4	1263	1274	59
		5	2825	1660	79
	0.90	1	59	14	11
		2	197	38	14
		3	209	154	15
		4	261	587	16
		5	810	757	19

威布尔分布各参数值及 R^2 **表 3-2**

水胶比	应力水平	编号	温差循环次数		
			0 次	15 次	30 次
0.36	0.80	β	0.317	0.423	0.328
		η	87064.364	14748.959	18486.959
		γ	19	83	129
		R^2	0.985	0.962	0.995
	0.85	β	0.330	0.631	0.266

续表

水胶比	应力水平	编号	温差循环次数		
			0 次	15 次	30 次
0.36	0.85	η	20110.331	6595.190	12194.893
		γ	437	0	48
		R^2	0.984	0.937	0.979
	0.90	β	0.263	0.286	0.492
		η	13998.431	5999.399	2618.156
		γ	152	72	249
		R^2	0.992	0.985	0.999
0.39	0.80	β	0.377	1.491	0.577
		η	236336.530	1038.743	738.778
		γ	702	111	17
		R^2	0.989	0.942	0.969
	0.85	β	0.386	0.497	0.544
		η	109088.872	784.678	520.602
		γ	445	0	0
		R^2	0.994	0.978	0.937
	0.90	β	0.404	0.447	0.506
		η	14238.388	407.518	148.163
		γ	695	6	6
		R^2	0.995	0.991	0.981
0.42	0.80	β	0.316	0.695	1.127
		η	25269.374	1049.294	133.617
		γ	105	6	14
		R^2	0.930	0.967	0.965
	0.85	β	0.570	0.439	0.985
		η	965.018	622.980	36.949
		γ	72	47	9
		R^2	0.978	0.987	0.986
	0.90	β	0.861	0.462	4.677
		η	313.019	264.970	14.994
		γ	27	10	1
		R^2	0.914	0.974	0.976

3.2.3 *P-S-N* 曲线研究

根据式（3-11）计算不同可靠度下对应的等效疲劳寿命 N_f，见表 3-3。在混凝土疲劳试验中，通常选取等效疲劳寿命 N_f 为横坐标，应力水平 S 为纵坐标，失效概率为 50% 时的 S-N 曲线对混凝土的疲劳性能进行分析[100]。按照式（1-2）绘制 S-N 曲线如图 3-2 所示。

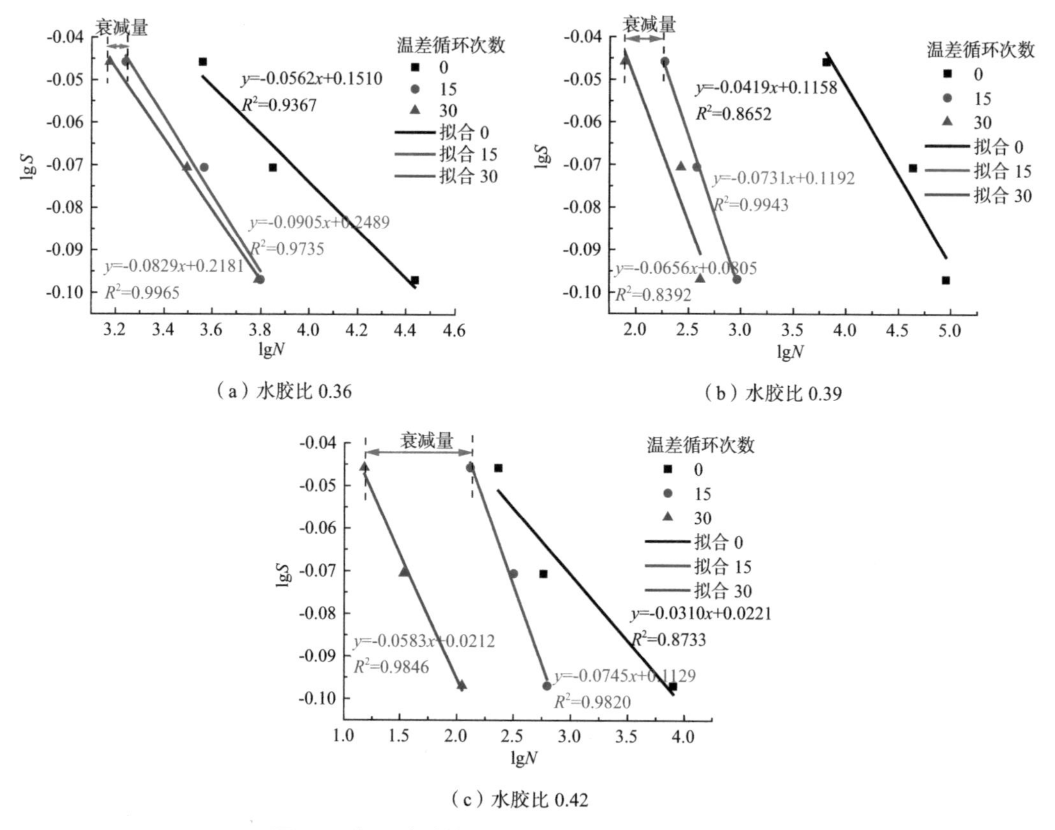

（a）水胶比 0.36

（b）水胶比 0.39

（c）水胶比 0.42

图 3-2　相同水胶比不同温差循环次数的 S-N 曲线

图 3-2 为不同水胶比的混凝土经历不同温差循环次数的 S-N 曲线。由图 3-2 可知，相同水胶比下，随着温差循环次数的增加，混凝土的疲劳寿命呈现降低趋势，说明大温差会对混凝土造成损伤，降低其疲劳性能，且温差循环次数越高，损伤越大，其疲劳性能降低越大。这是因为混凝土是由粗细骨料、水泥、水等共同组成的一个复杂多相复合体，在温差作用下，由于各物相热胀冷缩性能的差异，导致的各物相变形不协调从而产生内应力，而且温度变化还会造成混凝土内部由于温度梯度而产生的应力，这些应力一旦超过了混凝土中薄弱区域的极限强度，混凝土内部就会产生微裂纹甚至造成结构的损伤[3]，此过程的反复进行更会加剧这种损伤[253]，因此，随着温差循环次

数的增加，混凝土疲劳寿命逐渐降低。

由图 3-2 还可知，随着温差循环次数的增加，不同水胶比的混凝土疲劳寿命衰减量不同。这是因为水胶比不同，混凝土内部原生孔结构各不相同，从而导致其在面对温差和荷载循环作用时内部孔结构的发展也不相同，表现出了不同的疲劳性能。在 15 次和 30 次温差作用后，水胶比越低，疲劳寿命衰减量越小，因此，大温差地区的混凝土配合比设计时要尽量选择较低的水胶比。

不同失效概率下对应的等效疲劳寿命（次） 表 3-3

水胶比	应力水平	编号	可靠度 $P(N_i)$	温差循环次数		
				0 次	15 次	30 次
0.36	0.80	1	0.8704	191	222	173
		2	0.6852	4069	1566	1077
		3	0.5000	27423	6289	6166
		4	0.3148	137483	20846	28896
		5	0.1296	829112	79824	163969
	0.85	1	0.8704	487	289	55
		2	0.6852	1487	1412	364
		3	0.5000	7049	3690	3127
		4	0.3148	31646	8296	21054
		5	0.1296	176321	20461	178535
	0.90	1	0.8704	160	78	296
		2	0.6852	500	272	612
		3	0.5000	3631	1738	1492
		4	0.3148	24417	10026	3763
		5	0.1296	211493	73049	11430
0.39	0.80	1	0.8704	1950	387	41
		2	0.6852	18557	652	154
		3	0.5000	90004	923	408
		4	0.3148	347859	1256	966
		5	0.1296	1576793	1788	2565
	0.85	1	0.8704	1103	15	14
		2	0.6852	9244	111	87
		3	0.5000	42694	375	265

续表

水胶比	应力水平	编号	可靠度 $P(N_i)$	温差循环次数		
				0 次	15 次	30 次
0.39	0.85	4	0.3148	159133	1050	679
		5	0.1296	693796	3305	1935
	0.90	1	0.8704	803	11	9
		2	0.6852	1978	52	28
		3	0.5000	6445	185	78
		4	0.3148	21068	569	203
		5	0.1296	84103	2022	614
0.42	0.80	1	0.8704	154	40	37
		2	0.6852	1369	57	70
		3	0.5000	11752	102	111
		4	0.3148	76630	218	166
		5	0.1296	624395	609	266
	0.85	1	0.8704	109	54	12
		2	0.6852	242	115	15
		3	0.5000	397	317	18
		4	0.3148	608	914	23
		5	0.1296	981	3222	31
	0.90	1	0.8704	58	17	11
		2	0.6852	101	114	13
		3	0.5000	184	356	15
		4	0.3148	342	929	16
		5	0.1296	743	2708	18

3.3 基于 DIC 分析大温差对混凝土的疲劳变形影响

应变能真实反映材料在疲劳荷载作用下的损伤规律，通过疲劳应变随循环次数变化的曲线，分析材料的疲劳应变演化规律，从而对评价其性能和预测寿命提供基础 [120]。已有研究表明，在等幅荷载作用下，无论是拉、压还是弯曲疲劳，疲劳变形都表现出不依赖于应力比的三阶段变形规律 [254]。按照本章的方法，根据混凝土各试件的横向应变云图（图 3-3）统计最大受拉区和受压区横向应变数据。

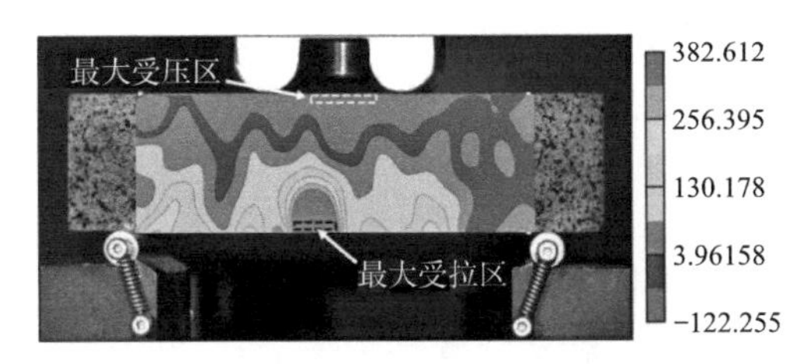

图 3-3 横向应变云图

图 3-4 为水胶比 0.39、应力水平 0.80 和 30 次温差循环后的混凝土疲劳应变随循环比（即循环次数与循环寿命之比）的变化曲线（即弯曲疲劳变形曲线）。由图 3-4 可知，随着疲劳荷载作用次数的增多，疲劳拉应变与疲劳压应变呈现锯齿状变化，P_{max} 作用过程中，出现最大拉应变 ε^l_{max}；P_{min} 作用过程中，出现最小拉应变 ε^l_n，由于 P_{min} 较小，仅为最大荷载 P_{max} 的 10%，在该作用力下产生的应变可以忽略不计，故最小应力作用下的疲劳应变即为疲劳残余应变 [120]。粉色虚线连接最大拉应变 ε^l_{max}，蓝色虚线连接最小拉应变 ε^l_n（疲劳残余应变），也将疲劳曲线分为黑色虚线所示的三个阶段：

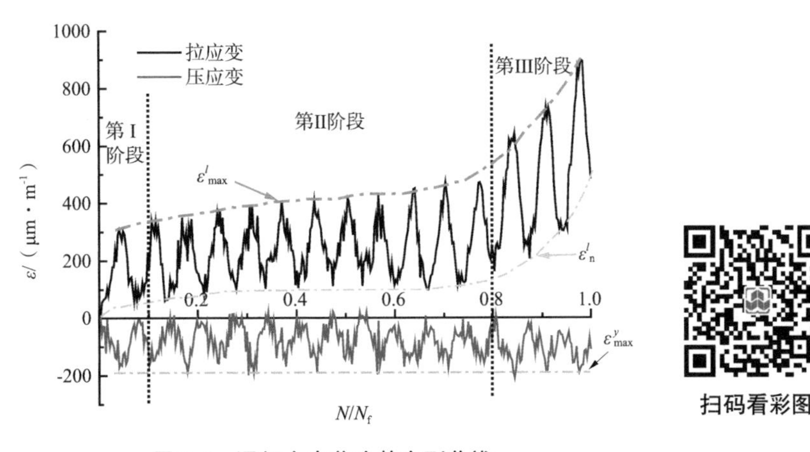

图 3-4 混凝土弯曲疲劳变形曲线

第Ⅰ阶段：混凝土的疲劳变形发展较快。当混凝土开始承受疲劳荷载时，混凝土内部的微裂纹在荷载作用下产生拉伸变形，从而使混凝土内部薄弱区产生大量的微裂纹，因此混凝土的变形在初期阶段发展较快。

第Ⅱ阶段：混凝土的变形随着疲劳荷载循环次数的增加缓慢增长。由于随着荷载循环次数的增加，初始微裂纹产生的拉伸变形逐渐完成，内部薄弱区衍生微裂纹的过程也逐渐完成，因此，宏观上表现为变形增长速率的降低。已经形成的微裂纹，一部分自身耗能、吸能水平较高，随着荷载循环次数的增加，能量积累较高，逐渐发展并演变成主裂纹，但由于骨料的阻挡作用，主裂纹扩展时，将绕过骨料并选择最低阻力的曲折路径向前推进且速率基本不变；另一部分由于其长度较短，自身的吸能、耗能水平较低，裂纹前端继续扩展的阻力较高等原因，无法继续扩展，导致此阶段的变形速率基本为定值。

第Ⅲ阶段：混凝土的变形随着疲劳荷载循环次数的增加进入快速发展阶段，此阶段混凝土的疲劳变形急剧增加至破坏。这是因为主裂纹的长度和宽度超过临界状态，材料内部损伤严重，粗骨料界面裂纹也突然加宽并快速扩展，水泥基体中已形成的裂纹也快速发展并与相邻的粗骨料界面裂纹相连至连通，因此，此阶段变形速率随循环次数的增加急剧增加。

图 3-4 中，P_{max} 作用时，出现最大压应变 ε^{y}_{max}，灰色虚线连接最大压应变 ε^{y}_{max}，压应变最大值基本恒定；P_{min} 作用时，出现最小压应变，最小压应变基本为 0，混凝土的疲劳损伤反应不显著，压应变不适用于研究混凝土的弯曲疲劳损伤。

3.3.1　基于疲劳应变的混凝土损伤研究

在疲劳加载过程中混凝土的疲劳损伤累积是其宏观力学性能逐渐劣化的本质原因。损伤变量 D 是材料内部受损伤和劣化程度的度量。从工程实际应用角度，常用宏观量来定义损伤变量。疲劳应变是混凝土疲劳加载过程中可以直接由试验测得的宏观变量，因此可用疲劳应变来定义损伤变量。另外，损伤变量需要满足以下条件：

$D \in [0 \sim 1]$，且 $N/N_f=0$ 时，$D=0$；$N/N_f=1$ 时，$D=1$，即疲劳开始时，试件无损伤，疲劳破坏时，损伤为 1。

基于本书抗弯性能分析及已有学者的研究，以下将从宏观角度，用残余应变来描述混凝土的损伤和发展。当残余应变达到宏观损伤开始时的残余应变 ε^{l}_{r} 时，混凝土开始产生损伤；当残余应变达到试件破坏时的残余应变 ε^{l}_{f} 时，就会发生疲劳破坏。如果循环过程中试件的残余应变 $\varepsilon^{l}_{n}=\varepsilon^{l}_{r}$，$D=0$，宏观上的损伤演化还没发生；如果 $\varepsilon^{l}_{n} \geqslant \varepsilon^{l}_{r}$，$D \geqslant 0$，宏观损伤开始产生并发展；如果 $\varepsilon^{l}_{n}=\varepsilon^{l}_{f}$，$D=1$，则材料破坏。损伤变量 D 的表达式为[62，255]：

$$D=\begin{cases} 0，\varepsilon^{l}_{n} \leqslant \varepsilon^{l}_{r} \\ \dfrac{\varepsilon^{l}_{n}-\varepsilon^{l}_{r}}{\varepsilon^{l}_{f}-\varepsilon^{l}_{r}}，\varepsilon^{l}_{r}<\varepsilon^{l}_{n} \leqslant \varepsilon^{l}_{f} \end{cases} \tag{3-17}$$

式中　ε^{l}_{r}——宏观损伤开始时的残余应变；

ε^{l}_{f}——试件破坏时的残余应变；

ε^{l}_{n}——循环过程中试件的残余应变。

基于式（3-17）绘制不同水胶比的混凝土在不同温差循环次数、应力水平下的损伤演化曲线散点图。按照图 3-4 的分析，ε_r^l 值取循环比 N/N_f=0.1 时的疲劳残余应变值，即第Ⅱ阶段开始时的残余应变值。

由图 3-5 ~图 3-7 可知，相同水胶比、循环比下，随着应力水平的增加，不同温差循环次数之间差值逐渐减小，这说明荷载作用的影响逐渐增大，逐渐大于温差作用的影响，不同温差次数作用后的混凝土疲劳损伤量逐渐趋于一致。

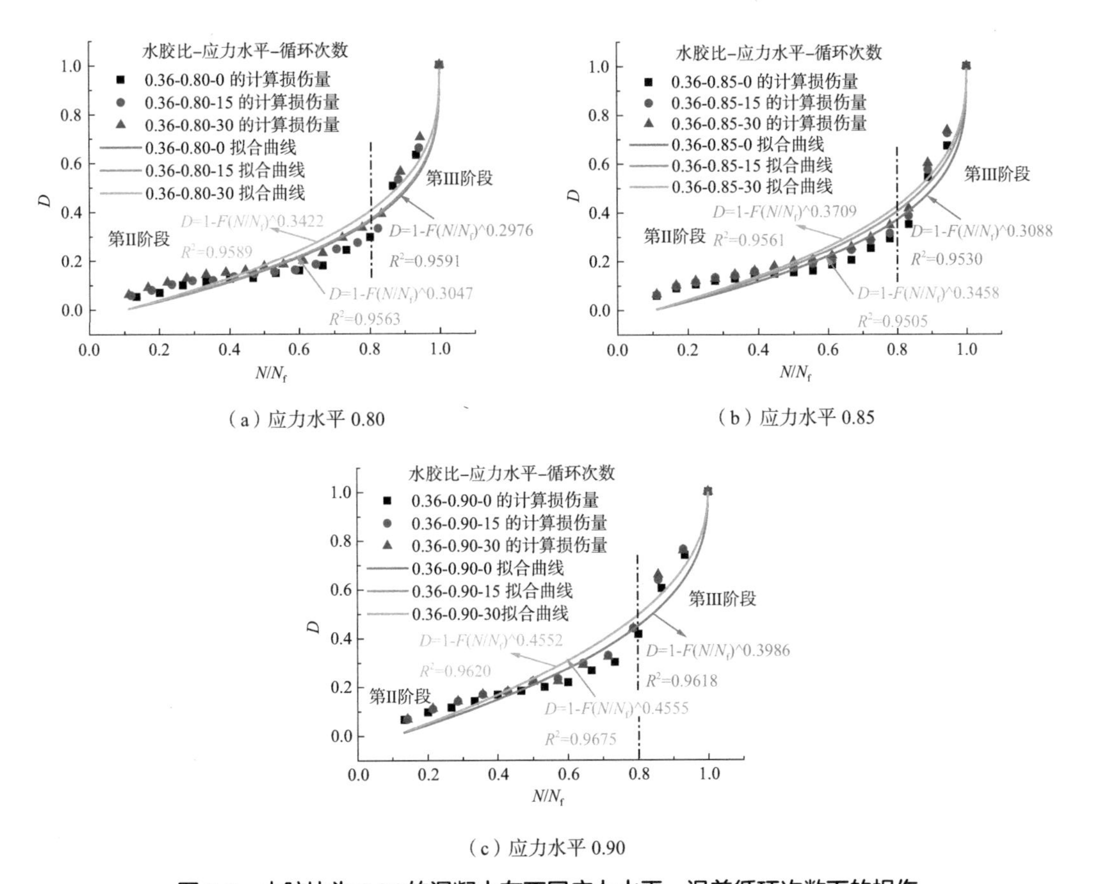

图 3-5　水胶比为 0.36 的混凝土在不同应力水平、温差循环次数下的损伤

由图 3-5 ~图 3-7 还可知，在相同水胶比、应力水平、相同循环比下，随着温差循环次数的增加，损伤曲线第Ⅱ、Ⅲ阶段斜率逐渐增大，说明温差对混凝土的疲劳损伤产生影响，并且温差循环次数越高，疲劳损伤越严重。

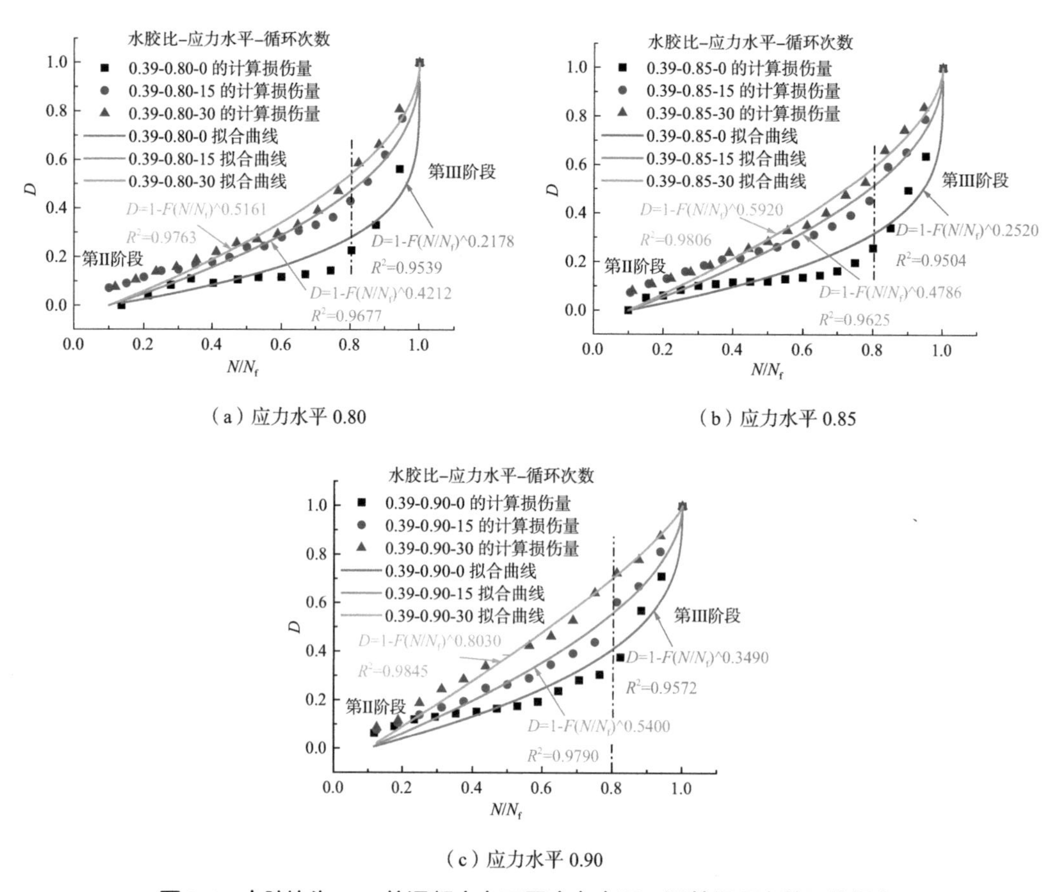

（a）应力水平 0.80

（b）应力水平 0.85

（c）应力水平 0.90

图 3-6　水胶比为 0.39 的混凝土在不同应力水平、温差循环次数下的损伤

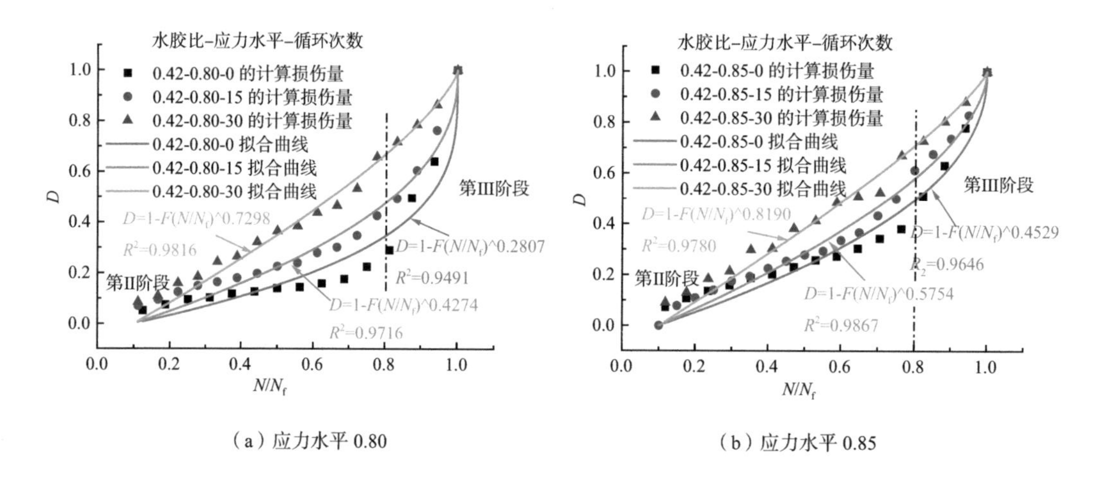

（a）应力水平 0.80

（b）应力水平 0.85

图 3-7　水胶比为 0.42 的混凝土在不同应力水平、温差循环次数下的损伤（一）

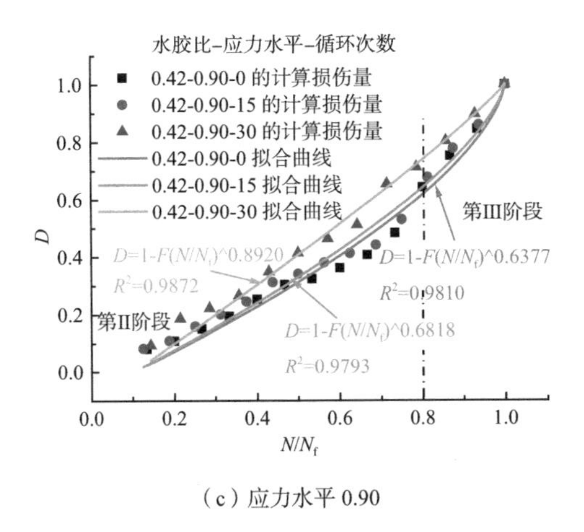

（c）应力水平 0.90

图 3-7 水胶比为 0.42 的混凝土在不同应力水平、温差循环次数下的损伤（二）

统计相同试验条件下的平均损伤量 $D_{average}$ 见图 3-8。水胶比越高、应力水平越高、温差循环次数越大，平均损伤量越大。这是因为水胶比越高、温差循环次数越多，混

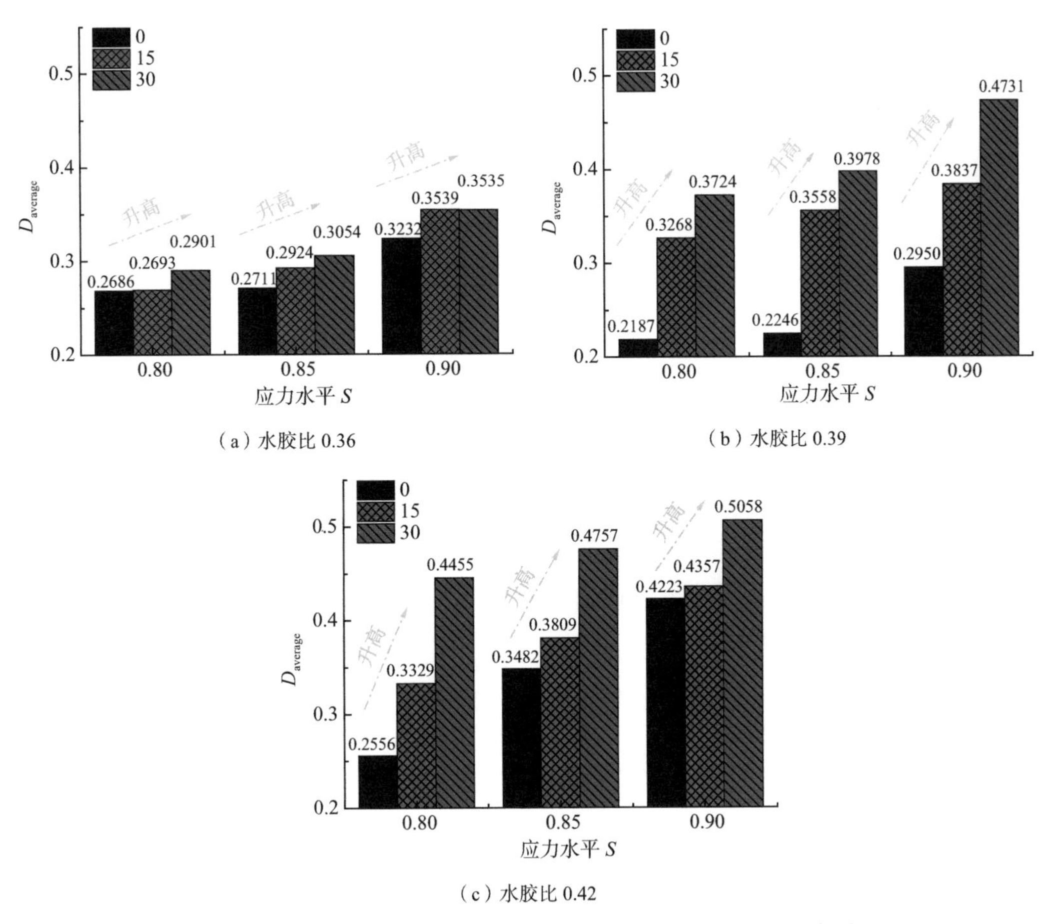

（a）水胶比 0.36

（b）水胶比 0.39

（c）水胶比 0.42

图 3-8 不同水胶比、温差循环次数、应力水平下混凝土的平均损伤量

凝土内部的初始微裂纹越多，也就使得混凝土内部薄弱区越多，那么应力水平越高，混凝土在疲劳的第Ⅱ阶段裂纹扩展几率就会增加，混凝土损伤加剧，混凝土内部薄弱区更多，那么第Ⅲ阶段损伤相应的也会更加严重，从而导致平均损伤量 $D_{average}$ 增加。由此可知，为了降低大温差对混凝土疲劳寿命的影响，大温差地区的混凝土结构应选用较低的水胶比。

3.3.2 基于损伤力学的疲劳损伤演化模型

根据损伤力学理论[114, 100]，疲劳损伤演化方程可写为：

$$\frac{\mathrm{d}D}{\mathrm{d}N}=\left\{\frac{S_{ed}}{M(S_{max},S_{min})(1-D)}\right\}^{n(S_{max},S_{min})} \tag{3-18}$$

式中　S_{ed}——等效应力；

$M(S_{max},S_{min})$、$n(S_{max},S_{min})$——与应力水平、温度和材料特性有关的函数，由试验确定。

混凝土开始损伤时的疲劳循环次数记为 N_r，疲劳寿命记为 N_f，对式（3-18）代入积分上下限积分，且 $N=N_r$ 时，$D=0$；$N=N_f$ 时，$D=1$。

$$\frac{(1-D)^{n(R)+1}}{n(R)+1}-\frac{1}{n(R)+1}=\left\{\frac{S_{ed}}{M(S_{max},S_{min})}\right\}^{n(S_{max},S_{min})} \tag{3-19}$$

$$N_f=N_r-\frac{1}{n(R)+1}\left\{\frac{S_{ed}}{M(S_{max},S_{min})}\right\}^{n(S_{max},S_{min})} \tag{3-20}$$

将式（3-20）代入式（3-19），简化后的疲劳损伤演化方程为：

$$D=1-\left(1-\frac{N/N_f-N_r/N_f}{1-N_r/N_f}\right)^{\frac{1}{n(S_{max},S_{min})+1}} \tag{3-21}$$

式中　N_r/N_f——临界循环比，即混凝土宏观疲劳损伤阈值，按照图3-4分析本书取0.1。

对于弯曲疲劳，S_{min} 很小，可以忽略其影响将 n（S_{max}，S_{min}）写为 n（S_{max}）[256]。为了便于分析计算，令 $=\xi^{(*)}=\frac{1}{n(S_{max})+1}$，则式（3-21）变为：

$$D=1-\left(1-\frac{N/N_f-N_r/N_f}{1-N_r/N_f}\right)^{\xi^{(*)}} \tag{3-22}$$

将 N_r/N_f=0.1，代入式（3-22）得：

$$D=1-\left[1-1.1111\left(N/N_f-0.1\right)\right]^{\xi^{(*)}} \tag{3-23}$$

经过 $\xi^{(*)}$ 取值对疲劳损伤演化模型式（3-23）与图 3-5 ~图 3-7 中的离散点拟合，拟合曲线见图 3-5 ~图 3-7 中的实线。图中，$F(N/N_f)=1-1.1111(N/N_f-0.1)$，从图中可知，由式（3-17）得到的离散点与式（3-23）拟合的曲线吻合度很高，相关性系数 R^2 均在 0.9491 之上，说明用式（3-23）的损伤演变方程描述混凝土的弯曲疲劳的内部损伤规律是可行的。从图中还发现，$\xi^{(*)}$ 不仅与应力水平有关[62, 120]，还与温差循环次数有关，在相同水胶比、应力水平下，随着温差循环次数的增加，$\xi^{(*)}$ 逐渐增大。

函数 $\xi^{(*)}$ 常用的表达式为：

$$\xi^{(*)}=aS \tag{3-24}$$

$$\xi^{(*)}=aS+b \tag{3-25}$$

$$\xi^{(*)}=aS^b+c \tag{3-26}$$

式中　S——应力水平；

a，b，c——系数。

以上公式均只考虑了应力水平对函数 $\xi^{(*)}$ 的影响，通过对图 3-5 ~图 3-7 中实线的分析，本书将温差循环次数与应力水平同时加入函数 $\xi^{(*)}$ 中，表达式如下：

$$\xi^{(*)}=aS^b+cT^d+e \tag{3-27}$$

式中　S——应力水平，本试验条件下的取值为 0.80、0.85、0.90；

T——温差循环次数，本试验条件下的取值为 0、15、30。

a，b，c，d，e——系数。

将本试验条件下函数 $\xi^{(*)}$ 的系数值统计于表 3-4。由表 3-4 可知，将温差循环次数与应力水平同时加入函数 $\xi^{(*)}$ 后，表达式的 R^2 值均大于 0.92，拟合效果较好。

函数 $\xi^{(*)}$ 的系数值　　**表 3-4**

水胶比	a	b	c	d	e	R^2
0.36	1.3913	22.4313	0.0071	0.6932	0.2761	0.9516
0.39	1.0063	14.4894	0.0228	0.8147	0.1540	0.9217
0.42	1.2813	7.7324	0.0018	1.5985	0.0704	0.9739

3.4 基于残余应变计算混凝土的剩余疲劳寿命

长期在大温差地区的混凝土结构，其疲劳寿命随着损伤量的增加逐渐降低，最终导致结构失效。工程实践中需要对这类有损结构进行损伤以及剩余寿命评估。由于利用 DIC 测量残余应变准确且方便快捷，因此，本书结合式（3-17）和式（3-23），建立剩余疲劳寿命与残余应变之间的关系。

在疲劳加载过程中，循环 N 次后，剩余疲劳寿命 N_s 应为：

$$N_s = N_f - N \tag{3-28}$$

将式（3-28）代入式（3-23）：

$$D = 1 - \left[1 - 1.1111\left(\frac{N_f - N_s}{N_f} - 0.1\right)\right]^{\xi(*)} \tag{3-29}$$

简化式（3-29）：

$$N_s = \frac{N_f (1-D)^{\frac{1}{\xi(*)}}}{1.1111} \tag{3-30}$$

结合式（3-17）可得：

$$N_s = 0.9 N_f \left(\frac{\varepsilon_f^l - \varepsilon_n^l}{\varepsilon_f^l - \varepsilon_r^l}\right)^{\frac{1}{\xi(*)}}, \varepsilon_r^l \leqslant \varepsilon_n^l \leqslant \varepsilon_f^l \tag{3-31}$$

由式（3-31）可知，由疲劳寿命、疲劳应变、应力水平和温差循环次数就可以求得相应的剩余疲劳寿命。对于给定混凝土，宏观损伤开始时的残余应变 ε_r^l 和试件破坏时的残余应变 ε_f^l 可认为是混凝土材料的特性，仅取决于材料本身 [257]。

图 3-9 绘制了水胶比 0.36、应力水平为 0.80、不同温差循环次数时，混凝土的剩余疲劳寿命随疲劳残余应变 ε_n^l 的变化曲线。由图 3-9 可知，随着疲劳残余应变的增大，剩余疲劳寿命曲线逐渐下降。相同疲劳残余应变下，温差循环次数越高，剩余疲劳寿命越低，说明温差对剩余疲劳寿命的影响是不利的；温差循环次数越高，剩余疲劳寿命下降越缓慢，说明混凝土内部损伤严重，基体疏松，基体之间连接面积降低，疲劳荷载不能有效地进行传递，荷载的能量不能进行快速的释放，因此通过增大疲劳残余应变来释放荷载的能量。

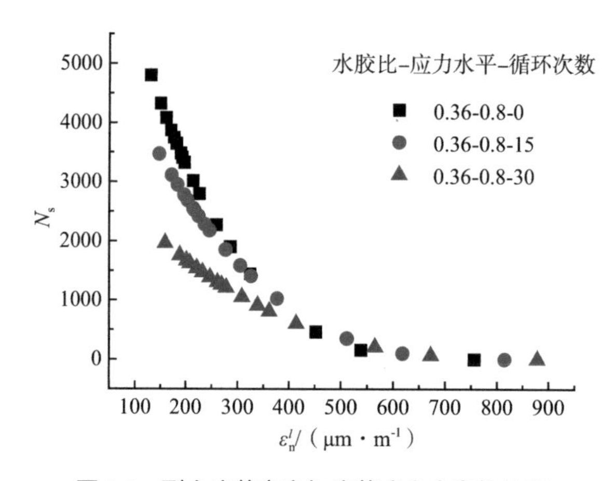

图 3-9　剩余疲劳寿命与疲劳残余应变的关系

第 4 章 大温差作用下混凝土的孔结构演化分析

宏观性能的变化源于微观结构的改变，路面混凝土受到温差和荷载共同作用后其疲劳寿命衰减的本质原因，学者们一致认为是由于混凝土内部的孔洞、裂纹等细微观缺陷的发展及贯通造成的[19，156]。本章结合大温差地区的实际温差变化范围，利用低场核磁共振技术研究温差和荷载共同作用对混凝土孔结构的影响，通过设置三维孔结构参数，分析并建立孔结构与混凝土疲劳性能之间的关系。为揭示大温差地区混凝土疲劳损伤机理提供依据，为通过孔结构预测混凝土疲劳寿命的研究奠定基础。

4.1 试验概况

本章研究使用的试验原材料、试件配合比及制作、大温差循环试验均与第 2 章相同。混凝土孔结构测试采用低场核磁共振技术。

低场核磁共振技术是利用流体的质子在磁场中具有共振的特性来探测岩石物性和流体性质。在水泥基材料的孔隙中，通常填充有水分。在一定的射频能的激发下，处在磁场中的水分子会发生共振现象，发生核磁共振的核自旋系统，其宏观磁化矢量从横向方向恢复到平衡态的过程所用时间可用横向弛豫时间 T_2 表示，T_2 的大小与水分子所在的孔尺寸有定量关系，从而能够得到孔尺寸的信息[190]。

横向弛豫时间 T_2 可用式（4-1）[258] 表示：

$$\frac{1}{T_2}=\frac{1}{T_{2B}}+\frac{1}{T_{2D}}+\rho_2\frac{J}{V} \tag{4-1}$$

式中 T_{2B}——流体的体积弛豫时间；

T_{2D}——流体的扩散弛豫时间；

ρ_2——多孔结构的横向表面弛豫率，是表征孔多结构的一种参数，混凝土的表面不像碳酸盐那样光滑，也不像砂岩那样粗糙，所以选择了 0.001cm/s[259]。

J——孔隙表面积；

V——孔隙体积。

本试验采用饱水试件进行，在饱水结构中，T_{2B} 和 T_{2D} 可以不予考虑[259]。如果对孔结构的形状进行假定，那么式（4-1）就可以简化为

$$\frac{1}{T_2}=\rho_2\frac{G}{r} \tag{4-2}$$

式中 G——孔隙形状因子；假定孔结构为理想球体，则 G 为 3；假定孔结构为理想的圆柱体，则 G 为 2[258]。

r——孔径。在 ρ_2 及孔结构形状确定的情况下，由核磁共振设备测量的 T_2 值可以确定孔径 r。

分别选取不同水胶比、温差循环次数的混凝土试件，进行仅温差循环作用后、温差和疲劳荷载共同作用后的孔结构分析。测量试件孔结构时，首先将试件沿长度方向切割 50mm，如图 4-1 阴影区域所示。将切割后的 40mm × 40mm × 50mm 的试块（图 4-2）放入装满蒸馏水的混凝土饱水机，进行 18h 饱水处理后用保鲜膜包裹备测，以防止水分蒸发造成孔结构数据不准确[190, 258, 259]。核磁共振试验设备见图 4-3，参数设置见表 4-1。

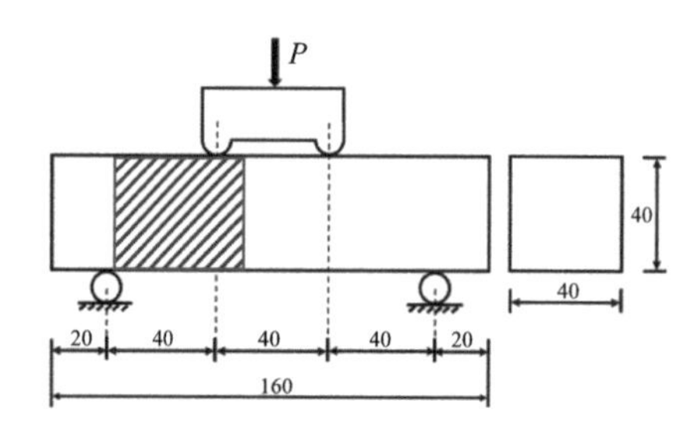

图 4-1 切割原试件示意图（mm）

图 4-2 核磁共振试块（部分试块）

图 4-3 核磁共振设备

核磁共振设备参数设置　　表 4-1

参数	TE/ms	TW/ms	NS	NECH	PRG
数值	0.35	1000	4	13000	3

4.2 孔隙率及孔径分布

4.2.1 大温差作用的影响

4.2.1.1 总孔隙率

图 4-4 为总孔隙率与大温差循环次数、水胶比关系图。由图 4-4 可知，随着大温差循环次数及水胶比的增加，混凝土的总孔隙率逐渐增大。图 4-5 为总孔隙率与降温速率、水胶比关系图。由图 4-5 可知，对于同一种水胶比的混凝土，在相同大温差循环次数下，其孔隙率随着降温速率的加快而增加显著。

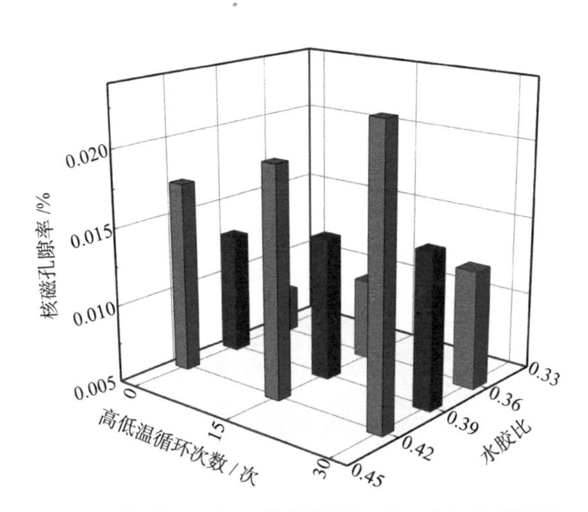

图 4-4　总孔隙率与大温差循环次数、水胶比关系图

硬化水泥浆体是混凝土最重要的组成部分，其主要由水泥水化反应生成的结晶体、无定形产物和孔隙组成 [253]。水在高温作用下膨胀系数远大于水泥浆体的膨胀系数，所以当混凝土中的水受热膨胀时，其体积迅速变大，从而引起胶凝体的迅速膨胀，形成了更大的孔洞，导致水泥基体总孔隙率增加 [3]。降温使得混凝土内各物相产生收缩 [43]，收缩过程中孔洞之间的各物相受拉产生新的裂纹。另外，升温和降温的过程，也会在试件表面和内部产生温度梯度。快速的温度下降使试件表面温度低，而内部温度则相对高，从而导致试件表面收缩速度大于内部的收缩速度 [260]，由此，也会促进混凝土内部裂纹的扩展。随着水胶比的增加，内部原始孔隙增多，在大温差循环作用下孔结构

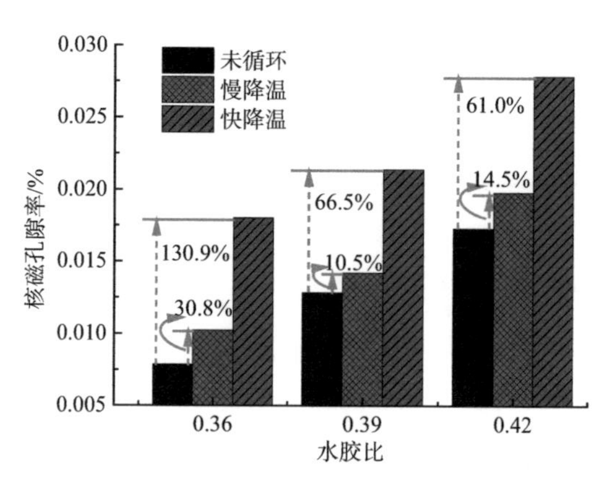

图 4-5　总孔隙率与降温速率、水胶比关系图（15 次大温差循环）

贯通概率增加，导致水胶比较大的混凝土孔结构增加也最显著。

4.2.1.2　孔径分布曲线

图 4-6 为不同温度循环次数、降温速率及水胶比下的孔径分布曲线，由图 4-6 可知，仅温差作用时，混凝土的孔径分布曲线均呈现三峰状态，在波谷处将曲线分为三个部分，

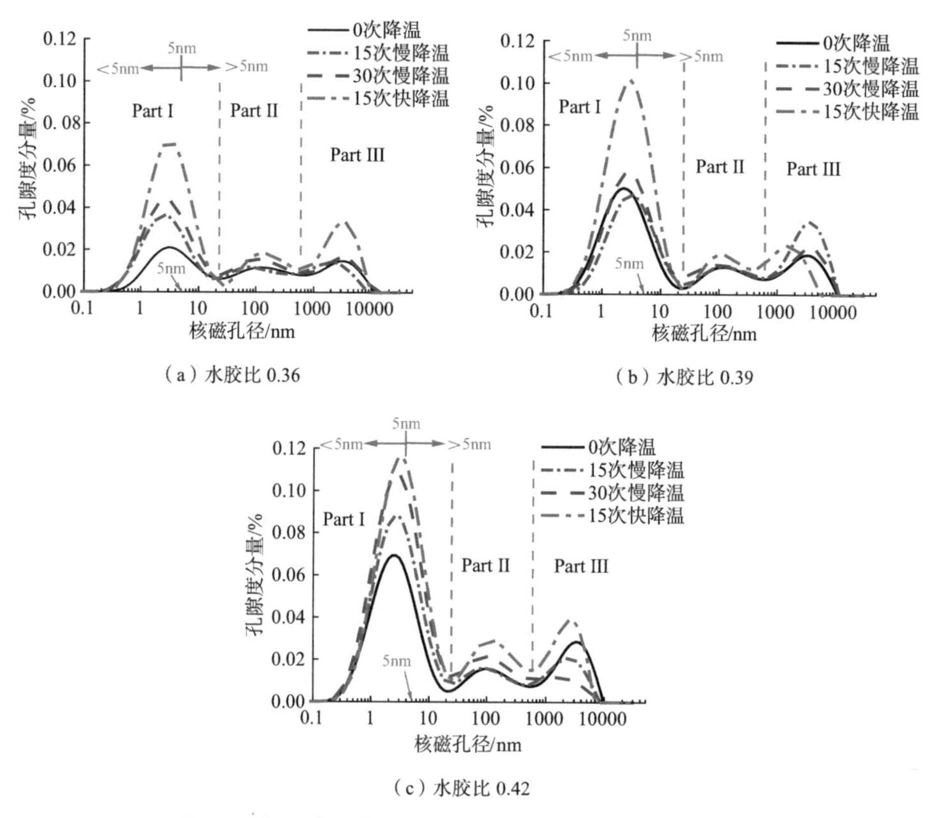

（a）水胶比 0.36

（b）水胶比 0.39

（c）水胶比 0.42

图 4-6　相同水胶比不同温度循环条件下的孔径分布曲线

其中 Part Ⅰ部分核磁孔径为 0.1 ~ 27.98nm，此部分波峰最高，占总孔隙率的比例也最高；Part Ⅱ部分核磁孔径为 27.98 ~ 524.26nm，此部分波峰最低，占总孔隙率的比例也最低；Part Ⅲ部分核磁孔径为 524.26 ~ 6463.30nm，占总孔隙率的比例较低。

由图 4-6 可知，在慢冻条件下，随着温度循环次数的增加，Part Ⅰ和 Part Ⅱ部分各孔径孔隙率逐渐增加，说明温度循环次数的增加使得混凝土内部各孔径孔隙率逐渐增大。随着温差循环次数的增加，占总孔隙率比例最高的小孔 Part Ⅰ逐渐增大，其余两部分变化并不显著，说明温差循环作用下总孔隙率增大的原因是 Part Ⅰ孔径孔隙率的增加导致，也就是温差作用主要对混凝土的小孔产生较大的影响。

图 4-6（a）中，同样为 15 次温差循环，快速降温下 Part Ⅰ和 Part Ⅱ部分各孔径孔隙率显著高于慢速降温的。而且与慢速降温 15 次循环时比较，降温速率提高一倍（快速降温循环 15 次）时 Part Ⅰ和 Part Ⅱ部分曲线的高度高于温差循环次数增加一倍时（慢速降温循环 30 次）的高度。图 4-6（b）、（c）变化与图 4-6（a）一致，说明降温速率对混凝土的孔径具有更加显著影响，原因同 4.2.1.1 节分析，并且与慢速降温条件下 15 次温差循环曲线比较，在快速降温条件下 15 次温差循环曲线 Part Ⅰ部分的高度增量明显大于 Part Ⅱ部分，说明降温速率也是对 Part Ⅰ部分影响最大，即温差作用主要对混凝土小孔产生较大的影响。

Part Ⅲ部分在水胶比为 0.36（图 4-6a）时，随着降温次数的增加大孔孔隙率略有增加，提高降温速率，各孔径孔隙率增加明显，与 Part Ⅰ和 Part Ⅱ部分的变化趋势一致。在水胶比为 0.39（图 4-6b）时，随着温度循环次数的增加，Part Ⅲ部分孔径呈现先增大后降低的趋势，而快速降温孔隙率增加低于慢速降温。在水胶比为 0.42（图 4-6c）时，变化规律与前两种水胶比又不同，随着温度循环次数的增加，Part Ⅲ部分孔径孔隙率逐渐降低，仅降温速率提高出现了升高。这是由于基于核磁共振设备试验数据计算孔径时，需先假定孔结构为理想球体或管状体，但大孔往往不都是理想球体或管状体，有些是由于温度循环损伤形成的裂纹，这样就导致试验数据处理大孔部分时产生了一定的误差。由于仅温差作用后，Part Ⅲ部分占比很小，因此微量的偏差也会对该部分产生较为明显的影响。为了深入分析孔径与抗弯性能、疲劳性能之间的联系，需要进一步研究 Part Ⅰ、Part Ⅱ、Part Ⅲ部分孔结构。

4.2.2 大温差和荷载共同作用的影响

4.2.2.1 总孔隙率

图 4-7 为不同水胶比、温差循环次数、应力水平作用后的混凝土总孔隙率 P_{total}。由图 4-7（a）可知，仅温差循环作用后（均为慢速降温），混凝土的总孔隙率随着水胶

比及温差循环次数的增加呈现逐渐增大的趋势。总孔隙率增加必然会减少混凝土的有效承载面积，从而使其疲劳性能、抗弯性能下降。水胶比越低，总孔隙率越小，疲劳性能越好，这与 3.1 节的分析一致。与仅温差作用（图 4-7a）相比较，温差和疲劳荷载共同作用后，孔隙率均增大，说明疲劳荷载作用加剧了混凝土内部裂纹的扩展，进一步加剧了混凝土的内部损伤。

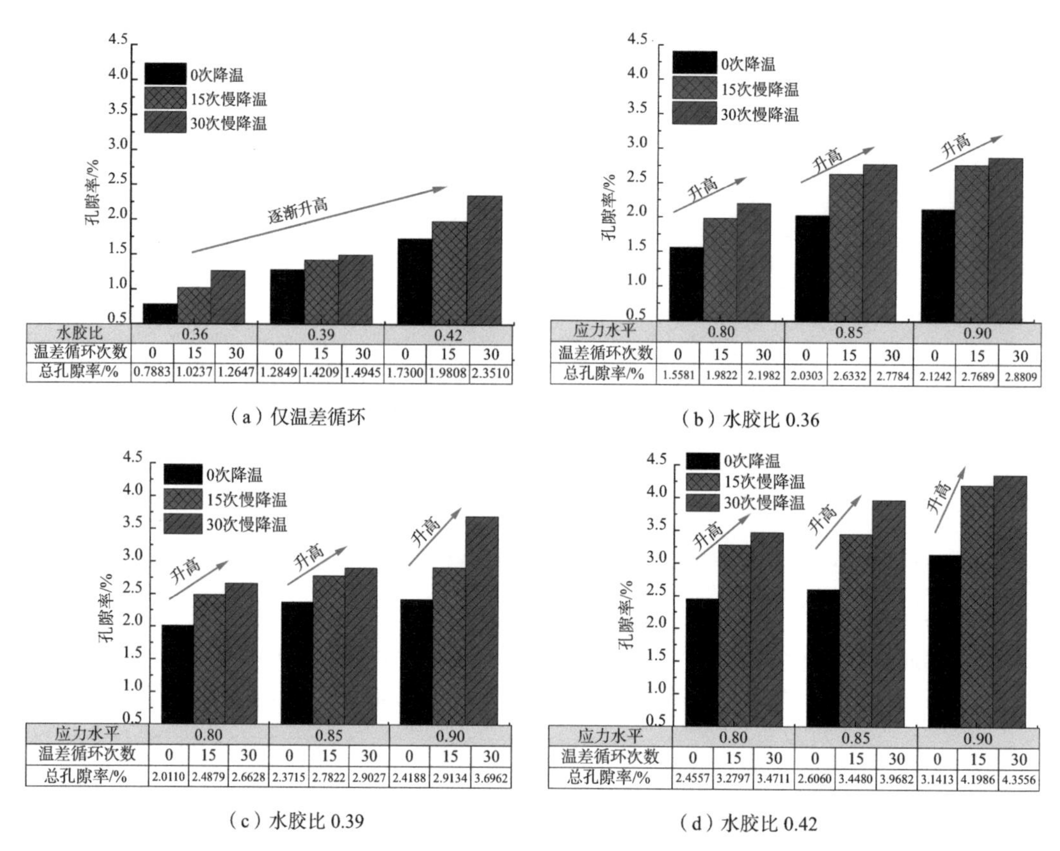

（a）仅温差循环　　（b）水胶比 0.36

（c）水胶比 0.39　　（d）水胶比 0.42

图 4-7　不同水胶比、温差循环次数、应力水平下的混凝土总孔隙率 P_{total}

4.2.2.2　孔径分布

图 4-8 为温差（慢速降温）和荷载共同作用后，混凝土的孔结构分布图。由图 4-8 可知，在温差（慢速降温）和荷载作用下，混凝土的孔径分布曲线仍然呈现三峰状态，依旧在波谷处将曲线分为三个部分。Part Ⅰ、Part Ⅱ、Part Ⅲ部分核磁孔径划分与仅温差作用时相同。

由图 4-8 可知，孔径分布虽仍呈现三峰状态，但与仅温差作用的图 4-6 相比，三峰的相对高度发生了变化。波峰最高处的位置由图 4-6 的 Part Ⅰ部分变为了图 4-8 的 Part Ⅲ部分。由此说明，4.2.2.1 节荷载和温差共同作用后总孔隙率增大的原因主要在于大孔 Part Ⅲ孔隙率的增加。因此，说明荷载对于大孔的影响更为显著。

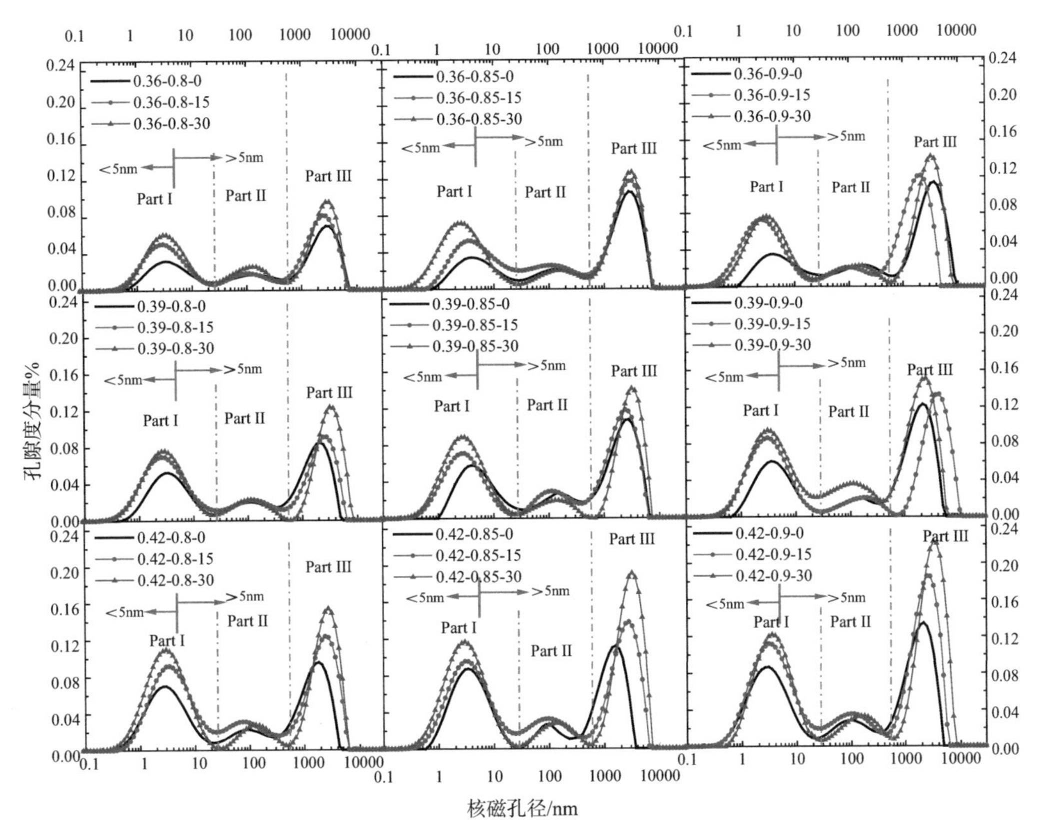

图 4-8　温差和荷载共同作用后的孔径分布

扫码看彩图

相同水胶比下，随着应力水平的增加，温差循环 15 次（图 4-8 中红色曲线）与 30 次（图 4-8 中蓝色曲线）的 Part Ⅰ部分曲线区域逐渐重合，由此说明，荷载不仅对 Part Ⅲ产生影响，也会影响 Part Ⅰ，而且随着应力水平的增加，荷载对于 Part Ⅰ的影响增大，逐渐大于温差作用对该部分的影响，荷载作用成为造成混凝土损伤的主要因素。

综合荷载和温度的影响，相同水胶比下，Part Ⅰ和 Part Ⅲ部分曲线高度均随着温差循环次数和荷载应力水平的增加而增加，为了分析该部分孔隙率对疲劳寿命的影响，统计图 4-6 和图 4-8 中占比最高的 Part Ⅰ、Part Ⅲ孔隙率见表 4-2。

Part Ⅰ、Part Ⅲ孔结构特征参数　　表 4-2

水胶比	应力水平	温差循环次数	P_{I}/%	P_{III}/%	P_{MI}/%	P_{MIII}/%	S_{I}	S_{III}	D_{Na}	D_{Nb}
0.36	仅温差	0	0.3626	0.2284	0.0205	0.0148	4.3127	0.0036	0.6855	2.8560
		15	0.6112	0.2121	0.0363	0.0141	7.3671	0.0036	1.1305	2.9071
		30	0.7524	0.2537	0.0435	0.0164	8.9729	0.0039	1.1075	2.9100

续表

水胶比	应力水平	温差循环次数	$P_{Ⅰ}$/%	$P_{Ⅲ}$/%	$P_{MⅠ}$/%	$P_{MⅢ}$/%	$S_{Ⅰ}$	$S_{Ⅲ}$	D_{Na}	D_{Nb}
0.36	0.8	0	0.5097	0.7684	0.0316	0.0697	6.4015	0.0147	0.5129	2.8074
		15	0.8010	0.9070	0.0503	0.0810	10.2611	0.0174	0.6198	2.8486
		30	0.8894	0.9569	0.0604	0.0955	12.0970	0.0190	0.6986	2.8507
	0.85	0	0.5411	1.1590	0.0343	0.1054	6.6387	0.0223	0.3793	2.7720
		15	0.8920	1.3104	0.0525	0.1172	10.5218	0.0249	0.4396	2.8094
		30	1.1785	1.3109	0.0717	0.1272	14.5864	0.0256	1.1283	2.8682
	0.9	0	0.5830	1.2097	0.0353	0.1136	6.7817	0.0219	0.4080	2.7768
		15	1.1756	1.2695	0.0730	0.1210	14.6101	0.0237	1.1213	2.8553
		30	1.1653	1.3819	0.0764	0.1421	15.4190	0.0271	0.6174	2.8629
0.39	仅温差	0	0.8194	0.268	0.0503	0.0188	10.0490	0.0044	1.1983	2.8868
		15	0.7609	0.452	0.0472	0.0346	9.6727	0.0074	0.8570	2.8972
		30	0.9453	0.3123	0.0576	0.0221	11.7734	0.0049	1.0447	2.9182
	0.8	0	0.7646	0.9077	0.0523	0.0850	10.5065	0.0169	0.2862	2.8330
		15	1.1871	0.9611	0.0697	0.0908	14.2898	0.0188	1.0530	2.8733
		30	1.1910	1.1723	0.0762	0.1235	15.4646	0.0230	1.0575	2.8810
	0.85	0	0.7709	1.1936	0.0576	0.1074	10.6100	0.0229	0.2682	2.8071
		15	1.0765	1.3000	0.0712	0.1180	14.3586	0.0250	0.8226	2.8444
		30	1.3665	1.2862	0.0888	0.1413	18.0162	0.0260	0.8595	2.8903
	0.9	0	0.8454	1.2878	0.0602	0.1237	11.7443	0.0245	0.3788	2.8169
		15	1.3117	1.3190	0.0862	0.1333	17.4181	0.0289	0.7273	2.8335
		30	1.5196	1.6180	0.0943	0.1508	19.1380	0.0312	0.8345	2.8431
0.42	仅温差	0	1.1235	0.3670	0.0693	0.0288	13.9486	0.0063	1.0479	2.9272
		15	1.4480	0.2840	0.0879	0.0208	17.9503	0.0049	1.1137	2.9388
		30	1.8221	0.1881	0.1077	0.0102	22.2249	0.0029	1.1404	2.9439
	0.8	0	1.0686	0.9998	0.0702	0.0957	14.1980	0.0179	0.4245	2.8558
		15	1.4708	1.3361	0.0913	0.1228	18.5803	0.0258	0.6065	2.8571
		30	1.6798	1.4687	0.1096	0.1538	22.2716	0.0299	0.8589	2.8856
	0.85	0	1.218	1.0740	0.0875	0.1118	17.3748	0.0238	0.4922	2.8478
		15	1.5258	1.4411	0.0956	0.1378	19.4472	0.0284	0.7031	2.8608
		30	1.7734	1.8424	0.1166	0.1915	23.6701	0.0368	0.8420	2.8811

续表

水胶比	应力水平	温差循环次数	P_{I}/%	P_{III}/%	P_{MI}/%	P_{MIII}/%	S_{I}	S_{III}	D_{Na}	D_{Nb}
0.42	0.9	0	1.3422	1.3819	0.0868	0.1343	17.5710	0.0261	0.8125	2.8539
		15	1.8060	1.8708	0.1119	0.1853	22.8131	0.0373	0.5600	2.8567
		30	1.7165	2.2002	0.1218	0.2149	24.0359	0.0426	0.4026	2.8595

4.3 孔结构特征参数分析

4.3.1 波峰孔径孔隙率 P_{M}

图 4-9 为不同水胶比、应力水平下 Part Ⅰ和 Part Ⅲ部分的波峰对应的孔径孔隙率（P_{MI}和 P_{MIII}）随温差循环次数（慢速降温）的变化曲线。由图 4-9（a）可知，在仅温差作用时，随着水胶比及温差循环次数的增加，P_{MI}逐渐增大。在相同应力水平下，随着水胶比及温差循环次数的增加，P_{MI}呈现出同样的规律。由图 4-9（b）可知，在仅温差作用时，大孔部分的 P_{MIII}变化并不显著，而随着荷载的加入，在相同应力水平下，随着水胶比及温差循环次数的增加，P_{MIII}逐渐增大。

统计图 4-6 和图 4-8 中 Part Ⅰ、Part Ⅲ部分曲线最高峰所对应孔径的孔隙率（P_{MI}和 P_{MIII}），如表 4-2 所示。由表 4-2 可知，未加载、0 次温差循环作用时，水胶比 0.39、0.42 混凝土孔结构的 P_{MI}较水胶比 0.36 的分别提高了 145.37% 和 238.05%，P_{MIII}分别提

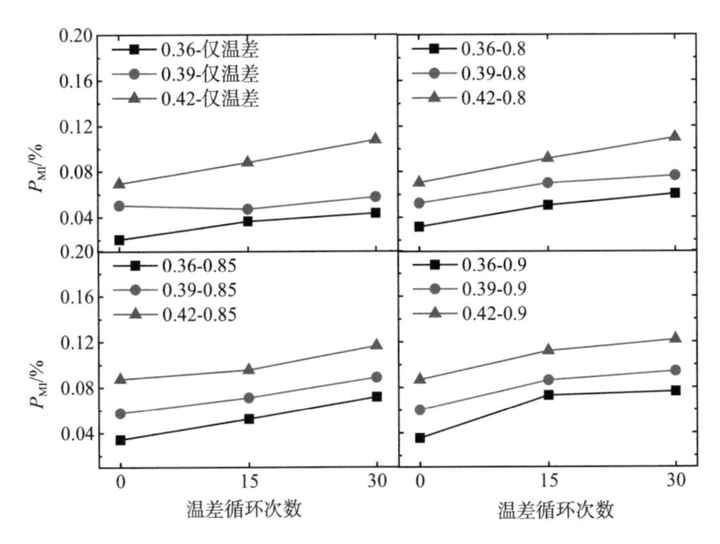

（a）不同水胶比、应力水平和温差循环次数下 P_{MI}变化图

图 4-9 不同水胶比、应力水平和温差循环次数下波峰孔径孔隙率 P_{M} 变化（一）

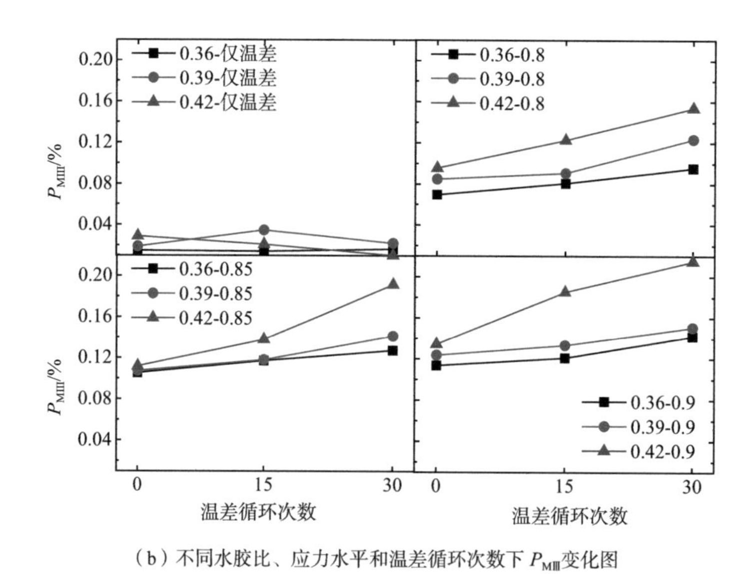

（b）不同水胶比、应力水平和温差循环次数下 P_{MIII} 变化图

图 4-9　不同水胶比、应力水平和温差循环次数下波峰孔径孔隙率 P_M 变化（二）

高了 27.03% 和 94.59%，说明水胶比不同会造成混凝土原始孔结构的差异；在应力水平为 0.9、30 次温差循环时，水胶比 0.36、0.39、0.42 混凝土孔结构的 P_{MI} 和 P_{MIII} 较未加载、0 次温差循环作用时水胶比 0.36 的混凝土分别提高了 272.68%、360.00%、494.15% 和 860.14%、918.92%、1352.03%，这说明在温差和荷载作用时水胶比越高，P_{MI} 和 P_{MIII} 越大，裂纹扩展的概率越高，导致 4.1 节疲劳寿命随着水胶比增加而降低。

4.3.2　核磁累积孔径分布曲线的斜率 S_{lope}

累积孔径分布曲线的斜率 S_{lope} 可以反映孔径增长的速率[180]。图 4-10 水胶比为

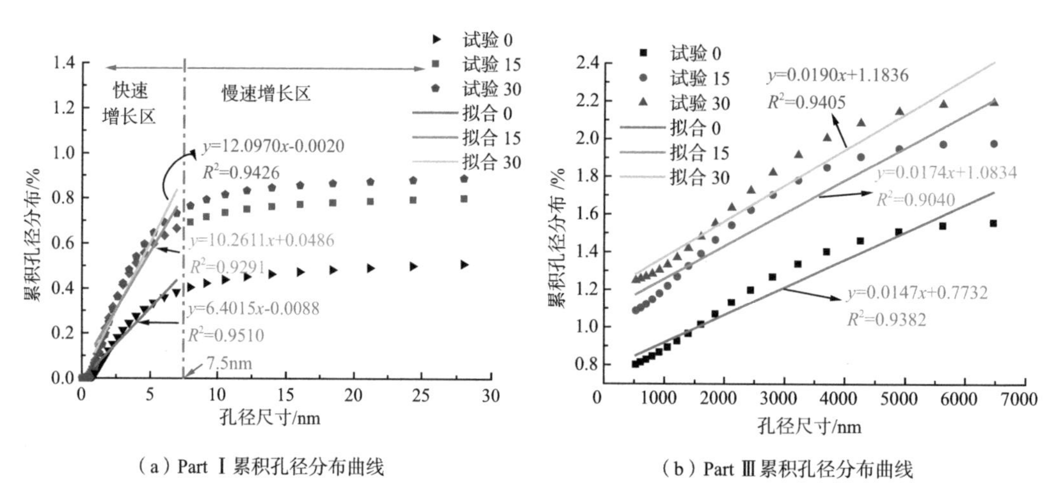

（a）Part Ⅰ 累积孔径分布曲线　　（b）Part Ⅲ 累积孔径分布曲线

图 4-10　0.36 水胶比的混凝土在 0.8 应力水平下的核磁累积孔径曲线

0.36 的混凝土在应力水平 0.8 下的累积孔径曲线。由图 4-10（a）可知，累积孔径分布曲线 Part Ⅰ部分以 7.5nm 为界，分为斜率快速增长区和慢速增长区，随着孔径的增大，累积孔径分布曲线增长速率逐渐减慢。由图 4-10（b）可知，Part Ⅲ斜率略有加快。统计不同水胶比、温差循环次数、应力水平的累积孔径分布曲线 Part Ⅰ部分快速增长区斜率 $S_{Ⅰ}$ 和 Part Ⅲ部分曲线斜率 $S_{Ⅲ}$，见表 4-2。

图 4-11 为不同水胶比、应力水平下核磁累积孔径分布曲线的斜率 S_{lope} 随温差循环次数变化曲线。由图 4-11 可知，仅温差作用时，随着温差循环次数的增加，$S_{Ⅰ}$ 逐渐增

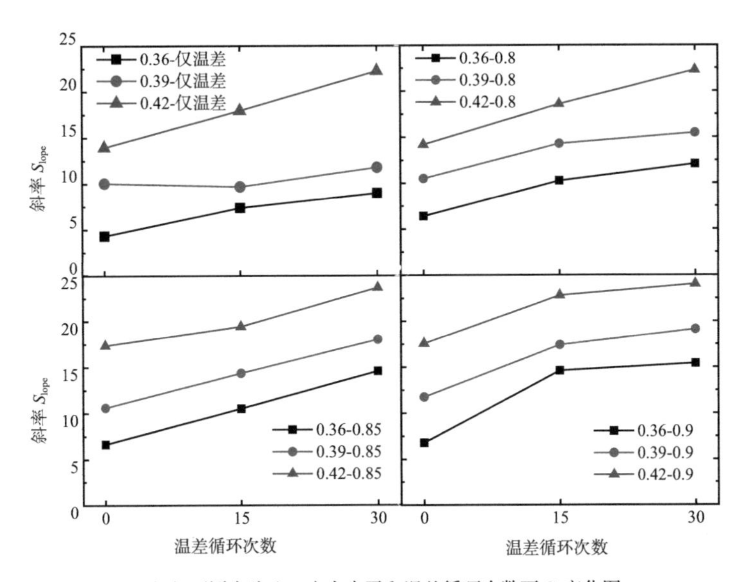

（a）不同水胶比、应力水平和温差循环次数下 $S_{Ⅰ}$ 变化图

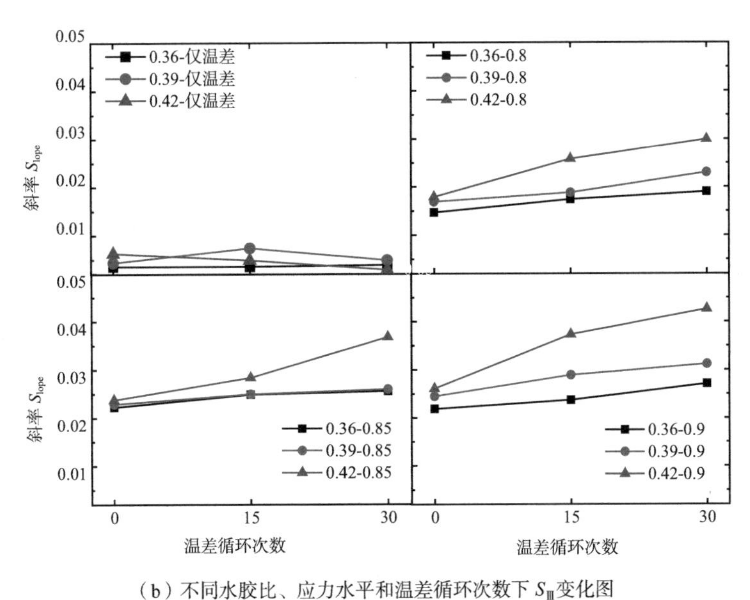

（b）不同水胶比、应力水平和温差循环次数下 $S_{Ⅲ}$ 变化图

图 4-11　不同水胶比、应力水平和温差循环次下核磁累积孔径分布曲线的斜率 S_{lope} 变化

大，而 $S_{Ⅲ}$ 却变化不明显，这说明，温差作用对小孔的粗化显著，对大孔几乎没有粗化作用。荷载作用后，在相同水胶比、应力水平下，随着温差循环次数的增加，$S_{Ⅰ}$ 和 $S_{Ⅲ}$ 逐渐增大，说明荷载会同时提高 Part Ⅰ和 Part Ⅲ部分孔径粗化速率。温差循环次数的增加，已经使得混凝土内各物相变形更加不协调，导致裂纹扩展；荷载和温差共同作用后，荷载在混凝土内部产生的应力会对混凝土裂纹的扩展起到进一步的促进作用，因此，再次加速了混凝土的粗化速率。

4.3.3 孔径分形维数 D_N

分形（Fractal）是 Mandelbrot 由拉丁语 Frangere 一词创造而成的，其原意具有不规则、支离破碎等意义[261]。表征分形物体的定量参数为分形维数，它是分形理论的重要参数。1919 年有学者引入了连续空间的概念，认为空间维数是可以连续变化的，既可以是整数也可以是分数[262]。当物体为规则体时，分形维数即为传统欧氏几何维数；当物体为非规则体时，通过具体计算可以确定维数，该分形维数为非整数。根据分形的定义，数学上认为，对于任何一个有确定维数的几何体，若用与它相同维数的“尺”度量，则可得到一个确定的数值。若用高于它的维数的“尺”度量，结果为 0；若用低于它的维数的“尺”度量，结果就会为无穷大。分形维数在表征、度量自然界中无序、复杂物体的不规则性和复杂程度方面具有重要的意义。

混凝土的孔隙结构是极为复杂的，呈现出千差万别、无序分布的特点，与传统假设的光滑、等大、规则不符合，很难定量表征孔径的分布状态，这严重制约了混凝土内部孔结构特征的研究。已有研究表明，混凝土材料的孔形、面积、体积等，在各个尺度上均表现出分形特征[263-265]，因此分形理论作为研究物质复杂性和不规则性的理论，已经被引入混凝土孔结构的研究中[266-268]。

本书利用核磁共振技术进行孔结构分析时，采用的一个重要假设是混凝土内部孔隙为不同大小的理想球形（见 4.1 节）。然而混凝土的孔结构是大小不一、随机分布、结构复杂的，因此本书采用混凝土孔结构的孔径分形维数分析其复杂程度。基于 Menger 海绵模型，文献 [269] 已详细分析了利用核磁共振 T_2 谱计算分形维数的方法，该模型可用式（4-3）描述：

$$V_L = \left(\frac{T_{2\max}}{T_2}\right)^{D_N-3} \tag{4-3}$$

$$\lg V_L = (3 - D_N)\lg T_2 + (3 - D_N)\lg T_{2\max} \tag{4-4}$$

本书将其与式（4-1）结合，可知

$$\lg V_L \propto (3-D_N)\lg r \tag{4-5}$$

式中 V_L——弛豫时间小于 T_2 累积体积占总体积的百分比；

T_2——横向弛豫时间；

T_{2max}——最大弛豫时间；

D_N——分形维数；

r——孔径，定义同式（4-2）。

根据式（4-5）绘制核磁共振分形维数模型的 lg$V$ 和 lg$r$ 关系图。图 4-12 为 0.36 水胶比的混凝土在仅温差循环作用 0 次时的孔结构 lg$V$ 和 lg$r$ 关系图。由图 4-12 可知，曲线在 5nm 两侧呈现两个不同的阶段。按照图 4-12 的分段绘制不同水胶比、温差循环次数、应力水平的 lg$V$ 和 lg$r$ 关系图，曲线所有样品点相关性均在 0.85 以上（即曲线拟合后 $R^2 \geqslant 0.85$），表明使用核磁共振技术表征的混凝土孔结构具有分形特征。核磁共振分形维数可由 lg$V$ 和 lg$r$ 关系曲线的斜率（k_a，k_b）求得，统计斜率见表 4-3。根据式（4-5）和表 4-3 统计分形维数 D_{Na}、D_{Nb} 见表 4-2。

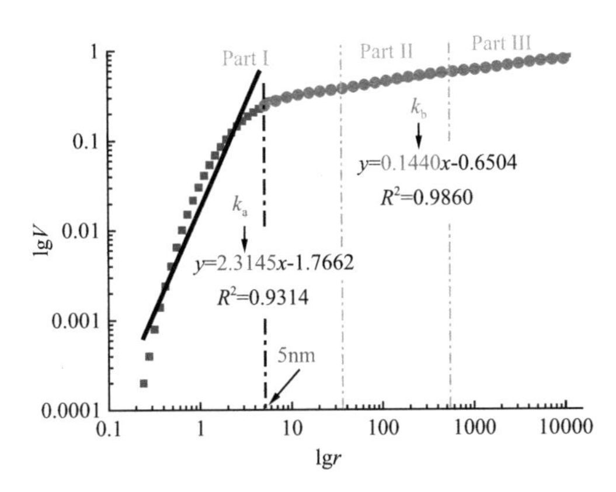

图 4-12 水胶比 0.36 的混凝土仅温差循环作用 0 次时的 lg$V$ 和 lg$r$ 关系图

lg$V$ 和 lg$r$ 关系曲线的斜率　　表 4-3

水胶比	温差循环次数	仅温差作用		荷载和疲劳共同作用					
				0.8		0.85		0.9	
		k_1	k_2	k_1	k_2	k_1	k_2	k_1	k_2
0.36	0	2.3145	0.1440	2.4871	0.1926	2.6207	0.2280	2.592	0.2232
	15	1.8695	0.0929	2.3802	0.1514	2.5604	0.1906	1.8787	0.1447
	30	1.8925	0.0900	2.3014	0.1493	1.8717	0.1318	2.3826	0.1371
0.39	0	1.8017	0.1132	2.7138	0.1670	2.7318	0.1929	2.6212	0.1831
	15	2.1430	0.1028	1.9470	0.1267	2.1774	0.1556	2.2727	0.1665

续表

水胶比	温差循环次数	仅温差作用		荷载和疲劳共同作用					
				0.8		0.85		0.9	
		k_1	k_2	k_1	k_2	k_1	k_2	k_1	k_2
0.39	30	1.9553	0.0818	1.9425	0.1190	2.1405	0.1097	2.1655	0.1569
0.42	0	1.9521	0.0728	2.5755	0.1442	2.5078	0.1522	2.1875	0.1461
	15	1.8863	0.0612	2.3935	0.1429	2.2969	0.1392	2.4400	0.1433
	30	1.8596	0.0561	2.1411	0.1144	2.1580	0.1189	2.5974	0.1405

由表 4-2 可知，在相同水胶比、应力水平下，随着温差循环次数（慢速降温）的增加，混凝土孔结构分形维数 D_{Na} 和 D_{Nb} 逐渐增大，说明温差作用会使混凝土的孔结构逐渐复杂化。孔结构由简单到复杂的过程，是疲劳累积的能量释放的过程，通过复杂化吸收对其产生破坏的外部能量[270]，从而导致混凝土损伤加剧。另外，研究表明，随着分形维数的增加，混凝土的有效承载面积减小[271]，这也会导致其疲劳寿命降低。综上所述，混凝土孔结构的复杂程度影响了混凝土的疲劳寿命。

4.4 孔结构与抗弯性能、疲劳性能的关系

4.4.1 孔结构特征参数与抗弯强度

图 4-13 为混凝土抗弯强度与孔结构特征参数的关系图。由图 4-13 可知，随着 P_{total}、P_{I}、P_{MI}、S_{I} 的增加，混凝土的抗弯强度均呈现降低趋势。由 4.2 节和 4.3 节分析可知，仅温差作用时，混凝土的孔径分布曲线 Part Ⅰ部分占比最大，因此抗弯强度与 P_{I}、P_{MI}、S_{I} 的相关性也较高。孔结构参数 P_{total}、P_{I}、P_{MI}、S_{I} 在温差作用下，微裂纹逐渐扩展，孔结构粗化，这些变化加剧了混凝土内部的损伤，使有效连接面积降低，则导致出现图 4-13 所示的负相关性。由此说明，大温差地区温差作用对混凝土抗弯性能的影响不容忽视。

由图 4-13 中还可知，P_{total} 与抗弯强度拟合后，相关性最高，达到 0.8632，也就是 P_{total} 对混凝土的抗弯强度存在很大的影响。这是因为 P_{total} 包含了 Part Ⅰ、Part Ⅲ孔结构信息，而其余参数仅对部分孔结构进行了表征，并不能较为完全地综合表征混凝土的孔结构信息。由于 P_{I}、P_{MI} 与 P_{total} 均表示孔隙率，且对疲劳寿命的影响一致，因此在表征孔结构孔隙率方面的参数可选用与疲劳寿命拟合相关性最高的 P_{total}。

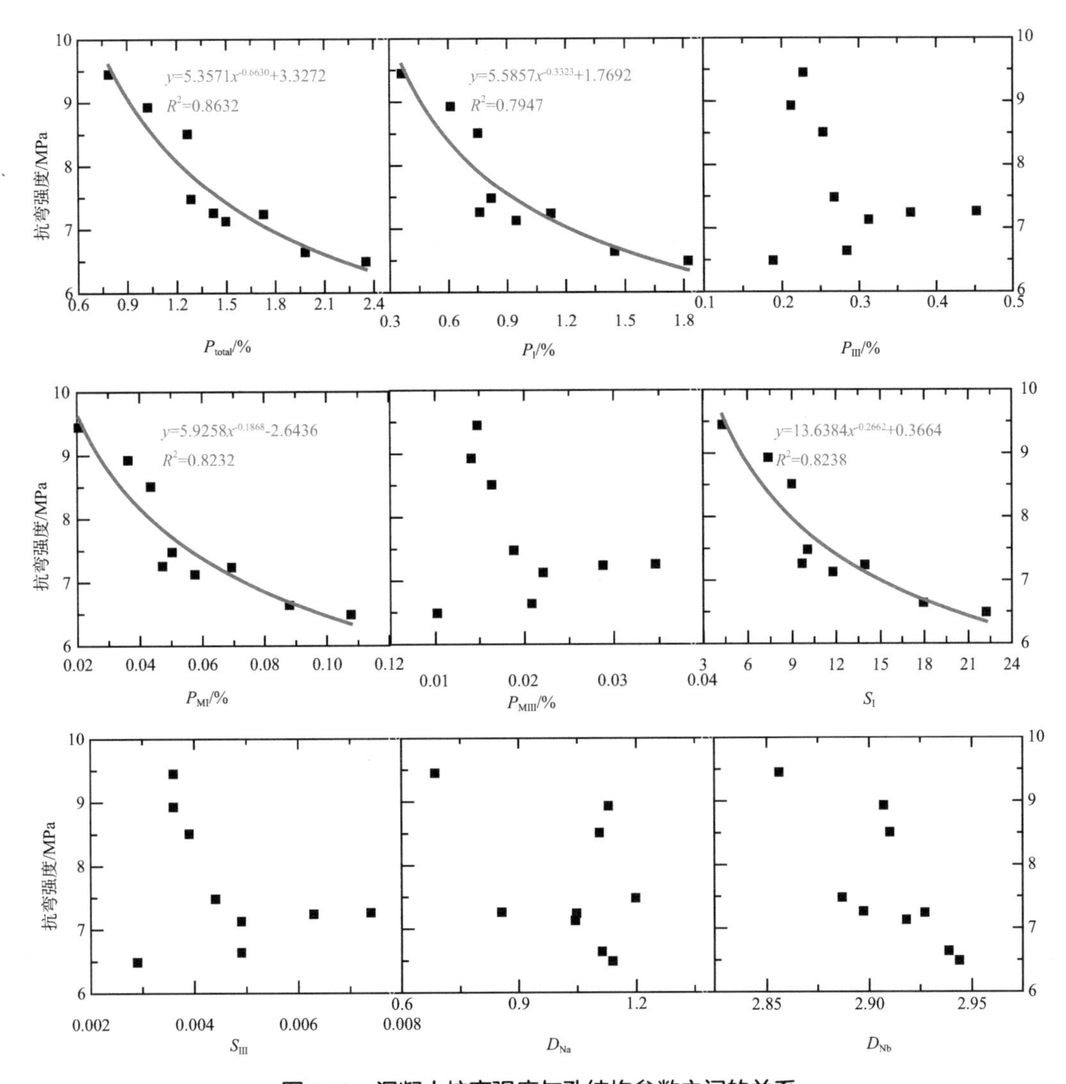

图4-13 混凝土抗弯强度与孔结构参数之间的关系

4.4.2 孔结构特征参数与疲劳寿命

图4-14为混凝土疲劳寿命与孔结构特征参数的关系图。由图4-14可知，随着P_{total}、P_{I}、P_{III}、P_{MI}、P_{MIII}、S_{I}、S_{III}的增加，混凝土的疲劳寿命均呈现降低趋势，如图4-14红色直线所示。由4.2节和4.3节分析可知，孔结构参数P_{total}、P_{I}、P_{III}、P_{MI}、P_{MIII}、S_{I}、S_{III}增加的原因是在温差和荷载作用下，微裂纹逐渐扩展，孔结构粗化，这些变化加剧了混凝土内部的损伤，使有效连接面积降低，则出现混凝土的疲劳寿命随这些参数的增加逐渐降低的现象，如图4-14所示。其中，P_{I}、P_{MI}、S_{I}是表征小孔的特征参数，该参数受温差影响最大（4.2节和4.3节），结合4.4.1节可知，大温差地区温差作用对混凝土无论抗弯性能还是疲劳性能存在不容忽视的影响。

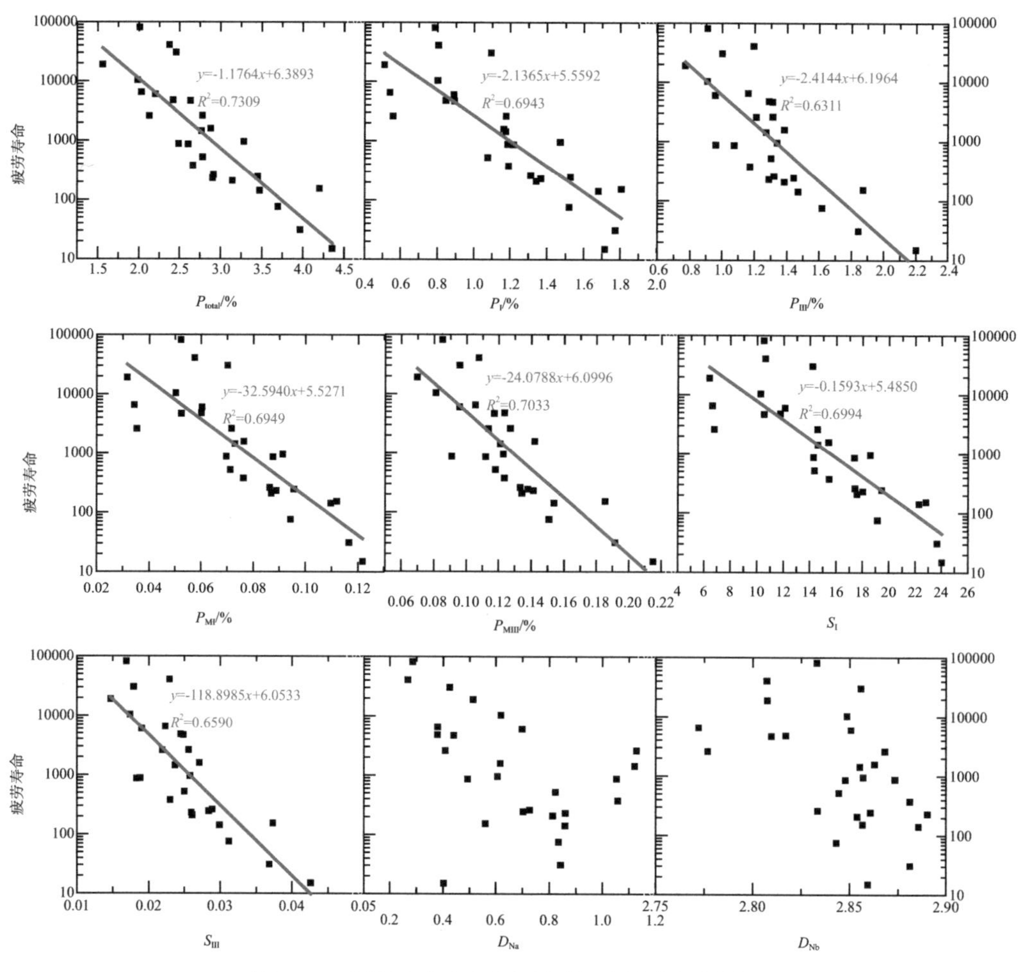

图 4-14　混凝土疲劳寿命与孔结构参数之间的关系

由图 4-14 中还可知，P_{total} 与疲劳寿命线性拟合后，也是相关性最高的，达到 0.7309，也就是 P_{total} 对混凝土的疲劳寿命存在很大的影响，综合 4.2.1 节，总孔隙率对混凝土的性能影响最为显著，这与 Vicente 等[177, 272, 273]的研究结论相同。P_{I}、P_{III}、P_{MI}、P_{MIII}、S_{I}、S_{III} 相关性均较低，分形维数 D_{Na} 和 D_{Nb} 与混凝土疲劳寿命的关系并不显著。同样在表征孔结构孔隙率方面的参数可选用与疲劳寿命拟合相关性最高的 P_{total}。

扫码看彩图

4.5　三维孔结构特征参数

通过 4.3.2 节和 4.3.3 节分析可知，表征孔径增长速率的参数 S_{I} 和 S_{III}、表征孔结构复杂程度的参数 D_{Na} 和 D_{Nb} 均与疲劳寿命存在联系，然而由图 4-13、图 4-14 却发现，

$S_{Ⅲ}$、D_{Na} 和 D_{Nb} 与抗弯强度、疲劳寿命的相关性系数 R^2 并不高。参数 $S_{Ⅲ}$、D_{Na} 和 D_{Nb} 仅可表征部分孔结构，并不能全部反映混凝土孔结构的信息，用部分代表全部孔结构对疲劳、抗弯性能的影响，必然导致其与疲劳寿命、抗弯性能的联系较弱。总孔隙率虽能完全反映孔隙占混凝土的比例，但并不能反映混凝土的孔径增长速率以及孔结构的复杂程度。因此，本章定义孔径综合变化速率 S_Z 和孔结构复杂度系数 C_Z 弥补仅孔隙率表征孔结构的不足。

4.5.1 孔径综合变化速率 S_Z

$S_Ⅰ$ 和 $S_{Ⅲ}$ 分别表征了 Part Ⅰ、Part Ⅲ孔径变化的速率，但由于两部分孔径所占比例不同，综合在一起后，各部分孔径占比的多少也会对混凝土综合孔径的变化速率产生影响，因此，为了综合反映孔结构的孔径变化速率，定义孔径综合变化速率 S_Z，见式（4-6）：

$$S_Z = S_Ⅰ \times P_{ⅠQ} + S_{Ⅲ} \times P_{Ⅲ} \tag{4-6}$$

式中 $S_Ⅰ$——累积孔径分布曲线 Part Ⅰ部分快速增长区斜率；

$P_{ⅠQ}$——Part Ⅰ部分 0.1 ~ 7.5nm 孔径的孔隙率，也就是 $S_Ⅰ$ 对应孔径的总孔隙率；

$S_{Ⅲ}$——累积孔径分布曲线 Part Ⅲ部分斜率；

$P_{Ⅲ}$——Part Ⅲ部分的总孔隙率，取值见表 4-1。

统计 $P_{ⅠQ}$ 并计算 S_Z，见表 4-4。孔径综合变化速率 S_Z 与混凝土抗弯强度的关系如图 4-15 所示。由图 4-15 可知，随着孔径综合变化速率的增加，混凝土的抗弯强度逐渐降低，这与 4.2 节的分析一致。对比图 4-13，孔径综合变化速率较某一部分孔径增长速率与抗弯强度的关系更稳定，因此，该参数可从孔径增长速率方面作为孔结构特征参数，也可成为衡量混凝土抗弯强度的指标。

$P_{ⅠQ}$、$P_{Ⅰb}$、$P_{Ⅰh}$ 统计表　　表 4-4

水胶比	应力水平	温差循环次数	$P_{ⅠQ}$/%	$P_{Ⅰb}$/%	$P_{Ⅰh}$/%	S_Z	C_Z
0.36	仅温差	0	0.2901	0.2443	0.5440	1.2519	1.7211
		15	0.5190	0.4988	0.5249	3.8243	2.0898
		30	0.6245	0.5976	0.6671	5.6046	2.6031
	0.8	0	0.4044	0.3062	1.2519	2.6001	3.6716
		15	0.6935	0.5563	1.4259	7.1319	4.4066
		30	0.7651	0.5952	1.6030	9.2736	4.9855
	0.85	0	0.4039	0.2816	1.7487	2.7072	4.9542

续表

水胶比	应力水平	温差循环次数	$P_{1Q}/\%$	$P_{1b}/\%$	$P_{1h}/\%$	S_Z	C_Z
0.36	0.85	15	0.6944	0.6187	2.0145	7.3390	5.9000
		30	1.0653	0.8920	1.8864	15.5725	6.4170
	0.9	0	0.4293	0.2829	1.8413	2.9393	5.2284
		15	1.0697	0.9080	1.8609	15.6585	6.3316
		30	1.0286	0.8274	2.0535	15.8974	6.3898
0.39	仅温差	0	0.7721	0.6450	0.6399	7.7600	2.6202
		15	0.6851	0.5673	0.8536	6.6301	2.9592
		30	0.8537	0.7278	0.7667	10.0525	2.9977
	0.8	0	0.6013	0.6013	1.4097	6.3000	4.1600
		15	1.0251	0.8447	1.6432	14.6665	5.6109
		30	1.0708	0.8775	1.7853	16.5865	6.0714
	0.85	0	0.5294	0.5294	1.8421	5.6000	5.3129
		15	0.9793	0.8049	1.9773	14.0939	6.2863
		30	1.2399	0.8584	2.0443	22.3717	6.6500
	0.9	0	0.7432	0.5224	1.8964	8.7599	5.5399
		15	1.1688	0.6099	2.3035	20.3964	6.9706
		30	1.2584	0.9894	2.7068	24.1337	8.5214
0.42	仅温差	0	1.0333	0.9278	0.8022	14.4154	3.3204
		15	1.2953	1.1428	0.8380	23.2524	3.7355
		30	1.5549	1.4129	0.9381	34.5580	4.3729
	0.8	0	0.8929	0.8929	1.5628	12.6950	4.8000
		15	1.2009	1.1416	2.1381	22.3476	6.8000
		30	1.5197	1.2254	2.2457	33.8901	7.5327
	0.85	0	1.0736	0.8112	1.7948	18.6732	5.5105
		15	1.2821	0.9995	2.4485	24.9742	7.7074
		30	1.6139	1.3062	2.6620	38.2690	8.7693
	0.9	0	1.1967	0.9751	2.1662	21.0633	6.9744
		15	1.5205	1.4534	2.7452	34.7571	8.6000
		30	1.4923	1.1225	3.2331	35.9625	9.6970

由表 4-2 可知，S_{I} 和 S_{III} 的取值范围分别在 4.3127 ~ 24.0359 和 0.0029 ~ 0.0426，S_{I} 远大于 S_{III}，那么，结合式（4-6）可发现，P_{IQ} 的改变，对孔径综合变化速率 S_{Z} 的影响最大。P_{IQ} 是属于 Part Ⅰ部分的，而温差作用主要对混凝土的 Part Ⅰ部分产生较大的影响（4.2 节），说明温差作用对孔径综合变化速率影响较大。结合图 4-6 还可发现，相同条件下，随着温差循环次数的增加，P_{IQ} 逐渐增加，那么，孔结构综合变化速率也会逐渐增加，这是第 2 章图 2-8 混凝土的抗弯强度随着温差循环次数的增加逐渐降低的原因之一。

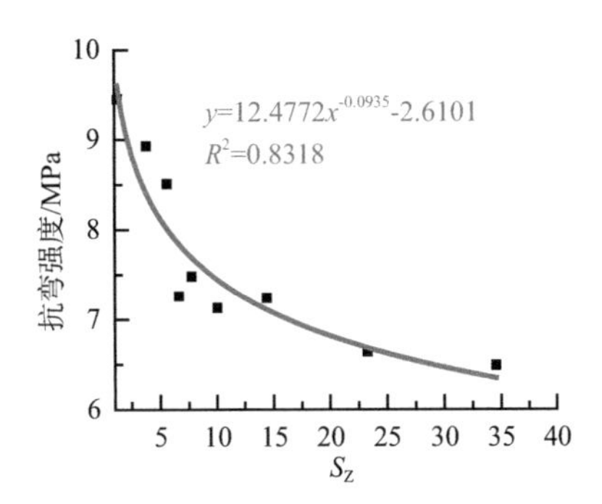

图 4-15　孔径综合变化速率 S_{Z} 与混凝土抗弯强度的关系图

孔径综合变化速率 S_{Z} 与混凝土疲劳寿命的关系如图 4-16 所示。由图 4-16 可知，随着孔径综合变化速率的增加，混凝土疲劳寿命逐渐降低，这与前文的分析一致。对比图 4-14，孔径综合变化率与抗弯强度的关系拟合系数更高，因此，该参数可同 P_{total} 从不同角度共同作为衡量混凝土疲劳寿命的指标。

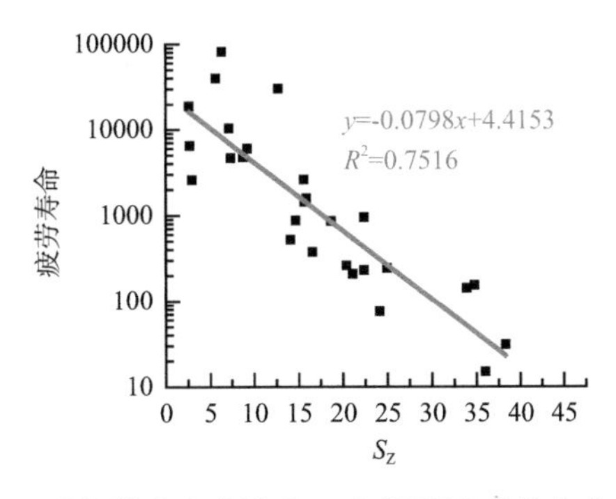

图 4-16　孔径综合变化速率 S_{Z} 与混凝土疲劳寿命关系图

由表 4-2 可知，S_{I} 远大于 S_{III}。结合图 4-8 还可发现，相同条件下，随着温差循环次数的增加，P_{IQ} 逐渐增加，那么，孔结构综合变化速率也会逐渐增加，这是第 3 章图 3-2 所示，混凝土的疲劳寿命随着温差循环次数的增加逐渐降低的原因之一。

4.5.2 孔结构复杂度系数 C_Z

分形维数 D_{Na} 和 D_{Nb} 分别表征了小于 5nm、大于 5nm 孔径孔结构的复杂程度，同 4.5.1 节所述，两部分孔径所占比例不同，必然也会对全部孔结构的复杂程度产生影响。因此，为了综合反映混凝土孔结构的复杂程度，定义的孔结构复杂度系数 C_Z，见式（4-7）：

$$C_Z = D_{Na} \times P_{1b} + D_{Nb} \times P_{1h} \tag{4-7}$$

式中 D_{Na}——小于 5nm 孔径孔结构的分形维数；

D_{Nb}——大于 5nm 孔径孔结构的分形维数；

P_{1b}——小于 5nm 的孔结构孔隙率，也就是分形维数为 D_{Na} 的孔结构总孔隙率，统计于表 4-4；

P_{1h}——大于 5nm 的孔结构孔隙率，也就是分形维数为 D_{Nb} 的孔结构总孔隙率，统计于表 4-4。

孔结构复杂度系数 C_Z 统计于表 4-4，与混凝土抗弯强度的关系如图 4-17 所示。由图 4-17 可知，随着孔结构复杂度系数的增加，混凝土的抗弯强度亦逐渐降低，这与 4.3.3 节分析一致。对比图 4-13 和图 4-17 可知，孔结构复杂度系数 C_Z 与抗弯强度的关系最为稳定，因此，孔结构复杂度系数 C_Z 从孔径复杂程度方面可作为表征孔结构的特征参数，成为评估混凝土抗弯强度时的重要指标，与孔径综合变化速率 S_Z 和总孔隙率 P_{total} 形成三维孔结构特征参数，从孔隙占比、孔径变化速率以及孔结构复杂程度三个维度综合地表征混凝土的孔结构。

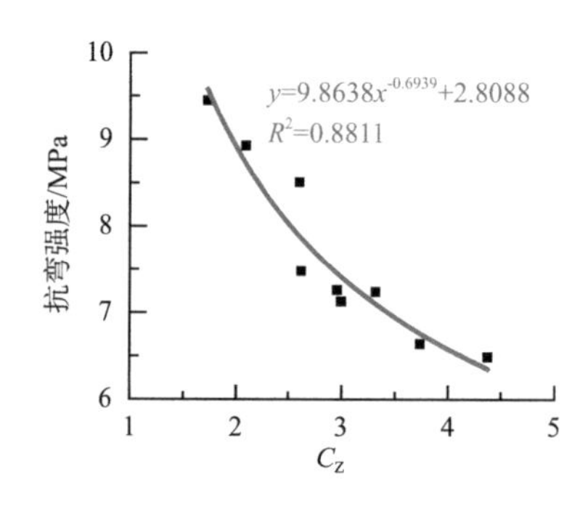

图 4-17 孔结构复杂度系数 C_Z 与混凝土抗弯强度关系图

孔结构复杂度系数 C_Z 与混凝土疲劳寿命的关系如图 4-18 所示。由图 4-18 可知，随着孔结构复杂度系数的增加，混凝土的疲劳寿命亦逐渐降低，这与 4.3.3 节分析一致。

对比图 4-14 和图 4-18 可知，孔结构复杂度系数 C_Z 与疲劳寿命的关系最为稳定，因此，孔结构复杂度系数 C_Z 同样也可以作为评估混凝土疲劳寿命时的重要指标。

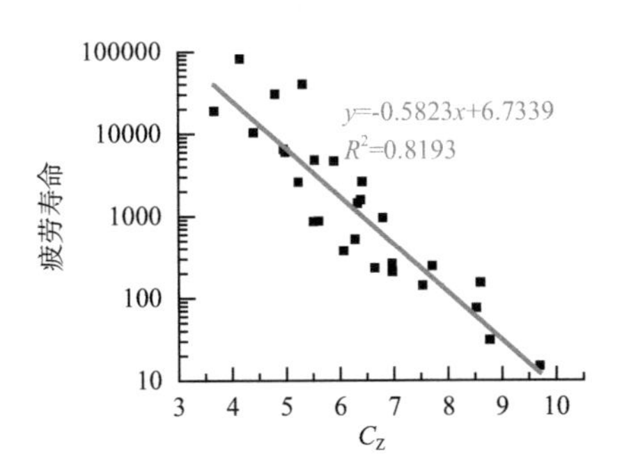

图 4-18　孔结构复杂度系数 C_Z 与疲劳寿命关系图

由表 4-2 可知，D_{Na} 和 D_{Nb} 的取值范围分别在 0.2682 ~ 1.1983 和 2.7720 ~ 2.9439，D_{Nb} 均大于 D_{Na}。又由于大于 5nm 的孔结构孔隙率 P_{1h} 占比较大，结合式（4-7）可知，P_{1h} 在孔结构复杂度方面占有重要影响。因为温差对小孔影响较为显著，荷载对大孔影响最突出（4.2.2 节），虽 P_{1h} 既包括 Part Ⅰ 部分的 5 ~ 27.98nm 的累积孔径孔隙率，又包含了 Part Ⅲ部分累积孔径的孔隙率，但由图 4-8 可知，Part Ⅲ部分占比最大，远大于 Part Ⅰ部分的孔径为 5 ~ 27.98nm 的占比，因此，荷载对孔径复杂程度影响最大。荷载越大，Part Ⅲ部分占比越高（图 4-8），孔结构复杂度系数越大，则混凝土的疲劳寿命越低。

4.5.3　三维孔结构特征参数与抗弯强度、疲劳寿命的关系

4.5.3.1　与抗弯性能的关系

结合 4.4.1 节、4.5.1 节和 4.5.2 节的分析，建立三维孔结构特征参数与混凝土抗弯强度的关系式（4-8）:

$$\sigma = 0.3943^{(-9.6348P_{total}+0.2502S_Z+4.7075C_Z-1.9637)}+6.4922,\quad R^2=0.8845 \tag{4-8}$$

式中　P_{total}——总孔隙率；

S_Z——孔径综合变化速率；

C_Z——孔结构复杂度系数。

该式的相关性系数 R^2 为 0.8845，较单一参数与抗弯强度的关系拟合，精度得到了提高，说明综合使用三维孔结构特征参数能够更加全面地反映孔结构对混凝土抗弯强度的影响。

4.5.3.2　与疲劳性能的关系

结合 4.4.2 节、4.5.1 节和 4.5.2 节的分析，建立三维孔结构特征参数与混凝土疲劳寿命 N 的关系式（4-9）：

$$N=\exp^{(6.6780P_{\rm total}-0.1697S_{\rm Z}-3.1834C_{\rm Z}+11.5793)}，R^2=0.8978 \qquad (4\text{-}9)$$

式中，$P_{\rm total}$、$S_{\rm Z}$、$C_{\rm Z}$ 的含义同式（4-8），分别为总孔隙率、孔径综合变化速率和孔结构复杂度系数。该式的相关性系数 R^2 高达 0.8978，较单一参数与疲劳寿命的拟合，精度也得到了提高，说明综合使用三维孔结构特征参数能够更为全面地反映孔结构对混凝土疲劳寿命的影响，利用三维孔结构特征参数是孔结构预测混凝土疲劳寿命的有效途径。

第 5 章 基于灰色系统理论的混凝土宏观力学性能与微观孔结构关系的研究

在建立混凝土强度与孔结构模型方面，常用方法的有回归分析法[87, 173, 174, 180]、理论推导方法[86, 274, 275]、BP 神经网络预测模型[276-278]等。但三种方法都存在预设的不确定参数，参数的确定则需要运用基于大量数据的概率和统计方法，在数据量不足的情况下，并不能提供有效的结果[279]。灰色系统理论可以用有限的数据建立模型，以克服由于数据不足或数据收集周期短而产生的不足[280]。由于灰色系统模型对试验数据没有特殊的要求和限制，非常适宜混凝土强度及寿命预测[90, 281]。本章将运用灰色系统理论，在第 2 章、第 3 章、第 4 章分析的基础上，建立大温差地区混凝土的抗弯强度预测模型以及疲劳寿命预测模型。

5.1 灰色系统理论

5.1.1 灰色信息的数据处理

灰色系统理论认为，尽管客观世界表象复杂，数据离乱，但作为现实系统，总具有特定的整体功能，因此看似离乱的数据中必然蕴含某种内在规律。关键在于如何选择适当的方式去挖掘和利用这些数据。一切灰色序列都能通过某种算子的作用弱化其不确定性，显现规律性。算子有多种类型，用于冲击扰动系统的缓冲算子；用于有效填补缺失数据的均值生成算子；还有通过累加挖掘灰量积累过程，使离乱的原始数据中蕴含的积分特性或规律清晰呈现出来的累加生成算子等。

为了有效地挖掘数据，本章主要使用的算子为累加生成算子与累减生成算子。累减生成与累加生成是对应关系，累减生成对累加生成起到还原作用。累减生成算子与累加生成算子是一对互逆的序列算子。具体运算如下：

设 $\boldsymbol{X}^{\mathbf{0}}=\left(x^0(1),x^0(2),\cdots,x^0(n)\right)$ 为原始数据序列，若 H_1 为 $\boldsymbol{X}^0$ 的一次累加生成算子，则该序列的一次累加生成序列为：

$$\boldsymbol{X}^{\mathbf{0}}H_1=\left(x^0(1)h_1,x^0(2)h_1,\cdots,x^0(n)h_1\right)$$

式中

$$x^{(1)}(k)=x^0(k)h_1=\sum\nolimits_{i=1}^{k}x^0(i)\qquad k=1,2,3,\cdots,n \tag{5-1}$$

则 H_1 记为 1-AGO（Accumulating Generation Operator），若 H_2 为 X^0 的一次累减生成算子，则该序列的一次累减生成序列为

$$\boldsymbol{X}^{\mathbf{0}}H_2=\left(x^0(1)h_2,x^0(2)h_2,\cdots,x^0(n)h_2\right)$$

式中

$$x^0(k)h_2=x^0(k)-x^0(k-1)\qquad k=1,2,3,\cdots,n \tag{5-2}$$

则 H_2 记为 IAGO。

5.1.2 灰色关联度分析模型

孔结构的特征参数很多，孔径分布各不相同，在影响混凝土宏观性能方面哪些是主要因素、哪些是次要因素；哪些对宏观性能的变化起到推动作用，哪些起到抑制作用等问题，利用回归分析、方差分析等经典的多元统计分析方法分析影响因素相关性时，要求样本需服从某个典型的概率分布且具有大的样本量 [282]。而灰色系统理论的重要内容之一——灰色关联分析方法，对样本量的大小和样本有无规律都同样适用，计算量小，十分方便，弥补了采用数理统计方法进行多因素相关性分析时存在的限制，结果与定性分析结果吻合较好 [283]。灰色关联分析方法是通过灰色关联度来分析和确定系统各因素之间的相互影响程度或因素对系统主行为的影响程度。其基本思想是根据各因素序列曲线几何形状的相似程度来判断不同因素序列之间的关系是否紧密，关系越紧密，关联度就越大 [282]。

进行关联度分析之前，如果系统行为特征序列和各相关因素的量纲、意义完全相同，可以直接进行它们之间的关系分析。当系统行为特征序列和各个相关因素的意义、量纲不同时，则需对系统行为特征序列和各个相关因素进行适当处理，通过算子作用，使之转化为数量级基本相近的无量纲数据，并将负相关因素转化为正相关因素。

本章使用两种算子进行数据序列的无量纲化处理，正相关的处理采用初值化算子，负相关的处理采用倒数化算子，初值化算子和倒数化算子的定义如下：

设$\boldsymbol{X}_1=\left(x_1(1),x_1(2),\cdots,x_1(n)\right)$为系统特征行为序列，相关因素序列为

$$\boldsymbol{X}_2=\left(x_2(1),x_2(2),\cdots,x_2(n)\right)$$
$$\boldsymbol{X}_3=\left(x_3(1),x_3(2),\cdots,x_3(n)\right)$$
$$\boldsymbol{X}_i=\left(x_i(1),x_i(2),\cdots,x_i(n)\right)$$

1. 初值化算子

以上序列的初值化序列为

$$\boldsymbol{X}_iH_3=\left(x_i(1)h_3,x_i(2)h_3,\cdots,x_i(n)h_3\right)$$

式中

$$x_i(k)h_3=\frac{x_i(k)}{x_i(1)} \qquad x_i(1)\neq 0;k=1,2,\cdots,n \tag{5-3}$$

则称H_3为初值化算子。$\boldsymbol{X}_iH_3$为$\boldsymbol{X}_i$在初值化算子H_3的像，简称初值像。

2. 倒数化算子

以上序列的倒数化序列为

$$\boldsymbol{X}_iH_4=\left(x_i(1)h_4,x_i(2)h_4,\cdots,x_i(n)h_4\right)$$

式中

$$x_i(k)h_3=\frac{1}{x_i(k)} \qquad x_i(k)\neq 0;k=1,2\cdots,n \tag{5-4}$$

则称H_4为倒数化算子。$\boldsymbol{X}_iH_4$为$\boldsymbol{X}_i$在倒数化算子H_4的像，简称倒数化像。

经过算子处理后，原始数据序列则变成了无量纲序列，然后进行灰色关联度分析。按照灰色关联定理，则相关因素序列与系统特征行为序列的关联度由式（5-5）确定。

$$\begin{cases}\gamma\left(x_1(k),x_i(k)\right)=\dfrac{\min_i\min_k\left|x_1(k)-x_i(k)\right|+\xi\max_i\max_k\left|x_1(k)-x_i(k)\right|}{\left|x_1(k)-x_i(k)\right|+\xi\max_i\max_k\left|x_1(k)-x_i(k)\right|}\\ \gamma\left(\boldsymbol{X}_1,\boldsymbol{X}_i\right)=\dfrac{1}{n}\sum_{k=1}^{n}\gamma\left(x_1(k),x_i(k)\right) \qquad (k=1,2,\cdots,m;i=2,3,\cdots,n)\end{cases} \tag{5-5}$$

式中 γ（$\boldsymbol{X}_1$，$\boldsymbol{X}_i$）——相关因素序列和系统行为特征序列之间的关联度值；两个序列的关联度越高，关联度值越接近1；

$\min_i\min_k|x_1(k)-x_i(k)|$——$|x_1(k)-x_i(k)|$的最小值；

$\max_i\max_k|x_1(k)-x_i(k)|$——$|x_1(k)-x_i(k)|$的最大值；

ξ——分辨系数，$\xi\in$（0，1），通常取0.5。

5.1.3 灰色预测模型——GM 模型

5.1.3.1 传统多因素 GM 模型

GM（0，N）多变量灰色预测模型，该模型可描述为式（5-6）[82]：

$$x_1^{(1)}(k)=\sum_{i=2}^{N}b_i x_i^{(1)}(k)+a \tag{5-6}$$

式中 $\boldsymbol{X}_1,\boldsymbol{X}_2,\cdots,\boldsymbol{X}_i$ 定义同 5.1.2 节。$x_1^{(1)}(k)$ 为 $x_1(k)$ 的一次累加序列（1-AGO），为了与 $x_1^{(1)}(k)$ 区别，在 GM 模型中用 $x_1^{(0)}(k)$ 表示 5.1.2 节中原始序列 $x_1(k)$。相应的，$x_i^{(1)}(k)$ 为 $x_i^{(0)}(k)$ 的一次累加序列。

$$x_1^{(1)}(k)=\sum_{k=1}^{k}x_1^{(0)}(k) \qquad i=2,3,\cdots,n \tag{5-7}$$

$$x_i^{(1)}(k)=\sum_{k=1}^{k}x_i^{(0)}(k) \qquad i=2,3,\cdots,n \tag{5-8}$$

式（5-6）的参数列 $\hat{\boldsymbol{b}}=[b_2,b_3,\cdots b_N,a]^{\mathrm{T}}$ 的最小二乘估计为

$$\hat{\boldsymbol{b}}=\left(\boldsymbol{B}^{\mathrm{T}}\boldsymbol{B}\right)^{-1}\boldsymbol{B}^{\mathrm{T}}\boldsymbol{Y} \tag{5-9}$$

式中

$$\boldsymbol{B}=\begin{bmatrix} x_2^{(1)}(2) & x_3^{(1)}(2) & \cdots & x_N^{(1)}(2) & 1 \\ x_2^{(1)}(3) & x_3^{(1)}(3) & \cdots & x_N^{(1)}(3) & 1 \\ \vdots & \vdots & \vdots & \vdots & \vdots \\ x_2^{(1)}(m) & x_3^{(1)}(m) & \cdots & x_N^{(1)}(m) & 1 \end{bmatrix} \tag{5-10}$$

$$\boldsymbol{Y}=\begin{bmatrix} x_1^{(1)}(2) \\ x_1^{(1)}(3) \\ \vdots \\ x_1^{(1)}(m) \end{bmatrix} \tag{5-11}$$

将参数列 $\hat{\boldsymbol{b}}$ 代入式（5-6），可得 GM（0，N）模型的时间响应式如下：

$$\hat{x}_1^{(1)}(k)=\sum_{i=2}^{N}b_i x_i^{(1)}(k)+a \qquad k=2,3,\cdots,n \tag{5-12}$$

由式（5-7）可知，式（5-12）中 $\hat{x}_1^{(1)}(k)$ 是原始序列模拟值 $\hat{x}_1^{(0)}(k)$ 的一次累加序列，因此需进行一次累减（IAGO）还原得到原始序列的模拟值。

$$\hat{x}_1^{(0)}(k)=x_1^{(1)}(k)-x_1^{(1)}(k-1) \qquad k=2,3,\cdots,n \tag{5-13}$$

$\hat{x}_1^{(0)}(k)$ 表示 k 时刻 $\hat{x}_1^{(0)}(k)$ 的模拟值。如果 k 时刻是过去某一时刻，可根据 5.1.4 节对模型进行精度检验，如果 k 时刻是未来某一时刻，$\hat{x}_1^{(0)}(k)$ 就是预测值。

5.1.3.2 多因素模型 NMGM（1，N）

传统的 GM（0，N）模型虽考虑了变量的影响，却没有反映变量之间相互的影响，即没有考虑整个变量系统的完整性，导致在很多情况下传统的 GM（0，N）、GM（1，N）模型精度提高并不显著 [77, 91]。2019 年 Zeng 等 [98] 在传统 GM 模型基础上提出了一种新的具有结构相容性的多变量灰色预测模型——NMGM（1，N）模型。该模型在传统模型的基础上增加了因变量滞后项、线性校正项和随机干扰项。可以完全兼容传统的主流灰色预测模型，具有很好的普适性，并且通过案例分析发现新模型比其他经典灰色预测模型具有更高的精度，该模型如式（5-14）所示：

$$\hat{x}_1^{(1)}(k)=\sum_{i=2}^{N}b_i x_i^{(1)}(k)+\beta_1 x_1^{(1)}(k-1)+\beta_2(k-1)+\beta_3 \tag{5-14}$$

式（5-14）中，$x_1^{(1)}(k)$ 和 $x_i^{(1)}(k)$ 的定义同 5.1.3.1 节，$\hat{\boldsymbol{P}}=[b_2,b_3,\cdots,b_N,\beta_1,\beta_2,\beta_3]^{\mathrm{T}}$ 为参数列。$\boldsymbol{Y}$ 值同式（5-11）。

$$\boldsymbol{B}=\begin{bmatrix} x_2^{(1)}(2) & x_3^{(1)}(2) & \cdots & x_N^{(1)}(2) & x_1^{(1)}(1) & 1 & 1 \\ x_2^{(1)}(3) & x_3^{(1)}(3) & \cdots & x_N^{(1)}(3) & x_1^{(1)}(2) & 2 & 1 \\ \vdots & \vdots & \vdots & \vdots & \vdots & \vdots & \vdots \\ x_2^{(1)}(m) & x_3^{(1)}(m) & \cdots & x_N^{(1)}(m) & x_1^{(1)}(m-1) & m-1 & 1 \end{bmatrix} \tag{5-15}$$

参数列 $\hat{\boldsymbol{P}}=[b_2,b_3,\cdots,b_N,\beta_1,\beta_2,\beta_3]^{\mathrm{T}}$ 的最小二乘估计为式（5-16）：

$$\begin{cases} \text{如果} m=N+3 \text{并且} |\boldsymbol{B}|\neq 0, \text{那么} \hat{\boldsymbol{P}}=\boldsymbol{B}^{-1}\boldsymbol{Y} \\ \text{如果} m>N+3 \text{并且} |\boldsymbol{B}^{\mathrm{T}}\boldsymbol{B}|\neq 0, \text{那么} \hat{\boldsymbol{P}}=(\boldsymbol{B}^{\mathrm{T}}\boldsymbol{B})^{-1}\boldsymbol{B}^{\mathrm{T}}\boldsymbol{Y} \\ \text{如果} m<N+3 \text{并且} |\boldsymbol{B}\boldsymbol{B}^{\mathrm{T}}|\neq 0, \text{那么} \hat{\boldsymbol{P}}=\boldsymbol{B}^{\mathrm{T}}(\boldsymbol{B}\boldsymbol{B}^{\mathrm{T}})^{-1}\boldsymbol{Y} \end{cases} \tag{5-16}$$

由式（5-14）可知，$x_1^{(1)}(k)$ 的值不仅与相关因素序列相关，还与其前一项模拟值及所模拟的时刻相关，加入了 β_1、β_2 项进行校正。未知的影响因素以及变量的观测误差由随机干扰项 β_3 进行了校正。

5.1.4 灰色预测模型的检验

根据平均相对误差 $\overline{\Delta}$ 可检验模型精度 [284]，标准参照表 5-1。

$$\overline{\Delta}=\frac{1}{n}\sum_{k=2}^{m}\Delta_k \tag{5-17}$$

式（5-17）中，$\Delta_k=\dfrac{x_1^{(0)}(k)-\hat{x}_1^{0}(k)}{x_1^{(0)}(k)}$，为 k 点模拟相对误差。

精度检验等级参照表 表 5-1

项目	精度等级			
	一级	二级	三级	四级
相对误差 /%	1	5	10	20

5.2 基于灰色系统理论的混凝土抗弯性能分析

5.2.1 孔结构与抗弯强度的灰色关联度分析

将第 3 章得到的混凝土抗弯强度降序统计于表 5-2 中，并与其总孔隙率数据（第 4 章图 4-4 和图 4-5）对应分析。采用 5.1.2 节的灰色关联分析模型进行关联程度分析时，若系统行为特征序列和各个相关因素的意义、量纲不同时，需对系统行为特征序列和各个相关因素进行算子处理，使之转化为数量级大体相近的无量纲数据 [280]。将表 5-2 中抗弯强度数据设为行为特征序列，总孔隙率数据为相关因素序列，由于抗弯强度与总孔隙率意义、量纲均不相同，因此首先将抗弯强度进行初值化运算得到其初值像。由于总孔隙率与抗弯强度负相关，将总孔隙率先进行倒数化算子作用后再进行初值化算子作用，见表 5-2，而后按照式（5-5）进行灰色关联度分析可知，混凝土的抗弯强度与总孔隙率的关联度高达 0.9070，进一步证实了总孔隙率是影响混凝土抗弯强度的主要因素 [177]，是导致混凝土抗弯强度降低的重要原因。

抗弯强度与总孔隙率数据 表 5-2

抗弯强度		总孔隙率		
试验数据 /MPa	初值像	试验数据 /%	倒数化像	初值像
9.45	1.0000	0.788	1.2690	1.0000
8.93	0.9450	1.024	0.9766	0.7695
8.51	0.9005	1.265	0.7905	0.6229
7.52	0.7958	1.701	0.5879	0.4633
7.48	0.7915	1.285	0.7782	0.6132
7.26	0.7683	1.421	0.7037	0.5545
7.13	0.7661	1.495	0.6689	0.5271
6.71	0.7545	2.139	0.4675	0.3684
7.24	0.7101	1.730	0.5780	0.4555
6.64	0.7026	1.981	0.5048	0.3978
6.49	0.6868	2.351	0.4254	0.3352
5.38	0.5693	2.785	0.3591	0.2829

5.2.2 孔径孔隙率与抗弯强度的灰色关联度分析

统计第4章图4-6（a）中Part Ⅰ、Part Ⅱ、Part Ⅲ对应孔径的孔隙率见表5-3。按照式（5-5）将Part Ⅰ、Part Ⅱ、Part Ⅲ对应孔径孔隙率与试件的抗弯强度进行灰色关联分析，灰色关联度分别为0.5569、0.8295、0.8121。由第5章分析可知，Part Ⅰ部分与抗弯强度有较高的影响，而且三个部分与抗弯强度的灰色关联度比总孔隙率的低，说明还存在不确定性因素在弱化关联度，因此需对Part Ⅰ、Part Ⅱ、Part Ⅲ三部分中所有孔径进一步细化。将全部孔径取对数后间距按式（5-18）分为100组。

$$y_{\mathrm{N}} = -4.40 + 0.06n \tag{5-18}$$

式中 y_{N}——孔径取对数后第 n 个孔径与 n-1个孔径的差值；n=1，2，3，…，100。

除去孔径极小和孔径极大且占比为0项目，将剩余78种孔径按照从小到大的顺序依次计算每一种孔径与抗弯强度的灰色关联度，结果如图5-1所示。

混凝土在不同水胶比、不同温度循环条件下Part Ⅰ、Part Ⅱ、Part Ⅲ的孔隙率 表5-3

水胶比	温差循环次数	Part Ⅰ/%	Part Ⅱ/%	Part Ⅲ/%
0.36	0	0.3626	0.2060	0.2202
	15次慢冻	0.6112	0.2090	0.2032
	30次慢冻	0.7524	0.2676	0.2444
	15次快冻	1.0908	0.2837	0.4264
0.39	0	0.8194	0.2048	0.2606
	15次慢冻	0.7609	0.2153	0.4445
	30次慢冻	0.9453	0.2451	0.3038
	15次快冻	1.5763	0.2885	0.2746
0.42	0	1.1235	0.2464	0.3596
	15次慢冻	1.4480	0.2570	0.2756
	30次慢冻	1.8221	0.3524	0.1769
	15次快冻	1.8613	0.4590	0.4652

图5-1为细化孔径分布与抗弯强度的灰色关联度关系图，由图5-1可知，孔径对抗弯强度的影响以21.16nm处为界，左右两侧呈现不一样的趋势，即小于和大于21.16nm的孔结构对混凝土抗弯强度的影响是不同的。

在大于孔径21.16nm段，灰色关联度与孔径关系曲线近似为平直线，关联度在0.9672 ~ 0.9390之间波动，关联度的平均值高达0.9483，说明该部分各孔径对混凝土抗弯强度的影响均较大。对比Part Ⅱ和Part Ⅲ部分关联度发现，虽大于21.16nm段包含Part

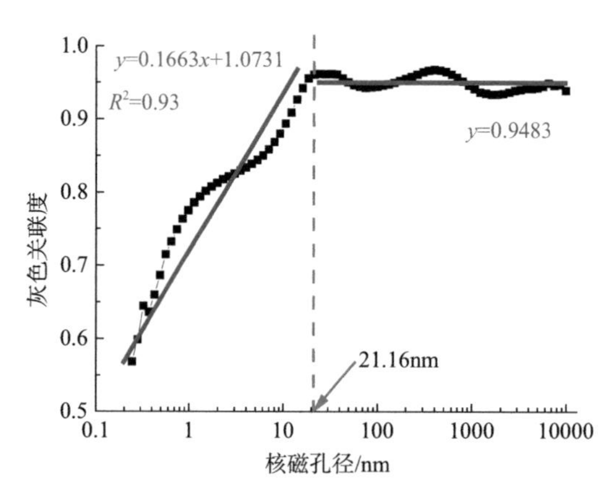

图 5-1　78 种孔径与抗弯强度的灰色关联度关系图

Ⅱ和 Part Ⅲ部分，但综合在一起后关联度反而降低了，这说明不同孔径的孔之间会相互影响并共同影响抗弯强度，因此为了提高模型精度，应考虑不同孔径的孔之间的影响。

拟合小于 21.16nm 段后发现，该段近似为线性增长，也就是说该部分孔径对混凝土抗弯强度的影响随着孔径尺寸的增加而增大。该部分孔径与大于 21.16nm 的孔径相比，对混凝土抗弯强度的影响较小，这与中国著名科学家吴中伟院士 1973 年提出的孔级划分中无害孔的范围一致[159]，也和 Jambor 用压汞法得出的结论相同，即孔径小于 20nm 的孔为无害孔。因此在建立孔结构与混凝土抗弯强度的 NMGM（1，N）模型时，可以忽略小于 21.16nm 孔径的影响。

5.2.3　抗弯强度模型

5.2.3.1　总孔隙率与抗弯强度预测模型

1. 传统 GM（0，N）预测模型

运用式（5-6）建立总孔隙率与抗弯强度的传统 GM（0，N）模型。则抗弯强度数据序列记为

$$\boldsymbol{X}_1^{(0)}=\left(x_1^{(0)}(1),x_1^{(0)}(2),\cdots,x_1^{(0)}(12)\right)=$$

（9.45，8.93，8.51，7.52，7.48，7.26，7.13，6.71，7.24，6.64，6.49，5.38）

总孔隙率数据序列经倒数化算子作用后记为

$$\boldsymbol{X}_2^{(0)}=\left(x_2^{(0)}(1),x_2^{(0)}(2),\cdots,x_2^{(0)}(12)\right)=$$

（1.2690，0.9766，0.7905，0.5879，0.7782，0.7037，0.5780，0.6689，0.4675，0.5048，0.4254，0.3591）

计算抗弯强度数据序列的一次累加（1-AGO）序列

$X_1^{(1)}=\left(x_1^{(1)}(1),x_1^{(1)}(2),\cdots,x_1^{(1)}(12)\right)=$

（9.45，18.38，26.89，34.41，41.89，49.15，56.28，62.99，70.23，76.87，83.36，88.74）

$X_2^{(0)}$的一次累加（1-AGO）序列

$X_2^{(1)}=\left(x_2^{(1)}(1),x_2^{(1)}(2),\cdots,x_2^{(1)}(12)\right)=$

（1.2690，2.2456，3.0361，3.6240，4.4022，5.1059，5.6840，6.3529，6.8204，7.3252，7.7505，8.1096）

根据式（5-10）、式（5-11）构造矩阵 $\boldsymbol{B}$ 和 $\boldsymbol{Y}$。

$$\boldsymbol{B}=\begin{bmatrix}2.2456 & 1\\ 3.0361 & 1\\ \vdots & \vdots\\ 8.1096 & 1\end{bmatrix},\quad \boldsymbol{Y}=\begin{bmatrix}18.38\\ 26.89\\ \vdots\\ 88.74\end{bmatrix}$$

根据式（5-9）计算 GM（0，N）模型参数 $\hat{\boldsymbol{b}}=\left[b_2,a\right]^{\mathrm{T}}$

$$\hat{\boldsymbol{b}}=\left(\boldsymbol{B}^{\mathrm{T}}\boldsymbol{B}\right)^{-1}\boldsymbol{B}^{\mathrm{T}}\boldsymbol{Y}=\begin{bmatrix}11.7885\\ -9.4091\end{bmatrix}$$

则传统 GM（0，N）模型的模拟式为

$$\hat{x}_1^1(k)=11.7885x_2^{(1)}(k)-9.4091 \tag{5-19}$$

将模拟值 $\hat{x}_1^1(k)$ 按照式（5-13）进行一次累减（IAGO）还原后得到的模拟值见表 5-4，按照式（5-17）进行精度检验，平均相对误差达到 16.68%，虽满足四级精度要求，但精度仍需提高。

2. 总孔隙率 NMGM（1，N）模型

运用式（5-14）建立总孔隙率与抗弯强度 NMGM（1，N）模型。$X_1^{(1)}$、$X_2^{(1)}$ 和 $\boldsymbol{Y}$ 的取值同 5.2.3.1 节中第 1 部分，但矩阵 $\boldsymbol{B}$ 的构造不同，按照式（5-15）构造矩阵 $\boldsymbol{B}$ 如下：

$$\boldsymbol{B}=\begin{bmatrix}2.2456 & 9.45 & 1 & 1\\ 3.0361 & 18.38 & 2 & 1\\ \vdots & \vdots & \vdots & \vdots\\ 8.1096 & 83.36 & 11 & 1\end{bmatrix}$$

计算参数列 $\hat{\boldsymbol{P}}=\left[b_2,\beta_1,\beta_2,\beta_3\right]^{\mathrm{T}}=\left[2.3498,0.4783,2.1537,6.5025\right]^{\mathrm{T}}$

则 NMGM（1，N）模型的模拟式为

$$\hat{x}_1^1(k)=2.3498x_2^{(1)}(k)+0.4783x_1^{(1)}(k-1)+2.1537(k-1)+6.5025 \tag{5-20}$$

式（5-20）一次累减（IAGO）还原后的模拟值见表5-4，其平均相对误差仅为3.49%，精度提高显著，达到了二级，可见利用灰色系统理论建立混凝土抗弯强度与总孔隙率的关系模型时，不仅要考虑孔隙率对混凝土的抗弯强度的影响，由于数列累加的原因还应考虑前一项抗弯强度对当前模拟值的影响。除此之外，由于混凝土抗弯强度与孔隙率的变化并不是完全线性的，因此还应加入抗弯强度与孔隙率的线性变化关系校正项，如此，NMGM（1，N）模型的预测精度可得到进一步的提高。

3. 总孔隙率 NMGM（1，N）模型精度比较

Zhang[177] 通过压汞试验建立了抗弯强度与孔隙率的关系式式（5-21），精度较高，相关系数 R^2 达到 0.899。

$$\overline{f}_{cr}=\overline{f}_{cr0}\cdot\exp\left(-k\cdot p\right) \tag{5-21}$$

式中 $\overline{f}_{cr}$——混凝土的抗弯强度；

$\overline{f}_{cr0}$——混凝土在零孔隙状态下的抗弯强度（或称作相对固有弯曲强度）；

k——常数；

p——总孔隙率。

将本试验的抗弯强度及总孔隙率数据代入式（5-21）进行拟合，确定参数 $\overline{f}_{cr0}$ 和常数 k 的取值分别为 11.26MPa 和 25.87。将本试验总孔隙率数据代入已确定参数的式（5-20），得到抗弯强度模拟值见表5-4，其平均相对误差为4.28%。可见在试验数据量较小的情况下采用本书的 NMGM（1，2）模型预测精度更高。

不同模型的抗弯强度模拟值及误差值 表5-4

抗弯强度试验值/MPa	总孔隙率传统 GM（0，N）模型		总孔隙率 NMGM（1，N）模型		B.Zhang 模型[177]		孔径孔隙率 NMGM（1，N）模型	
	模拟值/MPa	|误差|/%	模拟值/MPa	|误差|/%	模拟值/MPa	|误差|/%	模拟值/MPa	|误差|/%
9.45	9.45	0.00	9.45	0.00	9.18	2.91	9.45	0.00
8.93	11.51	28.92	9.00	0.82	8.64	3.29	9.03	1.15
8.51	9.32	9.51	8.32	2.26	8.12	4.62	8.34	1.95
7.52	6.93	7.84	7.51	0.09	7.25	3.55	7.53	0.07
7.48	9.17	22.65	7.58	1.28	8.08	7.96	7.47	0.10
7.26	8.30	14.27	7.43	2.36	7.80	7.40	7.34	1.14
7.13	6.81	4.43	7.07	0.89	7.65	7.29	7.16	0.46
6.71	7.89	17.52	7.11	5.89	6.47	3.51	6.85	2.06
7.24	5.51	23.88	6.65	8.14	7.20	0.57	6.85	5.45

续表

抗弯强度试验值 /MPa	总孔隙率 传统 GM（0，N）模型		总孔隙率 NMGM（1，N）模型		B.Zhang 模型 [177]		孔径孔隙率 NMGM（1，N）模型	
	模拟值 / MPa	| 误差 |/%	模拟值 / MPa	| 误差 |/%	模拟值 / MPa	| 误差 |/%	模拟值 / MPa	| 误差 |/%
6.64	5.95	10.38	6.52	1.79	6.75	1.59	6.89	3.71
6.49	5.01	22.74	6.27	3.35	6.13	5.59	6.42	1.12
5.38	4.23	21.32	6.00	11.48	5.47	1.69	5.42	0.74
平均相对误差	—	16.68	—	3.49	—	4.28	—	1.63

图 5-2 为混凝土的抗弯强度与总孔隙率的关系图。由 NMGM（1，N）模型及图 5-2 分析可知，虽混凝土的抗弯强度随着总孔隙率的增加逐渐下降，但并不是绝对的单调递减。图 5-2 中点 A_1 和 A_2、点 B_1 和 B_2 以及点 C_1、C_2 和 C_3，在强度相差不大的情况下，孔隙率却相差较大。例如，点 A_1 和 A_2 的抗弯强度相差 0.53%，但孔隙率相差 32.37%。在孔隙率相近的情况下，强度也存在相差较大的情况，例如点 A_1 和 A_3 的孔隙率相差仅 1.56%，而抗弯强度却相差 13.77%。这也进一步说明分析研究混凝土抗弯强度仅考虑总孔隙率的影响是不够全面的，在相同孔隙率下，由于孔径分布的不同，也会导致强度相差很大 [176]。因此，为了进一步提高模型预测精度，需要对孔结构进行细化分析。

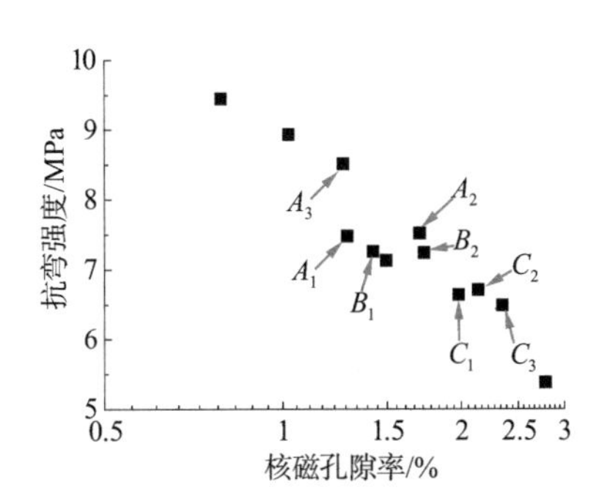

图 5-2　抗弯强度与孔隙率关系图

5.2.3.2　孔径孔隙率与抗弯强度 NMGM（1，N）模型

在系统分析中，由于对系统内生变量产生影响的因素错综复杂，因此需要将灰色关联度分析模型融入 GM 模型中组成灰色组合模型，灰色经济计量学组合模型就是其中一种。它的思路是删去与系统内微弱关联部分的变量，计算保留下来的变量相互之间的关联度，将关联度大的变量视为同类变量，最后选取每一组同类变量的一个代表元进入模型 [280]。本节借鉴灰色经济计量学组合模型的思路建立孔径孔隙率与抗弯强度

NMGM（1，N）模型。

已知总孔隙率经过倒数化算子作用后与抗弯强度的关联度较大，因此，孔隙率的倒数化像首先进入 NMGM（1，N）模型。然后分别计算大于 21.16nm 的其余 45 种孔径的孔隙率与总孔隙率关联度（表 5-5），由表 5-5 可知，关联度值的范围在 0.59 ~ 0.79，将与总孔隙率关联度值大于 0.70 的孔径孔隙率和总孔隙率归为同类（表 5-5 中加下划线的孔径，共计 29 种），由总孔隙率作为代表元代表这类孔径的影响进入模型。

45 种孔径与总孔隙率的灰色关联度　　表 5-5

孔径 /nm	21.16	24.33	27.98	32.17	36.99	42.52	48.89	56.21	64.63
关联度值	0.68	0.67	0.67	0.68	0.70	0.71	0.73	0.73	0.74
孔径 /nm	74.31	85.44	98.24	112.95	129.86	149.31	171.67	197.38	226.94
关联度值	0.74	0.74	0.74	0.73	0.72	0.72	0.71	0.70	0.69
孔径 /nm	260.92	300.00	344.93	396.58	455.97	524.26	602.77	693.04	796.83
关联度值	0.68	0.68	0.67	0.67	0.68	0.68	0.69	0.70	0.72
孔径 /nm	916.16	1053.36	1211.11	1392.48	1601.01	1840.77	2116.44	2433.39	2797.81
关联度值	0.74	0.75	0.77	0.78	0.79	0.78	0.78	0.77	0.76
孔径 /nm	3216.80	3698.54	4252.42	4889.25	5621.45	6463.30	7431.23	8544.11	9823.65
关联度值	0.75	0.74	0.73	0.71	0.70	0.68	0.66	0.63	0.59

应将孔径之间的相互影响计入模型，因此去除总孔隙率代表的孔径（表 5-5 中加下划线的孔径），将其余 16 种孔径之间一一进行关联度分析后发现，其关联度范围在 0.59 ~ 0.93，为了提高归类的精确度进而达到提高模型预测精度的目的，在对孔径之间相互影响关联度分析时，提高关联度阈值至 0.90。例如，表 5-6 是其余孔径与 21.16nm 孔径的关联度，找出与 21.16nm 关联度大于 0.90 孔径作为同类项目（表 5-6 中加下划线的孔径，共计 3 种），选取 21.16nm 孔径孔隙率作为表 5-6 中下划线孔径的代表元进入模型。

其余孔径与 21.16nm 孔径的灰色关联度　　表 5-6

孔径 /nm	24.33	27.98	32.17	226.94	260.92	300.00	344.93	396.58	455.97
关联度值	0.93	0.91	0.91	0.76	0.77	0.78	0.78	0.79	0.79
孔径 /nm	524.26	602.77	6463.30	7431.23	8544.11	9823.65			
关联度值	0.78	0.77	0.60	0.60	0.61	0.59			

各孔径均经过表 5-6 同样的计算分析后，由 21.16nm、344.93 nm、7431.23 nm 的孔径对应的孔隙率（表 5-7）作为代表元进入 NMGM（1，N）模型。

21.16nm、344.93 nm、7431.23nm 的孔径对应的孔隙率 /%　　表 5-7

21.16nm	344.93 nm	7431.23 nm
0.0064	0.0098	0.0097
0.0075	0.0087	0.0045
0.0086	0.0116	0.0106
0.0033	0.0142	0.0189
0.0032	0.0094	0.0121
0.0049	0.0099	0.0245
0.0088	0.0103	0.0159
0.0028	0.0126	0.0000
0.0059	0.0097	0.0167
0.0090	0.0093	0.0069
0.0122	0.0137	0.0035
0.0107	0.0197	0.0036

同样运用式（5-14）建立孔结构与抗弯强度 NMGM（1,N）预测模型。$\boldsymbol{X}_1^{(0)}$ 和 $\boldsymbol{X}_2^{(0)}$ 分别为抗弯强度系统特征行为序列和总孔隙率的倒数化像。

21.16nm 的孔隙率 $\boldsymbol{X}_3^{(0)}=\left(x_3^{(0)}(1),x_3^{(0)}(2),\cdots,x_3^{(0)}(12)\right)=$（0.0064，0.0075，0.0086，0.0033，0.0032，0.0049，0.0088，0.0028，0.0059，0.0090，0.0122，0.0107）

344.93nm 的孔隙率 $\boldsymbol{X}_4^{(0)}=\left(x_4^{(0)}(1),x_4^{(0)}(2),\cdots,x_4^{(0)}(12)\right)=$（0.0098，0.0087，0.0116，0.0142，0.0094，0.0099，0.0103，0.0126，0.0097，0.0093，0.0137，0.0197）

7431.23nm 的孔隙率 $\boldsymbol{X}_5^{(0)}=\left(x_5^{(0)}(1),x_5^{(0)}(2),\cdots,x_5^{(0)}(12)\right)=$（0.0097，0.0045，0.0106，0.0189，0.0121，0.0245，0.0159，0.0000，0.0167，0.0069，0.0035，0.0036）

计算 21.16nm 的孔隙率 $\boldsymbol{X}_3^{(0)}$ 的一次累加序列 $\boldsymbol{X}_3^{(1)}=\left(x_3^{(1)}(1),x_3^{(1)}(2),\cdots,x_3^{(1)}(12)\right)=$（0.0064，0.0139，0.0225，0.0258，0.0290，0.0339，0.0427，0.0455，0.0514，0.0604，0.0726，0.0833）

344.93nm 的孔隙率 $\boldsymbol{X}_4^{(0)}$ 的一次累加序列 $\boldsymbol{X}_4^{(1)}=\left(x_4^{(1)}(1),x_4^{(1)}(2),\cdots,x_4^{(1)}(12)\right)=$（0.0098，0.0185，0.0301，0.0443，0.0537，0.0636，0.0739，0.0865，0.0962，0.1055，0.1192，0.1389）

7431.23nm 的孔隙率 $\boldsymbol{X}_5^{(0)}$ 的一次累加序列 $\boldsymbol{X}_5^{(1)}=\left(x_5^{(1)}(1),x_5^{(1)}(2),\cdots,x_5^{(1)}(12)\right)=$（0.0097，0.0142，0.0248，0.0437，0.0558，0.0803，0.0962，0.0962，0.1129，0.1198，0.1233，0.1269）

根据式（5-15）构造矩阵 $\boldsymbol{B}$，矩阵 $\boldsymbol{Y}$ 同 5.2.3.1 节。

$$\boldsymbol{B}=\begin{bmatrix} 2.2456 & 0.0139 & 0.0185 & 0.0142 & 9.45 & 1 & 1 \\ 3.0316 & 0.0225 & 0.0301 & 0.0248 & 18.38 & 2 & 1 \\ \vdots & \vdots & \vdots & \vdots & \vdots & \vdots & \vdots \\ 8.1096 & 0.0833 & 0.1389 & 0.1269 & 83.36 & 11 & 1 \end{bmatrix}$$

根据式（5-16）计算模型参数

$$\hat{\boldsymbol{P}}=\left[b_2,b_3,b_4,b_5,\beta_1,\beta_2,\beta_3\right]^{\mathrm{T}}=\left[0.2230,-5.2367,-106.4752,-0.8700,0.7494,2.6874,10.2680\right]^{\mathrm{T}}$$

孔径孔隙率与抗弯强度 NMGM（1，N）模拟值见表 5-4。将模拟值 $\hat{x}_1^1(k)$ 一次累减（IAGO）还原后对模型进行精度检验，该模型的平均相对误差为 1.63%，由此可知，考虑孔径分布及其相互影响可以进一步提高模型的预测精度。这也说明不仅总孔隙率对抗弯强度有影响，孔径分布也的确会产生影响，证实了图 5-2 出现的即使孔隙率相同但强度却相差很大的原因是孔径分布不同。该模型为进一步运用孔结构研究混凝土的抗弯强度提供了一定的参考依据。

5.2.3.3　三维孔结构与抗弯强度 NMGM（1，N）模型

第 5 章建立的三维孔结构特征参数（总孔隙率 P_{total}、孔径综合变化速率 S_{Z} 和孔结构复杂度系数 C_{Z}）与抗弯强度关系式较单一参数与抗弯强度的关系拟合，精度得到了提高。本节将利用 NMGM（1，N）模型，建立三维孔结构与抗弯强度的模型。由于灰色系统理论预测模型的优势之一是小数据量下可达到较高精度的预测，因此，此节继续减小数据量，快速降温条件下的抗弯强度及其孔结构相关参数不再代入模型。

则抗弯强度数据序列记为 $\boldsymbol{X}_1^{(0)}=\left(x_1^{(0)}(1),x_1^{(0)}(2),\cdots,x_1^{(0)}(9)\right)=$（9.45，8.93，8.51，7.48，7.26，7.13，7.24，6.64，6.49）

总孔隙率数据序列经倒数化算子作用后记为 $\boldsymbol{X}_2^{(0)}=\left(x_2^{(0)}(1),x_2^{(0)}(2),\cdots,x_2^{(0)}(9)\right)=$（1.2690，0.9766，0.7905，0.7782，0.7037，0.6689，0.5780，0.5048，0.4254）

孔径综合变化速率 S_Z 的倒数化像 $\boldsymbol{X}_3^{(0)}=\left(x_3^{(0)}(1),x_3^{(0)}(2),\cdots,x_3^{(0)}(9)\right)=$

（0.7988，0.2615，0.1784，0.1289，0.1508，0.0995，0.0694，0.0430，0.0289）

孔结构复杂度系数 C_Z 的倒数化像 $\boldsymbol{X}_4^{(0)}=\left(x_4^{(0)}(1),x_4^{(0)}(2),\cdots,x_4^{(0)}(9)\right)=$

（0.5810，0.4785，0.3842，0.3817，0.3379，0.3336，0.3012，0.2677，0.2287）

计算抗弯强度数据序列的一次累加（1-AGO）序列

$\boldsymbol{X}_1^{(1)}=\left(x_1^{(1)}(1),x_1^{(1)}(2),\cdots,x_1^{(1)}(9)\right)=$

（9.45，18.38，26.89，34.37，41.63，48.76，56.00，62.64，69.13）

$\boldsymbol{X}_2^{(0)}$ 的一次累加（1-AGO）序列

$\boldsymbol{X}_2^{(1)}=\left(x_2^{(1)}(1),x_2^{(1)}(2),\cdots,x_2^{(1)}(9)\right)=$

（1.2686，2.2454，3.0361，3.8144，4.5182，5.1870，5.7651，6.2699，6.6953）

孔径综合变化速率 S_Z 的倒数化像 $\boldsymbol{X}_3^{(0)}$ 的一次累加序列

$\boldsymbol{X}_3^{(1)}=\left(x_3^{(1)}(1),x_3^{(1)}(2),\cdots,x_3^{(1)}(9)\right)=$

（0.7988，1.0602，1.2387，1.3675，1.5184，1.6178，1.6872，1.7302，1.7592）

孔结构复杂度系数 C_Z 的倒数化像 $\boldsymbol{X}_4^{(0)}$ 的一次累加序列

$\boldsymbol{X}_4^{(1)}=\left(x_4^{(1)}(1),x_4^{(1)}(2),\cdots,x_4^{(1)}(9)\right)=$

（0.5810，1.0595，1.4437，1.8253，2.1633，2.4968，2.7980，3.0657，3.2944）

根据式（5-15）构造矩阵 $\boldsymbol{B}$，根据式（5-11）构造矩阵 $\boldsymbol{Y}$。

$$\boldsymbol{B}=\begin{bmatrix}2.2454 & 1.0602 & 1.0595 & 9.45 & 1 & 1\\ 3.0361 & 1.2387 & 1.4437 & 18.38 & 2 & 1\\ \vdots & \vdots & \vdots & \vdots & \vdots & \vdots\\ 6.6953 & 1.7592 & 3.2944 & 62.64 & 8 & 1\end{bmatrix},\quad \boldsymbol{Y}=\begin{bmatrix}18.38\\ 26.89\\ \vdots\\ 69.13\end{bmatrix}$$

根据式（5-16）计算模型参数

$$\hat{\boldsymbol{P}}=\left[b_2,b_3,b_4,\beta_1,\beta_2,\beta_3\right]^{\mathrm{T}}=\left[-38.8388,25.2575,79.0512,0.1057,3.3678,-9.2966\right]^{\mathrm{T}}$$

一次累减（IAGO）还原后的模拟值，其平均相对误差降低达到了 0.90%，较表 5-4 中四种方法建立的模型，精度进一步得到了提高。可见使用三维孔结构参数建立混凝土抗弯强度预测模型时，可进一步提高模型的精度。三维孔结构参数为分析预测混凝土的抗弯强度奠定了基础。

5.3 基于灰色系统理论的混凝土疲劳性能分析

5.3.1 总孔隙率与疲劳寿命的灰色关联度分析

将第 4 章中的混凝土疲劳寿命统计于表 5-8 中，并与其总孔隙率数据（图 4-7）对应分析。将表 5-8 中疲劳寿命试验数据设为行为特征序列，总孔隙率数据为相关因素序列，由于总孔隙率与疲劳寿命负相关，因此，将总孔隙率先进行倒数化算子作用后再进行初值化算子作用（表 5-8），而后按照式（5-5）进行灰色关联度分析可知，混凝土的疲劳寿命与总孔隙率的关联度达到 0.9687，进一步证实了总孔隙率是导致混凝土疲劳寿命降低的重要原因。

疲劳寿命与总孔隙率数据　　表 5-8

疲劳寿命		总孔隙率		
试验数据	初值像	试验数据 /%	倒数化像	初值像
19000	1	1.5581	0.6418	1
10357	0.5451	1.9822	0.5045	0.786
5987	0.3151	2.1982	0.4549	0.7088
6513	0.3428	2.0303	0.4925	0.7674
4665	0.2455	2.6332	0.3798	0.5917
2618	0.1378	2.7784	0.3599	0.5608
2590	0.1363	2.1242	0.4708	0.7335
1436	0.0756	2.7689	0.3612	0.5627
1587	0.0835	2.8809	0.3471	0.5408
81529	4.2910	2.0110	0.4973	0.7748
876	0.0461	2.4879	0.4019	0.6263
376	0.0198	2.6628	0.3755	0.5851
40727	2.1435	2.3715	0.4217	0.6570
523	0.0275	2.7822	0.3594	0.5600
231	0.0122	2.9027	0.3445	0.5368
4796	0.2524	2.4188	0.4134	0.6442
262	0.0138	2.9134	0.3432	0.5348
76	0.0040	3.6962	0.2705	0.4215
30280	1.5937	2.4557	0.4072	0.6345

续表

疲劳寿命		总孔隙率		
试验数据	初值像	试验数据 /%	倒数化像	初值像
956	0.0503	3.2797	0.3049	0.4751
142	0.0075	3.4711	0.2881	0.4489
861	0.0453	2.606	0.3837	0.5979
245	0.0129	3.448	0.2900	0.4519
31	0.0016	3.9682	0.2520	0.3926
209	0.0110	3.1413	0.3183	0.496
154	0.0081	4.1986	0.2382	0.3711
15	0.0008	4.3556	0.2296	0.3577

5.3.2 孔结构特征参数与疲劳寿命的灰色关联度分析

由第 5 章分析可知，表 4-2 中孔结构特征参数均与疲劳寿命存在联系，因此按照 5.1.2 节灰色关联模型定量分析各参数与疲劳寿命关联度的大小，见表 5-9。

疲劳寿命与孔结构特征参数之间的灰色关联度　　表 5-9

项目	P_{total}	$P_{Ⅰ}$	$P_{Ⅲ}$	$P_{MⅠ}$	$P_{MⅢ}$	$S_{Ⅰ}$	$S_{Ⅲ}$	D_{Na}	D_{Nb}	S_Z	C_Z
疲劳寿命	0.9687	0.8982	0.9222	0.8952	0.9172	0.8954	0.9209	0.9333	0.9504	0.9811	0.9681

由表 5-9 可知，与疲劳寿命关联度的从高到低依次为 $S_Z > P_{total} > C_Z > D_{Nb} > D_{Na} > P_{Ⅲ} > S_{Ⅲ} > P_{MⅢ} > P_{Ⅰ} > S_{Ⅰ} > P_{MⅠ}$。在疲劳荷载共同作用下，Part Ⅲ部分占比最高，因此 Part Ⅲ部分孔结构参数与疲劳寿命关联较 Part Ⅰ部分更大。但与疲劳寿命关联度最高的是三维孔结构参数，由此再次证明第 4 章提出的三维孔结构特征参数对疲劳寿命有很大的影响，可作为评价混凝土疲劳寿命的指标。

采用灰色关联模型检验三维孔结构特征参数之间的关联，见表 5-10。由表 5-10 可知，三维孔结构特征关联性并不强，说明三个参数从不同方面表征孔结构形成三维孔结构特征参数是合理的。

三维孔结构特征参数之间的灰色关联度　　表 5-10

三维孔结构参数	P_{total}	S_Z	C_Z
P_{total}	1.0000	0.4260	0.8768

续表

三维孔结构参数	P_{total}	S_Z	C_Z
S_Z	—	1.0000	0.4467
C_Z	—	—	1.0000

5.3.3 疲劳寿命模型

基于前文的分析，不再建立疲劳寿命的传统 GM（0，N）模型，结合 5.3.1 和 5.3.2 节分析，分别建立总孔隙率 NMGM（1，N）模型和三维孔结构参数 NMGM（1，N）模型，并与 4.5.3.1 节建立的模型分别进行精度对比。

5.3.3.1 总孔隙率与疲劳寿命的预测模型

运用式（5-14）建立总孔隙率与疲劳寿命 NMGM（1，N）模型。将疲劳寿命取对数处理后，记为数据序列 $\boldsymbol{X}_1^{(0)}=\left(x_1^{(0)}(1),x_1^{(0)}(2),\cdots,x_1^{(0)}(27)\right)=$（9.8522，9.2454，8.6973，8.7816，8.4478，7.8702，7.8594，7.2696，7.3696，11.3087，6.7754，5.9296，10.6146，6.2596，5.4424，8.4755，5.5683，4.3307，10.3182，6.8628，4.9558，6.7581，5.5013，3.434，5.3423，5.037，2.7081）

总孔隙率数据序列经倒数化算子作用后记为 $\boldsymbol{X}_2^{(0)}=\left(x_2^{(0)}(1),x_2^{(0)}(2),\cdots,x_2^{(0)}(27)\right)=$（0.6418，0.5045，0.4549，0.4925，0.3798，0.3599，0.4708，0.3612，0.3471，0.4973，0.4019，0.3755，0.4217，0.3594，0.3445，0.4134，0.3432，0.2705，0.4072，0.3049，0.2881，0.3837，0.2900，0.2520，0.3183，0.2382，0.2296）

计算疲劳寿命数据序列的一次累加（1-AGO）序列

$\boldsymbol{X}_1^{(1)}=\left(x_1^{(1)}(1),x_1^{(1)}(2),\cdots,x_1^{(1)}(27)\right)=$

（9.8522，19.0976，27.7949，36.5765，45.0243，52.8945，60.7539，68.0235，75.3931，86.7018，93.4772，99.4068，110.0214，116.281，121.7234，130.1989，135.7672，140.0979，150.4161，157.2789，162.2347，168.9928，174.4941，177.9281，183.2704，188.3074，191.0155）

$\boldsymbol{X}_2^{(0)}$ 的一次累加（1-AGO）序列

$\boldsymbol{X}_2^{(1)}=\left(x_2^{(1)}(1),x_2^{(1)}(2),\cdots,x_2^{(1)}(27)\right)=$

（0.6418，1.1463，1.6012，2.0938，2.4735，2.8334，3.3042，3.6654，4.0125，4.5097，4.9117，5.2872，5.7089，6.0683，6.4128，6.8263，7.1695，7.4401，7.8473，8.1522，8.4403，8.8240，9.1140，9.3660，9.6844，9.9225，10.1521）

根据式（5-10）、式（5-11）构造矩阵 $\boldsymbol{B}$ 和 $\boldsymbol{Y}$。

$$\boldsymbol{B}=\begin{bmatrix}1.1463 & 9.8522 & 1 & 1\\ 1.6012 & 19.0976 & 2 & 1\\ \vdots & \vdots & \vdots & \vdots\\ 10.1519 & 188.3074 & 26 & 1\end{bmatrix},\quad \boldsymbol{Y}=\begin{bmatrix}19.0796\\ 27.7949\\ \vdots\\ 191.0155\end{bmatrix}$$

计算参数列 $\hat{\boldsymbol{P}}=\left[b_2,\beta_1,\beta_2,\beta_3\right]^{\mathrm{T}}=\left[-22.8872,0.0391,-1.5857,-6.6129\right]^{\mathrm{T}}$

则总孔隙率 NMGM（1，N）模型的模拟式为

$$\hat{x}_1^1(k)=\exp^{\left(22.8872x_2^{(1)}(k)+0.039x_1^{(1)}(k-1)-1.5857(k-1)-6.6129\right)}\tag{5-22}$$

式（5-22）一次累减（IAGO）还原后的模拟值见表 5-11，其平均相对误差仅为 14.62%。

5.3.3.2 三维孔结构参数 NMGM（1，N）模型

由 5.3.2 节可知，三维孔结构参数相互独立，因此三维孔结构参数可弥补仅孔隙率表征孔结构的不足，共同进入模型。

同样运用式（5-14）建立三维孔结构参数与疲劳寿命 NMGM（1,N）预测模型。$\boldsymbol{X}_1^{(0)}$ 和 $\boldsymbol{X}_2^{(0)}$ 分别为疲劳寿命的对数和总孔隙率的倒数化像。孔径综合变化速率 S_Z 的倒数化像

$\boldsymbol{X}_3^{(0)}=\left(x_3^{(0)}(1),x_3^{(0)}(2),\cdots,x_3^{(0)}(27)\right)=$

（0.3846，0.1402，0.1078，0.3694，0.1363，0.0642，0.3402，0.0639，0.0629，0.1579，0.0682，0.0603，0.1772，0.0710，0.0447，0.1142，0.0490，0.0414，0.0788 ，0.0447，0.0295，0.0536，0.0400，0.0261，0.0475，0.0288，0.0278）

孔结构复杂度系数 C_Z 的倒数化像

$\boldsymbol{X}_4^{(0)}=\left(x_4^{(0)}(1),x_4^{(0)}(2),\cdots,x_4^{(0)}(27)\right)=$

（0.2724，0.2269，0.2006，0.2018，0.1686，0.1558，0.1913，0.1579，0.1565，0.2401，0.1782，0.1647，0.1882，0.1591，0.1505，0.1805，0.1435，0.1174，0.2065，0.1470，0.1328，0.1815，0.1297，0.1140，0.1434，0.1155，0.1031）

计算孔径综合变化速率 S_Z 的倒数化像 $\boldsymbol{X}_3^{(0)}$ 的一次累加序列

$\boldsymbol{X}_3^{(1)}=\left(x_3^{(1)}(1),x_3^{(1)}(2),\cdots,x_3^{(1)}(27)\right)=$

（0.3846，0.5248，0.6327，1.0020，1.1383，1.2025，1.5427，1.6066，1.6695，1.8274，1.8956，1.9559，2.1331，2.2040，2.2487，2.3629，2.4119，2.4533，2.5321 ，2.5769，2.6064，2.6599，2.7000，2.7261，2.7736，2.8023，2.8301）

孔结构复杂度系数 C_Z 的倒数化像 $\boldsymbol{X}_4^{(0)}$ 的一次累加序列

$$\boldsymbol{X}_4^{(1)}=\left(x_4^{(1)}(1),x_4^{(1)}(2),\cdots,x_4^{(1)}(27)\right)=$$

（0.2724，0.4993，0.6999，0.9017，1.0703，1.2261，1.4174，1.5754，1.7319，1.9719，2.1501，2.3148，2.5031，2.6621，2.8126，2.9931，3.1366，3.2539，3.4604，3.6075，3.7402，3.9217，4.0514，4.1655，4.3089，4.4244，4.5275）

根据式（5-15）构造矩阵 $\boldsymbol{B}$，矩阵 $\boldsymbol{Y}$ 同 5.1.3 节。

$$\boldsymbol{B}=\begin{bmatrix} 1.1463 & 0.5248 & 0.4993 & 9.8522 & 1 & 1 \\ 1.6012 & 0.6327 & 0.6999 & 19.0976 & 2 & 1 \\ \vdots & \vdots & \vdots & \vdots & \vdots & \vdots \\ 10.1519 & 2.8301 & 4.5275 & 188.3074 & 26 & 1 \end{bmatrix}$$

根据式（5-16）计算模型参数

$$\hat{\boldsymbol{P}}=\left[b_2,b_3,b_4,\beta_1,\beta_2,\beta_3\right]^{\mathrm{T}}=\left[-8.4626,4.3266,71.5520,0.0720,-2.4763,-7.9236\right]^{\mathrm{T}}$$

则三维孔结构参数 NMGM（1，N）模型的模拟式为

$$\hat{x}_1^1(k)=\exp^{\left(-8.4626x_2^{(1)}(k)+4.3266x_3^{(1)}(k)+71.5520x_4^{(1)}(k)+0.0720x_1^{(1)}(k-1)-2.4763(k-1)-7.9236\right)} \tag{5-23}$$

式（5-23）一次累减（IAGO）还原后的模拟值见表 5-11，其平均相对误差降低为 10.40%。可见使用三维孔结构参数建立混凝土疲劳寿命预测模型时，可进一步提高模型的精度。

5.3.3.3 模型精度比较

将 5.2.3.1 节和 5.2.3.2 节利用灰色系统理论建立的模型与 4.5.3.1 节的模型精度进行比较，见表 5-11。4.5.3.1 节的模型考虑了三维孔结构参数，精度较仅考虑总孔隙率的 NMGM（1，N）模型，精度较高，但与同样考虑了三维孔结构参数的 NMGM（1，N）模型比较，精度略低。因此，NMGM（1，N）模型结合三维孔结构参数可以较好地进行混凝土疲劳寿命的预测，为混凝土的疲劳寿命预测提供了新的依据和方法。

不同模型的疲劳寿命模拟值及误差值 **表 5-11**

ln$N$	总孔隙率 NMGM（1，N）模型		三维孔结构参数 NMGM（1，N）模型		4.5.3.1 节拟合模型	
	模拟值	|误差|/%	模拟值	|误差|/%	模拟值	|误差|/%
9.8522	9.8522	0.00	9.8522	0.00	9.8548	0.03
9.2454	8.5701	7.30	8.7527	5.33	9.5781	3.60
8.6973	9.1609	5.33	9.1231	4.90	8.8144	1.35

续表

lnN	总孔隙率 NMGM（1，N）模型		三维孔结构参数 NMGM（1，N）模型		4.5.3.1 节拟合模型	
	模拟值	|误差|/%	模拟值	|误差|/%	模拟值	|误差|/%
8.7816	10.0445	14.38	10.0538	14.49	8.9070	1.43
8.4478	7.4997	11.22	7.6863	9.01	9.0360	6.96
7.8702	6.9447	11.76	6.4598	17.92	7.0629	10.26
7.8594	9.4612	20.38	9.1621	16.58	8.6220	9.70
7.2696	7.0512	3.00	6.7041	7.78	7.2569	0.18
7.3696	6.6342	9.98	6.5392	11.27	7.7789	5.55
11.3087	10.0556	11.08	11.6457	2.98	10.6729	5.62
6.7754	8.0059	18.16	8.0087	18.20	7.8429	15.76
5.9296	7.3215	23.47	6.9687	17.52	7.2190	21.75
10.6146	8.3522	21.31	8.6910	18.12	9.5451	10.08
6.2596	6.9666	11.29	6.7973	8.59	7.7552	23.89
5.4424	6.5714	20.74	6.0568	11.29	6.0088	10.41
8.4755	8.1329	4.04	7.8713	7.13	8.6099	1.59
5.5683	6.5872	18.30	5.6633	1.71	5.3837	3.32
4.3307	4.8629	12.29	4.2185	2.59	5.0401	16.38
10.3182	7.9241	23.20	9.4995	7.93	10.4098	0.89
6.8628	5.7025	16.91	6.3418	7.59	8.0380	17.12
4.9558	5.2311	5.56	5.1689	4.30	5.0286	1.47
6.7581	7.4007	9.51	7.8652	16.38	8.2712	22.39
5.5013	5.341	2.91	5.0928	7.43	5.8311	6.00
3.4340	4.3907	27.86	4.0303	17.36	3.6685	6.83
5.3423	5.871	9.90	5.5850	4.54	6.7802	26.92
5.0370	4.0956	18.69	4.3007	14.62	6.1634	22.36
2.7081	3.8293	41.40	3.3895	25.16	3.6938	36.40
平均相对误差	—	14.07	—	10.40	—	10.67

第6章 大温差作用下污泥灰混凝土抗压性能研究

混凝土作为一种多组分的复合材料，其性能易受到外界环境的影响，使混凝土内部发生物理、化学变化，从而影响混凝土的强度。本章通过对不同污泥灰掺量的混凝土经历不同大温差循环次数的抗压强度试验，研究污泥灰和大温差循环次数对混凝土力学性能的影响规律。基于 DIC 技术提取全场应变信息，分析不同污泥灰掺量、温差循环次数下的应力 - 应变曲线演变特征、峰值应变、韧度比，探讨大温差作用下污泥灰混凝土的抗压损伤演化过程，为研究大温差环境下污泥灰掺量对混凝土抗压性能的影响奠定基础。

6.1 试验概况

6.1.1 试验原材料

污泥灰：河北省辛集市国惠集团提供。污泥灰物理性质由表 6-1 可知，污泥灰的平均比表面积为 414.43m^2/kg。这种高比表面积能够提高相应的火山灰活性。污泥灰包含的氧化物主要为 SiO_2、Al_2O_3、Fe_2O_3、CaO、MgO、P_2O_5 和 SO_3 等（表 6-2）[285]；矿物组成包括石英、赤铁矿、磁铁矿、钠长石、钙长石、莫来石、方解石和长石等[286-289]；所含的重金属种类及含量见表 6-3。

污泥灰的物理特性 表 6-1

干密度 /（kg/m^3）	密度 /（kg/m^3）	平均直径 /μm	比表面积 /（m^2/kg）
0.98	3.077	2.43	414.43

污泥灰的化学成分（%） 表 6-2

项目	Fe_2O_3	SiO_2	CaO	Al_2O_3	SO_3	P_2O_5	MgO
污泥灰	24.3	20.5	18.2	13.4	13.0	2.7	1.6
水泥	3.2	20.8	62.0	6.3	2.2	0.5	0.3

污泥灰中重金属含量（%） 表 6-3

Cr	Zn	Ti	Cu	Mn	Pd
2.33	1.946	1.107	0.418	0.222	0.124

水泥的物理性能各项指标 表 6-4

80μm 方孔筛剩余量 /%	安定性	抗折强度 /MPa		抗压强度 /MPa	
	饼法	3d	28d	3d	28d
1.7	合格	5.09	7.69	28.06	48.1

水泥：选用 P·O 42.5 普通硅酸盐水泥，其化学和物理性能指标详见表 6-4。

细骨料：选用天然水洗河砂，公称粒径 0.16 ~ 4.69mm，密度为 2640kg/m^3，其含泥量、含水率均符合要求。

粗骨料：选用粒径 5 ~ 20mm 的连续级配碎石，密度为 2800kg/m^3，其含泥量、压碎值及针片状含量等均满足要求。

拌合用水：选用自来水公司供应的饮用水，满足国家规范条件。

减水剂：选用粉末样式的 WH-A 型高浓缩聚羧酸减水剂，其减水率为 46%，其性能指标见表 6-5。

减水剂性能指标 表 6-5

含气量 /%	减水率 /%	氯离子 /%	20% 溶液 pH 值	细度 /%
≤ 7	≥ 26	≤ 0.2	7 ~ 9	0.32mm 筛余＜ 1

6.1.2 配合比设计

配合比设计参照规范《普通混凝土配合比设计规程》（JGJ 55-2011），以 0%、5%、10%、15%、20%、25%、30% 的污泥灰等质量代替水泥（分别对应 SSA-0%、SSA-5%、SSA-10%、SSA-15%、SSA-20%、SSA-25%、SSA-30%），具体配合比见表 6-6。

混凝土配合比　　表 6-6

编号	单位体积配合比 / (kg/m³)					
	水泥	粗骨料	细骨料	水	污泥灰	减水剂 /%
SSA-0%	500	1160	592	195	0	0.1
SSA-5%	475	1160	592	195	25	0.1
SSA-10%	450	1160	592	195	50	0.1
SSA-15%	425	1160	592	195	75	0.1
SSA-20%	400	1160	592	195	100	0.1
SSA-25%	375	1160	592	195	125	0.1
SSA-30%	350	1160	592	195	150	0.1

6.1.3 试件制作

所有试件的尺寸均为 100mm × 100mm × 100mm。在其中一块试件内置入热电偶以实现升降温时间控制。在污泥灰混凝土试件初凝前约 1h 实施抹面操作，令其同试模口平齐。试件成型后放置于室内，采用保鲜膜覆盖以避免水分挥发。24h 后拆模并进行编号，将试件转移至相对湿度大于 95%、温度（20 ± 1）℃的环境里展开养护。所有试件标准养护 28d 后，进行重金属浸出、大温差循环以及抗压试验。

6.1.4 抗压强度试验

抗压强度试验采用微型控制电液伺服压力机。参考《混凝土物理力学性能试验方法标准》(GB/T 50081-2019)，试件尺寸为 100mm × 100mm × 100mm，具体试验步骤如下：

（1）把压力机承压板上的杂物清理干净后（放置承压板有杂物对混凝土施加压力时产生摩擦作用，影响试验结果），将达到规定大温差循环次数（0 次、15 次、30 次）的立方体试件放在承压板中间。

（2）开启压力机，采用位移加载控制，加载速率为 0.5mm/min，并记录试件破坏最大荷载。

（3）立方体抗压强度计算公式如下：

$$f_{cc}=\frac{F}{A} \tag{6-1}$$

式中　f_{cc}——抗压强度（MPa）；

F——试件破坏之际承受的最大荷载（N）;

A——试件承压面积（mm^2）。

（4）考虑到非标准试件的尺寸和几何形状对试验结果的影响。最终计算污泥灰混凝土抗压强度需乘以折减系数 0.95。

大温差循环试验和数字图像相关（DIC）技术测试与第 2 章相同，详见 2.1.4.1 节和 2.1.4.3 节。

6.2 抗压强度分析

由表 6-7 和图 6-1（a）可得，污泥灰混凝土的抗压强度呈现随掺量升高先增大后减小的趋势。在 5%、10% 污泥灰掺量时，污泥灰混凝土的抗压强度均有提升，这是因为小掺量污泥灰促进了水泥的水化反应，使混凝土密实度增加，进而提高抗压强度；在 10% ~ 25% 掺量时，抗压强度出现明显降低趋势，原因是大掺量污泥灰的加入对水化反应起到了抑制作用，强度出现明显下降趋势，在 10% 污泥灰掺量时抗压强度取得最大值 58.7MPa，明显高于其他掺量和未掺污泥灰的混凝土抗压强度；在 25%、30% 掺量时，各掺量混凝土的抗压强度下降趋于平缓，说明污泥灰的加入对混凝土的水化反应抑制作用趋于平衡阶段，在 30% 污泥灰掺量抗压强度最小为 39MPa。

综上所述，随污泥灰掺量升高，抗压强度总体上呈现先升高后下降的趋势。掺量小于 10% 时抗压强度升高，掺量大于 10% 时抗压强度持续减少。由表 6-8 可发现，温差循环次数为 0 时，不同污泥灰掺量影响程度排序为 10%、5%、0%、15%、20%、25%、30%，表明掺量为 10% 混凝土抗压强度达到最大。

由表 6-7 和图 6-1（b）可以发现污泥灰混凝土抗压强度随大温差循环次数增加呈现减小趋势，表明大温差循环作用对污泥灰混凝土内部结构产生破坏作用，导致抗压强度呈现下降趋势。由表 6-8 可发现，掺量 5%、10% 时混凝土抗压强度下降程度小于 0% 掺量，表明 5%、10% 掺量污泥灰能够抵抗大温差循环作用对混凝土内部破坏。

污泥灰混凝土大温差循环后抗压强度（MPa） 表 6-7

循环次数 / 次	污泥灰掺量 /%						
	0	5	10	15	20	25	30
0	55.4	56.6	58.7	54.2	50	41	39
15	52.2	52.01	54.4	51	46	37	36.4
30	46.1	45.8	48.1	45	39	29	26

掺加污泥灰对混凝土抗压强度的影响程度（%）　表 6-8

循环次数 / 次	污泥灰掺量 /%						
	0	5	10	15	20	25	30
0	0.00	0.00	0.00	0.00	0.00	0.00	0.00
15	-0.056	-0.049	-0.043	-0.06	-0.078	-0.087	-0.091
30	-0.118	-0.08	-0.086	-0.127	-0.157	-0.229	-0.3

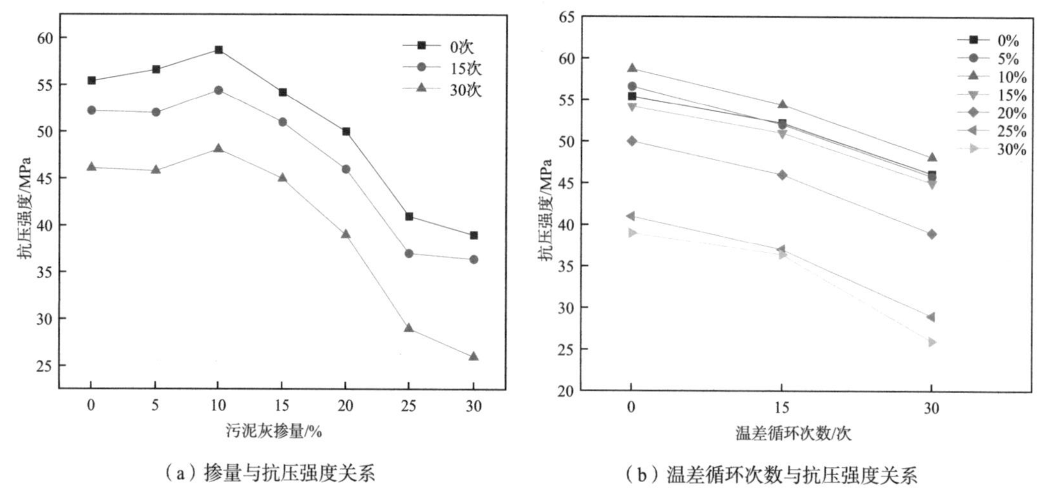

（a）掺量与抗压强度关系　（b）温差循环次数与抗压强度关系

图 6-1　不同温差循环次数和污泥灰掺量下的抗压强度

6.3　变形过程分析

由图 6-1 可知，污泥灰掺量为 10% 时，混凝土的抗压强度达到最高值，故本试验重点研究污泥灰掺量为 10% 时的应力 - 应变变化曲线。图 6-2 为 10% 污泥灰掺量、0 次温差循环时，混凝土试件的应力 - 应变关系曲线与应变云图，x 轴正方向为压应变。

污泥灰混凝土在受压破坏各个阶段的特征如下：

（1）弹性阶段（I 阶段）：$\sigma \leqslant (0.4\sim0.5)f_{cu}$，此阶段应变场见图 6-2 中的 A 图，此阶段试件表面无裂缝产生，应力应变关系呈线性关系。

（2）裂缝稳定发展阶段（II 阶段）：$(0.4\sim0.5)f_{cu} < \sigma \leqslant (0.7\sim0.9)f_{cu}$，此阶段应变场见图 6-2 中的 B、C 图，此阶段试件表面无裂缝产生，应力应变曲线继续上升，但斜率有所下降，应变增长率大于应力增长率。

（3）裂缝快速发展阶段（III 阶段）：$(0.7\sim0.9)f_{cu} < \sigma \leqslant f_{cu}$，此阶段应变场见图 6-2 中的 D、E 图，此阶段试件表面出现微小裂缝，裂缝快速发展且发展不稳定，

试件角部表面可能会出现一些微小的裂纹。

（4）承载能力下降阶段（IV 阶段）：此阶段应变场见图 6-2 中的 F 图，此阶段试件表面出现较明显裂缝，试件表面裂缝处散斑开始观察不到，污泥灰混凝土剥落面积增大。试件在破坏后，残余强度很小。

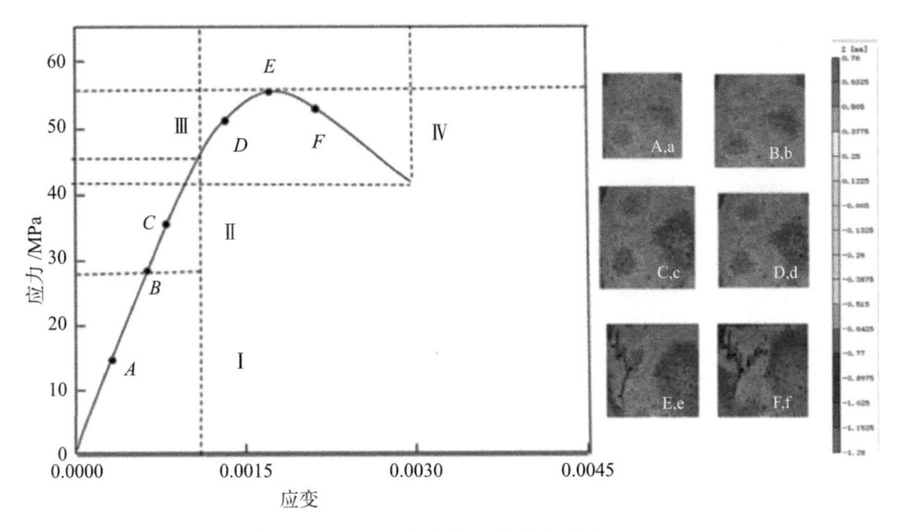

图 6-2 应力 - 应变关系曲线与应变云图

加载过程中，随着荷载的增加，试件的应变场逐渐发生变化。在初始阶段，应变场分布较为均匀。随着荷载的增加，压应变区域逐渐扩大，拉应变区域也逐渐增大，并最终相互连接形成细小裂痕。荷载继续增加，裂痕扩大并导致形变快速增加。在最后阶段，压应力集中区域成为应力的核心区域，而拉应力区由于裂缝的持续扩大，应力发展不显著 [290]。继续加载，试件发生瞬间断裂破坏。

6.4 应力 – 应变曲线分析

图 6-3 为不同温差循环次数、污泥灰掺量的混凝土试件的应力 - 应变关系曲线。由图 6-3 可知，相同温差循环次数下，随污泥灰掺量的增多，曲线高度先增加后逐渐降低，说明污泥灰掺量导致混凝土的抗压强度先升高后降低，这与图 6-1 的分析一致。并且 x 轴正方向曲线在污泥灰掺量 5%、10% 时逐渐左移，说明掺加污泥灰导致混凝土的应变逐渐减小；污泥灰掺量 15% ~ 30% 时逐渐右移，说明持续掺加污泥灰导致混凝土弹性模量逐渐降低 [291]。

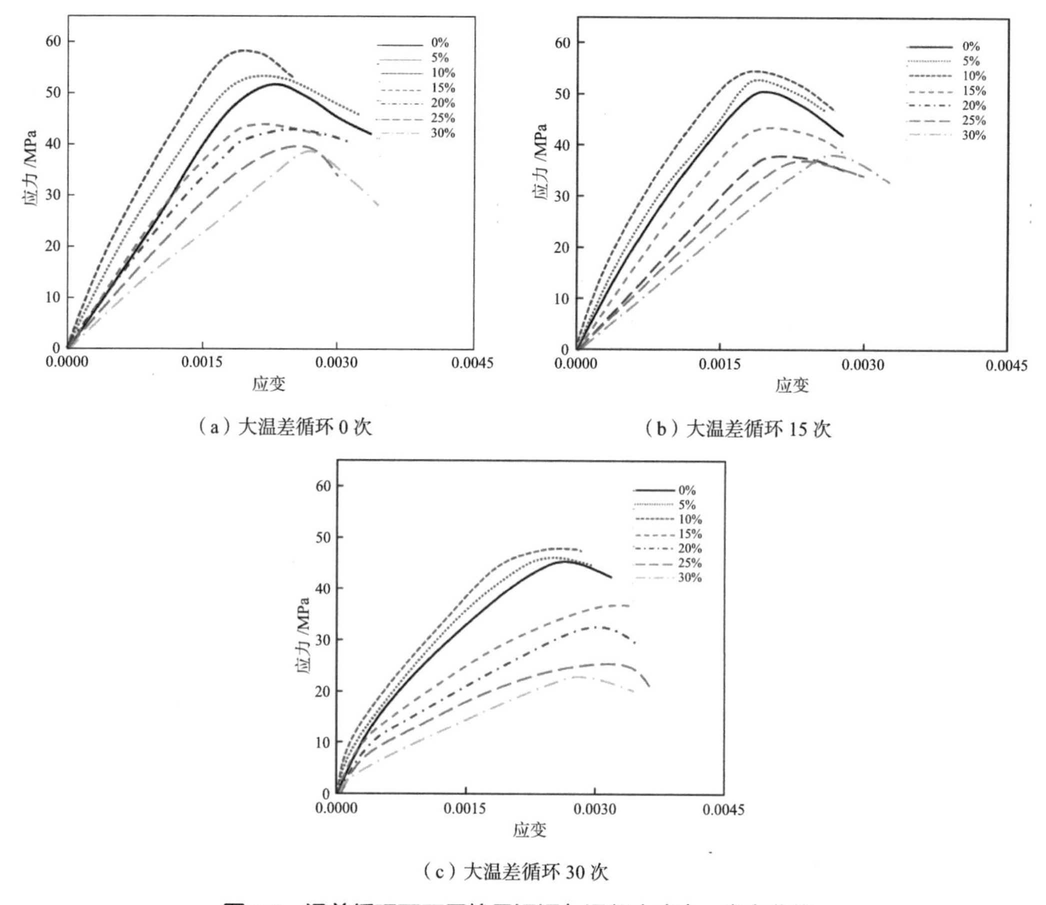

（a）大温差循环 0 次

（b）大温差循环 15 次

（c）大温差循环 30 次

图 6-3　温差循环下不同掺量污泥灰混凝土应力 - 应变曲线

6.5　峰值应变分析

根据图 6-4 显示的折线图可以观察到以下情况：在相同的温差循环次数下，随着污泥灰掺量的增加，混凝土的峰值应变先降低后升高。这表明掺加 5%、10% 污泥灰可以对混凝土内部结构起到密实作用，而 15% ~ 30% 掺量污泥灰的加入对混凝土结构产生负面影响。另外，在相同的污泥灰掺量下，温差循环次数越多，混凝土的峰值应变越高。这是因为随着温差循环次数的增加，混凝土试件内部的微裂纹和孔洞持续增多，导致试件整体变得疏松，挠度增大，从而对混凝土结构造成更严重的损伤，进一步导致应变增加 [292]。

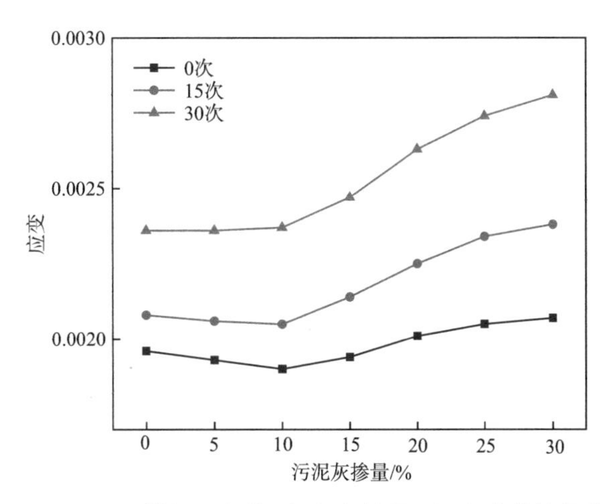

图 6-4　不同温差循环次数和污泥灰掺量下混凝土的峰值应变

6.6　韧度比分析

韧度是材料在破裂过程中吸收能量的能力的一种反映。本次试验得到的抗压应力 - 应变曲线能够完整地揭示试件从加载到破裂的全过程。因此，本书计算了经历不同温差循环次数后不同污泥灰掺量的混凝土的韧度，是通过计算各弯曲应力 - 应变曲线下的面积来获得的。韧度比定义为经历不同温差条件作用的混凝土与未经历温差作用的混凝土应力 - 应变曲线下面积之比[245]。通过比较韧度比，可以更直观地了解混凝土的韧性变化。

表 6-9 和图 6-5 展示了不同掺量污泥灰混凝土经历不同温差循环次数后的韧度比。根据图 6-5 可知，随着温差循环次数的增加，韧度比逐渐增加，表明温差循环对混凝土内部结构产生破坏作用。在未经历温差循环时，混凝土的韧度比呈现先减小后增加的趋势，进一步证明了 5%、10% 掺量污泥灰可以增加混凝土结构的致密性，而 15% ~ 30% 掺量污泥灰会干扰混凝土的水化反应，导致混凝土结构更松散。

从能量角度分析污泥灰对混凝土韧度比的影响，添加 5%、10% 污泥灰可以增加混凝土的细观孔隙结构，改变混凝土的微观结构。这些微观孔隙可以吸收和分散应力，从而提高混凝土的能量吸收能力。在外部荷载作用下，污泥灰的加入可以分散和吸收应力，减少应力集中，从而提高混凝土的韧度。类似地，添加 15% ~ 30% 污泥灰会增加混凝土的细观孔隙结构，增强能量吸收能力。由于污泥灰颗粒的存在，混凝土中的界面和接触面积增多，增加了摩擦和位移耗能，进而提高混凝土的能量吸收能力。

不同温差循环次数和污泥灰掺量的韧度比　　表 6-9

温差循环次数 / 次	污泥灰掺量 /%						
	0	5	10	15	20	25	30
0	1	0.81	0.67	1.31	1.47	1.62	1.73
15	1	0.87	0.76	1.38	1.51	1.86	2.18
30	1	0.92	0.83	1.41	1.62	1.98	2.43

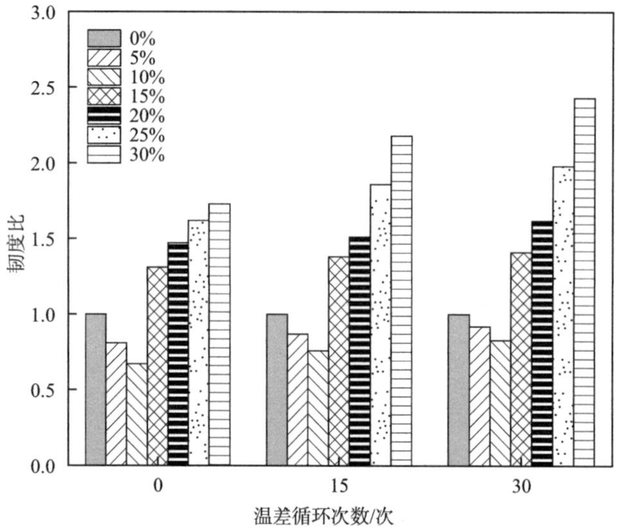

图 6-5　不同温差循环次数和污泥灰掺量的韧度比

6.7　抗压性能影响机理

通过 6.2 ~ 6.6 节试验结果分析可知，大温差循环作用降低了混凝土抗压强度，在混凝土中掺加适量污泥灰可提高其抗压性能，过量掺加污泥灰则表现出相反的结果，主要原因如下：

（1）大温差循环的削弱作用

污泥灰混凝土是由粗细骨料、水泥、水等共同组成的一个复杂多相聚合体，在大温差作用下，由于各物相热胀冷缩性能的差异，导致的各物相变形不协调，从而产生内应力，而且温度变化还会造成混凝土内外部由于温度梯度而产生的应力，这些应力一旦超过了混凝土中薄弱区域的极限强度，混凝土内部就会产生微裂纹，进而造成结构的损伤[293]，此过程的反复进行更会加剧这种损伤。因此，随着温度循环次数的增加，混凝土抗压强度降低。

（2）适量污泥灰的增强作用

①水化反应：污泥灰中的活性成分，如硅酸盐和铝酸盐，可以与水泥中的水化产物反应，形成胶凝物质，进一步促进水泥的水化反应。这种增强的水化反应可以产生更多的胶凝物质，增加混凝土的抗压强度。②填充效应：适量的污泥灰掺量可以填充混凝土中的孔隙，并填补骨料颗粒之间的间隙，从而增加混凝土的致密性，提高混凝土的抗压强度。③骨料包覆效应：污泥灰中的细粒颗粒可以在混凝土中形成一层包覆在骨料表面的薄膜。这种包覆效应可以减少骨料与水泥浆体之间的滑移，提高抗压强度。上述三方面解释了适量污泥灰增强混凝土抗压强度作用的机理。

（3）过量污泥灰削弱作用

①水泥水化反应受阻：高掺量的污泥灰含有大量不同种类的重金属离子，与水泥中的水化产物竞争反应，降低了水泥的水化程度。导致水泥石化反应受到阻碍，减少胶凝物质的生成，从而降低混凝土的强度。②孔隙率增加：污泥灰掺量过高时，会导致过多的细颗粒聚集，形成更多的微观孔隙，从而降低混凝土的致密性和强度。③包覆效应减弱：当污泥灰掺量增加时，过多的细颗粒无法有效地包覆骨料，导致包覆效应减弱，从而降低混凝土的抗压强度。上述三方面解释了过量污泥灰削弱混凝土抗压强度作用的机理。

第 7 章 大温差作用下污泥灰混凝土重金属固化与浸出机理研究

利用污泥灰制备混凝土试块时，污泥灰中的重金属离子对混凝土水化反应具有抑制作用，影响混凝土抗压强度，同时重金属离子的浸出将对环境产生不可逆的影响。本章通过 X 射线衍射分析、同步热分析、扫描电镜 - 能谱方法等试验分析不同掺量污泥灰混凝土经历不同温差循环后的物相变化规律，探讨不同污泥灰掺量中 Ni（镍）、Cu（铜）、Zn（锌）、Pb（铅）和 Cr（铬）在水泥体系中的结合形式。

7.1 试验概况

本章研究使用的试验原材料、试件配合比及制作、抗压强度试验与第 6 章相同，大温差循环试验均与第 2 章相同。

7.1.1 X- 射线衍射（XRD）分析试验

本试验采用 X'Pert PRO 型 X- 射线衍射仪，如图 7-1 所示，测试参数为 Cu 靶，步

图 7-1　X 射线衍射仪

长 0.02°，扫描电压 40kV，扫描电流 40mA，扫描范围设定为 5° ~ 80°，扫描速度为 10° /min。

对不同温差循环次数和不同污泥灰掺量的混凝土立方体试块进行抗压强度试验后，取中心部位的试样，用玛瑙研钵磨碎，并通过 0.08mm 方孔筛进行 X- 射线衍射分析。每磨完一个样品后，必须用稀盐酸清洗研钵，然后才能进行下一个样品的磨碎。

7.1.2 同步热分析（TG-DSC）试验

本试验采用德国耐驰公司生产的 STA449-F5 型同步热分析仪，如图 7-2 所示。测试详细参数包括升温速率为 10℃ /min，测试温度范围设定为 50 ~ 1100℃，采用 N_2 惰性气体，流速设定为 50mL/min[294, 295]。

对不同温差循环次数和不同污泥灰掺量的混凝土立方体试块进行抗压强度试验后，取中心部位的试样，使用玛瑙研钵磨碎并通过 1mm 方孔筛进行筛分，随后进行同步热分析测试。

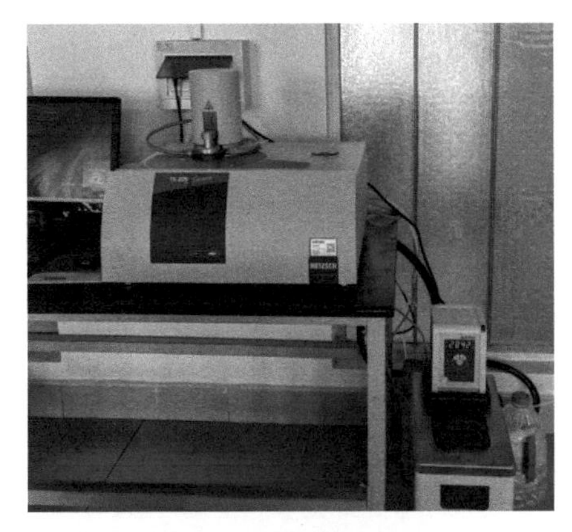

图 7-2　同步热分析仪

7.1.3 扫描电镜 - 能谱试验

本试验采用日立公司生产的冷场发射扫描电镜 - 能谱（Scanning Electron Microscope-Energy Dispersive Spectroscopy，SEM-EDS），电镜型号为 QUANTA-FEG-650 型（图 7-3），对污泥灰混凝土水化产物进行微观形貌观测。

对不同温差循环次数和不同污泥灰掺量的混凝土立方体试块进行抗压强度试验后，取中心部位的试样，放入丙酮溶液中，使用超声波清洗 3min，随后使用扫描电镜观察水泥水化产物的形貌。通过电子能谱对观察到的水化产物形貌进行元素成分分析。

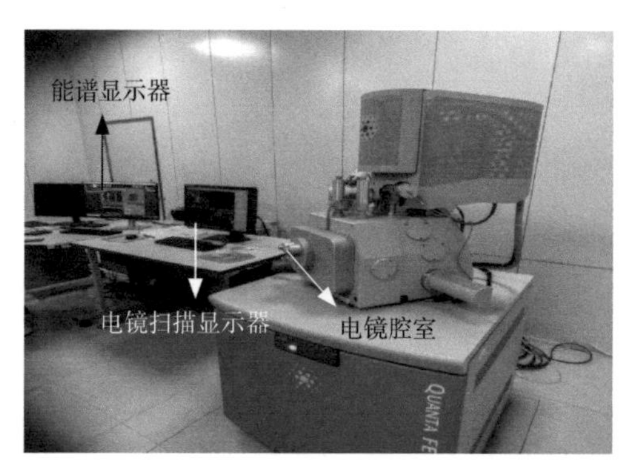

图 7-3　扫描电镜 - 能谱分析仪

7.1.4　重金属浸出试验

采用现行国家标准《固体废物浸出毒性浸出方法　水平振荡法》（HJ 557-2010）。将采集的所有样品破碎，从破碎试块中挑出杂物，使样品颗粒全部通过 3mm 孔径的筛，根据固体废物的含水量称取 20 ~ 100g 样品，放置于预先干燥恒重的具盖容器中，在 105℃下烘干，恒重至 ±0.01g，计算样品含水率。干固比百分率小于或等于 9% 时，所得到的为浸出液，可直接进行分析；干固比大于 9% 时，需将 100g 的试样置于 2L 的提取瓶中，按液固比 10：1 加入蒸馏水，在室温环境下振荡频率为（110 ± 10）次 / min、振幅为 40mm 的水平振荡机上进行水平振荡 8h，静置 16h，再进行加压过滤。将水样进行过滤，用电感耦合等离子体质谱仪（图 7-4）检测浸出液中的镍（Ni）、铜（Cu）、锌（Zn）、铅（Pd）、铬（Cr）等。

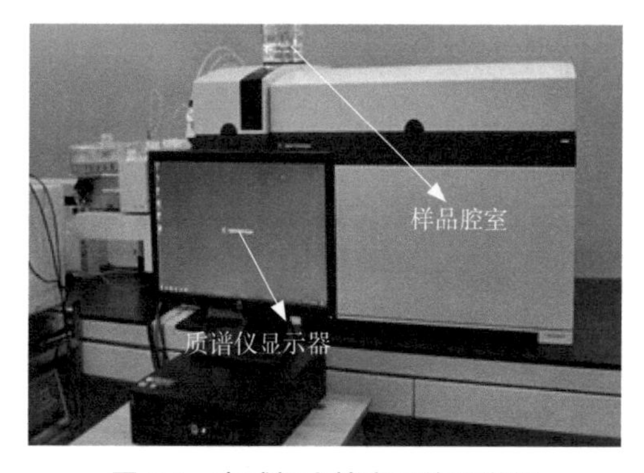

图 7-4　电感耦合等离子体质谱仪

7.2　污泥灰混凝土 XRD 物相分析

采用 XRD 物相分析方法对污泥灰掺量为 0%、5%、10%、15%、20%、25%、

30% 的混凝土的物相组成进行测试，结果如图 7-5 所示。

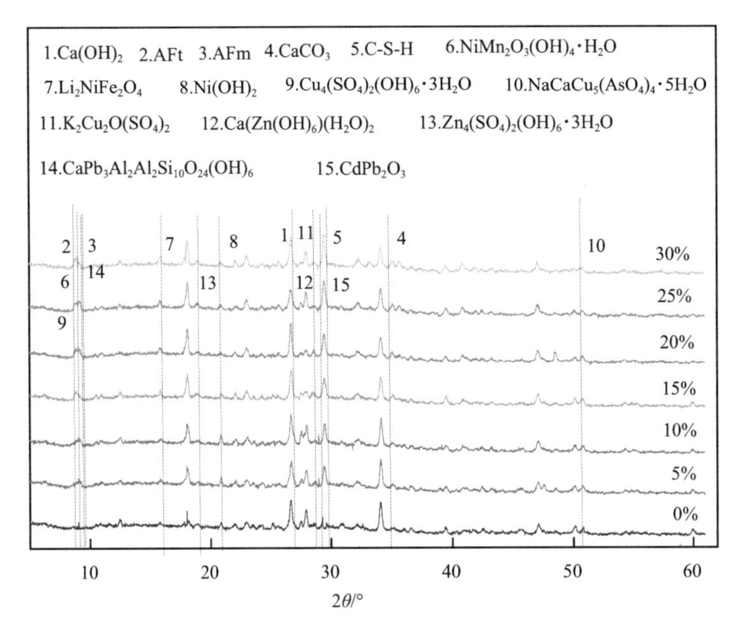

图 7-5 不同污泥灰掺量混凝土 XRD 结果分析

从图 7-5 中可以观察到污泥灰掺量 5%、10% 时混凝土胶凝体系水化产物主要为 $Ca(OH)_2$、AFt、AFm，此外，在 28° ~ 35° 出现弥散峰，推测其为结晶度较低的 C-S-H 凝胶。相较于普通混凝土水化产物衍射峰更强，表明 5%、10% 掺量污泥灰能够促进混凝土的水化反应，原因为污泥灰中含有氧化钙、硅酸盐和氧化铝，参与混凝土的水化反应，促进水化产物的生成；污泥灰中的硅酸盐和铝酸盐等成分可以与水化产物中的钙离子反应，生成硅酸盐水化物、铝酸盐水化物，这些产物具有较好的水化性能，可以进一步促进水化反应的进行，增加水化产物的生成量，进而提高了混凝土的抗压强度。15% ~ 30% 污泥灰掺量时，$Ca(OH)_2$、AFt、AFm、C-S-H 凝胶衍射峰出现下降趋势，表明污泥灰的持续加入对混凝土水化反应产生干扰作用，分析污泥灰化学成分可得出产生干扰原因为混凝土中重金属物质量增加。重金属离子与混凝土中的水化产物发生不良反应，干扰水化产物的生成。因此，15% ~ 30% 污泥灰加入导致水化产物的生成量减少，混凝土抗压强度降低。

从图 7-5 还可以看出，随着污泥灰掺量的增加，Ni、Cu、Zn、Pb 离子的化合物衍射峰持续增加。在约为 18.3° 的位置出现新的衍射峰，且污泥灰掺量越高，该峰越明显。根据 XRD 卡片检索，该峰对应的物相为 $Li_2NiFe_2O_4$，同时还发现物相为 $NiMn_2O_3(OH)_4 \cdot H_2O$ 化合物，产生原因为污泥灰中含有种类丰富的金属易产生复合化合物。考虑到电荷平衡，Ni^{2+} 可能形成氢氧化物、碳酸盐或氧化物，通过 XRD 检索结果也进一步证明了这一推断。$Ni(OH)_2$ 含量的增加将替代 $CaCO_3$ 与 C_3S、C_2S 反应生成复合 C-S-N-H 化合物，导致 C-S-H 生成减少，混凝土抗压强度减弱。随着污泥灰掺量的增加，$Cu_4(SO_4)_2(OH)_6 \cdot 3H_2O$、$NaCaCu_5(AsO_4)_4 \cdot 5H_2O$ 和 $K_2Cu_2O(SO_4)_2$ 的衍射峰逐渐增大，表明 Cu^{2+} 在水泥基体中存在形式为固化化合物。污泥灰掺量大于 15% 时 Cu 离子化合物趋于平衡阶段，说明 Cu 离子在混凝土水化体系中水化反应趋于平衡，随着污泥灰的持续加入会有更多 Cu 离子游离在水泥基体中，将会增加 Cu 离子浸出风险。

从图 7-5 还可以发现，在约为 14.2° 的位置出现 $Ca(Zn(OH)_6)(H_2O)_2$。随着污泥灰掺量的增加，除了 $Ca(Zn(OH)_6)(H_2O)_2$ 的衍射峰之外，在 2-θ 约为 17.8° 的位置还出现了 $Zn_4(SO_4)_2(OH)_6 \cdot 3H_2O$ 的衍射峰。SSA 在 C-S-H 凝胶中可能的反应过程如下：当 SSA 掺量较低时，Zn 元素在溶液中以 $Zn(OH)_4^{2-}$ 的形式存在，与 C-S-H 凝胶中出的 Ca^{2+} 结合，生成 $Ca(Zn(OH)_6)(H_2O)_2$ 沉淀，以及和 Al 形成复合化合物；随着 SSA 掺量增加，部分 Zn 元素在溶液中以 Zn^{2+} 形式存在，过量的 Zn^{2+} 形成了碱式硫化锌，以及产生 $Zn_4(SO_4)_2(OH)_6 \cdot 3H_2O$ 沉淀，表明 Zn 元素以多种复合化合物的形式存在。

通过分析 XRD，图 7-5 发现 $CaPb_3Al_2Al_2Si_{10}O_{24}(OH)_6$ 和 $CdPb_2O_3$ 化合物，利用 SEM-EDS 图谱（图 7-10）也能证明 Pb 会与其他重金属进行反应形成复合化合物产生沉淀。XRD 未检测到含 Cr 的矿物相。

分析重金属离子干扰混凝土水化过程机理为：①重金属离子抑制混凝土中水化反应所需的化学反应过程，重金属离子与水化产物中的化合物相互作用，从而降低水化反应的程度；②重金属离子可以与混凝土中的离子进行交换，改变混凝土中的离子平衡，导致水化反应所需的离子无法有效参与反应，影响混凝土的水化产物形成。

7.3 污泥灰混凝土 TG-DSC 分析

对污泥灰掺量分别为 0%、5%、10%、15%、20%、25%、30% 的混凝土进行 TG 分析，结果如图 7-6 所示。不同掺量下的 TG 曲线可明显分为四个阶段，分别为室温~400℃阶段、400 ~ 430℃阶段、430 ~ 710℃阶段，以及 710 ~ 1000℃阶段。

根据图 7-6 的观察结果，普通混凝土在高温条件下可以分为四个阶段：第一阶段（室温~ 400℃）：在这个阶段，质量损失逐渐减小，最大质量损失为 5%。主要的质量损失是由于吸附水的脱失引起的。在 130 ~ 160℃之间，不定型 C-S-H 凝胶开始脱水。在 160 ~ 200℃间，脱水主要与 AFt 有关；第二阶段（400 ~ 430℃）：在这个阶段，质量明显下降，并且随着温度的升高，质量的变化越来越小。通过 XRD 分析可以得知，这般显著下降的缘由主要在于氢氧化钙晶体的分解。温度愈高，分解的程度便愈大。第三阶段（430 ~ 710℃）：于此阶段，质量显著下降。借由 XRD 分析能够获

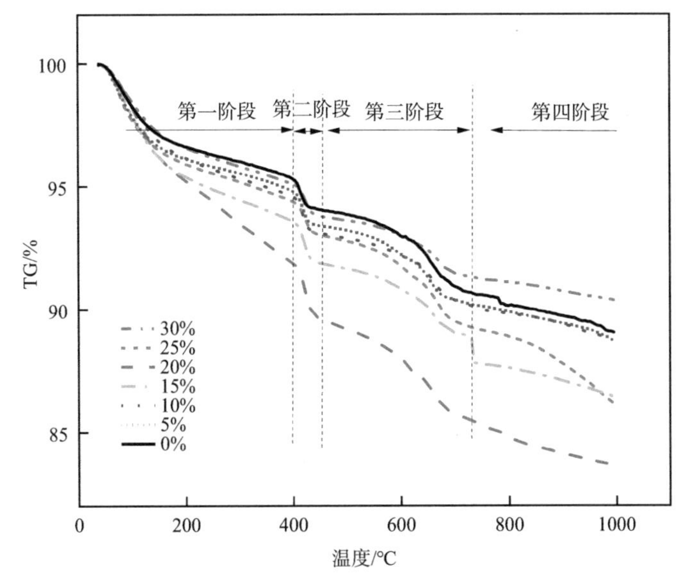

图 7-6 不同污泥灰混凝土 TG 结果分析

悉，在 600 ~ 800℃，$CaCO_3$（碳酸钙）开始分解。这表明处于经历温度在 600 ~ 800℃时，$CaCO_3$ 已大量分解，故而在热重升温进程中仅剩下少量的 $CaCO_3$ 分解。第四阶段（710 ~ 1000℃）：此阶段相对平稳，在历经温度的升高进程中，质量损失并未有过大的变化。在 1000℃时，伴随试件历经高温温度的升高，不同污泥灰掺量混凝土的整体质量损失分别为 8.84%、10.22%、10.28%、13.14%、13.16%、18.23%。

基于上述结果，能够获取如下结论：①添加 5%、10% 污泥灰可令混凝土基本结构更为致密，进而降低高温过程里的质量损失。②相较于未添加污泥灰的混凝土，添加 5%、10% 污泥灰后的混凝土于第一至四阶段的热重曲线变得更为集中，且平均质量损失最小，表明添加 5%、10% 污泥灰后的混凝土越发致密，这是因为在水化产物分解之际产生的水汽难以挥发，由此减小了混凝土在历经高温时的质量损失。③当污泥灰掺量达至 30% 时，热重曲线分布相对分散，平均质量损失为 18.23%，说明添加 30% 及以上污泥灰会提升混凝土的质量损失。

根据图 7-7 的观察结果，可以将加入污泥灰的混凝土的 DTG 曲线划分成三个时期：第一时期（40 ~ 180℃）：于该时期内，伴随温度的上升，试件的质量损失速度逐渐下降。在 50℃之际，混凝土试件的质量损失速率达到最高，表明混凝土内部含有众多的游离水与化学结合水。第二时期（380 ~ 480℃）：在这个时期中，随着温度的增高，试件的质量损失速率缓缓减小。在 400℃时，试件的分解峰峰值最大，而经历高温 800℃的试件的分解峰近乎消失。通过 XRD 和 TG 分析可以知晓，在 800℃的高温之下，大量的 $Ca(OH)_2$ 产生分解，这说明历经高温的混凝土内部的 $Ca(OH)_2$ 与水化产物含量越少，致使在 TG 曲线上质量损失速度越小。第三时期（600 ~ 800℃）：在这个时期里，伴随温度的上升，试件的质量损失速率逐渐减小。在 20℃时，试件的质量损失最大，而在高温 800℃时，质量损失最小。经由 XRD 分析可以得知，在 600 ~ 800℃的温度范围内，大量的 $CaCO_3$ 发生分解。这表明随着温度的提升，混凝土内部的水化产物以及 $CaCO_3$ 的含量逐渐减少。

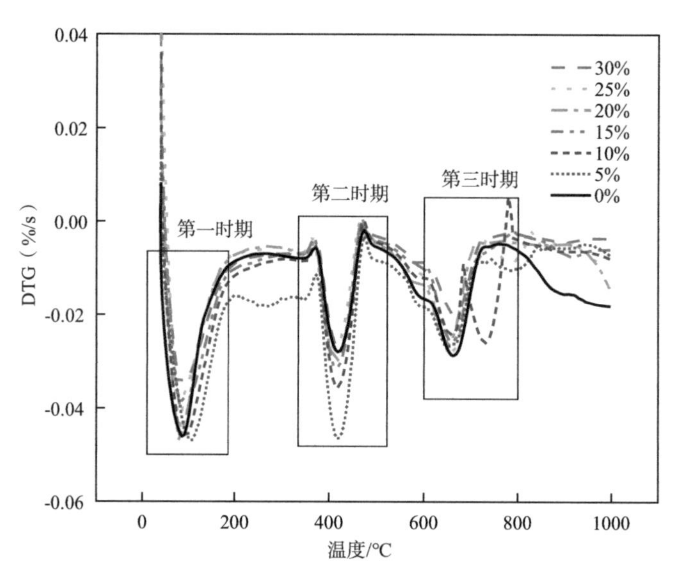

图 7-7　不同污泥灰混凝土 DTG 结果分析

按照以上结果能够得出结论：①添加污泥灰的混凝土在三个时期的分解峰相较于未添加污泥灰的混凝土有所降低。通过 TG 分析可知，添加污泥灰能够减少高温期间混凝土的质量损耗。这是因为污泥灰的粒径偏小，可以“改进”混凝土的孔结构，致使在高温条件下混凝土内部的水分与气体不易挥发，进而降低了混凝土的质量损耗。②伴随污泥灰掺加量的增加，混凝土的质量损失速度逐步增大。这表明过量的污泥灰掺量会产生相反的效果，即“削弱”作用。这是因为大量污泥灰中的重金属离子会抑制混凝土的水化反应。

7.4　污泥灰混凝土 SEM 分析

图 7-8（a）是掺加 0% 污泥灰混凝土放大 5000 倍的 SEM 图，从图 7-8（a）当中能够观察普通混凝土内部存在白色片状 $Ca(OH)_2$ 晶体、针棒状钙矾石 AFt，以及絮状 C-S-H，这些均为水泥里包含的 C_3A、C_3S 与 C_2S 和 $Ca(OH)_2$ 出现水化反应形成的产物，这些水化产物彼此交织融为一体能够增添混凝土的密实程度，并提升其强度。

图 7-8（b）为掺加 10% 污泥灰混凝土放大 5000 倍的 SEM 图，和图 7-8（a）相较能够观察到大量的白色絮状物质凝胶，这是由于污泥灰的加入促进了混凝土内部的 $Ca(OH)_2$ 与 SiO_2、Al_2O_3 参与水化反应，再反应生成水化硅酸钙和水化铝酸钙凝胶，这些 C-S-H 凝胶填充于混凝土内部孔隙，令混凝土具备相比普通混凝土而言更为密实的结构，这与 TC 分析 10% 掺量混凝土内部具有更多量 C-S-H 结果相一致，同时发现图中具有明显的球状物质，分析为污泥灰具有更细的结构，增加了混凝土水化产物的成核位点形成球状物，这也是掺 10% 污泥灰混凝土抗压强度较好的原因。

（a）0%　　（b）10%

图 7-8　0% 和 10% 污泥灰掺量下混凝土的微观形貌

图 7-9（a）为掺加 20% 污泥灰混凝土放大 5000 倍的 SEM 图，从图中可以看到混凝土表面有少量絮状物的水化产物以及大量的孔隙以及裂缝，造成这种现象原因：（1）高掺量的污泥灰含有大量不同种类的重金属离子，与水泥中的水化产物竞争反应，降低了水泥的水化程度，从而形成较多孔隙。（2）污泥灰掺量过高时，会导致过多的细颗粒聚集，形成更多的微观孔隙发展为贯穿裂缝。

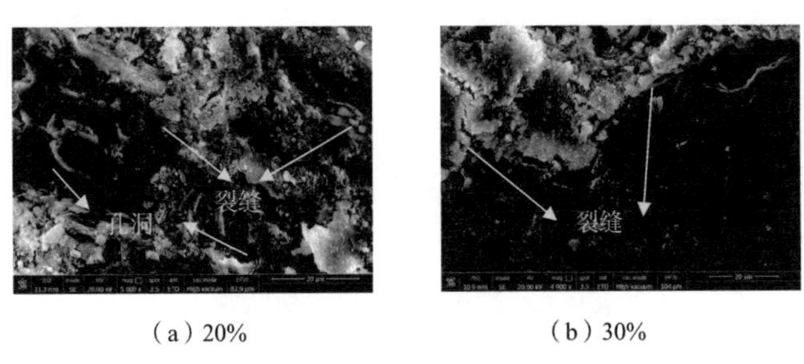

（a）20%　　（b）30%

图 7-9　20% 和 30% 污泥灰掺量下混凝土的微观形貌

图 7-9（b）为掺加 30% 污泥灰混凝土放大 5000 倍的 SEM 图，与图 7-9（a）20% 掺量混凝土相比，掺加 30% 后混凝土的孔隙、裂缝持续增加，表明大掺量污泥灰混凝土内部结构松散，导致抗压强度降低。

根据 XRD 图谱分析出污泥灰的掺量越大，混凝土中重金属固化化合物存在种类与数量越多，故对 30% 掺量污泥灰混凝土微观形貌进一步放大至 8000 倍进行观测。30% 污泥灰掺量下混凝土的 SEM-EDS 如图 7-10 所示，图 7-10（a）中观测到存在明显分离于水化产物的沉淀物存在。EDS 分析结果说明，该物相的主要元素为 Ni，考虑到 XRD 检测到 Ni^{2+} 的化合生成物，Ni^{2+} 只能形成氢氧化物，与 XRD 检索到 $Ni(OH)_2$ 结果一致。图 7-10（b）中能够观察到明显的沉淀物质，经过 EDS 能谱分析为 Cu^{2+} 沉淀物，结合 XRD 得出该物质为 $Cu_4(SO_4)_2(OH)_6 \cdot 3H_2O$，能谱分析还检测到 Si 元素，这是由于能谱的 X 射线能够穿透沉淀物。在图 7-10（c）、图 7-10（d）中观察到在 C-S-H 凝胶和 AFt 表面含有大量的 Cu 离子，推测为过量的 Cu 离子吸附在 C-S-H 凝胶和 AFt

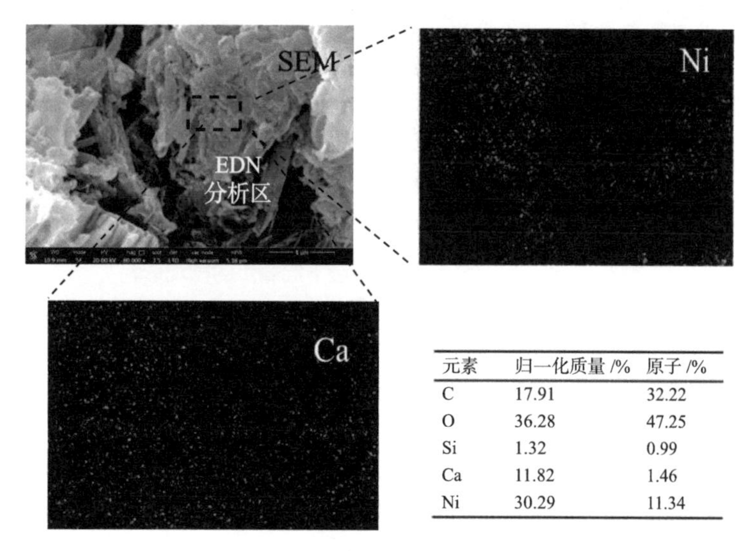

元素	归一化质量 /%	原子 /%
C	17.91	32.22
O	36.28	47.25
Si	1.32	0.99
Ca	11.82	1.46
Ni	30.29	11.34

（a）30% 污泥灰掺量 Ni 离子能谱图

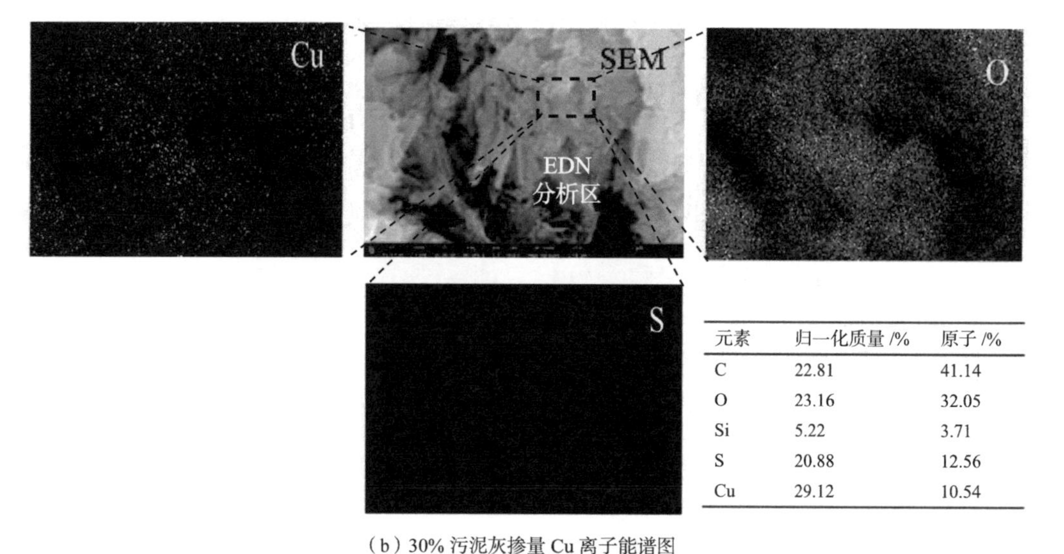

元素	归一化质量 /%	原子 /%
C	22.81	41.14
O	23.16	32.05
Si	5.22	3.71
S	20.88	12.56
Cu	29.12	10.54

（b）30% 污泥灰掺量 Cu 离子能谱图

图 7-10　30% 污泥灰混凝土微观形貌的 SEM-EDS 图（一）

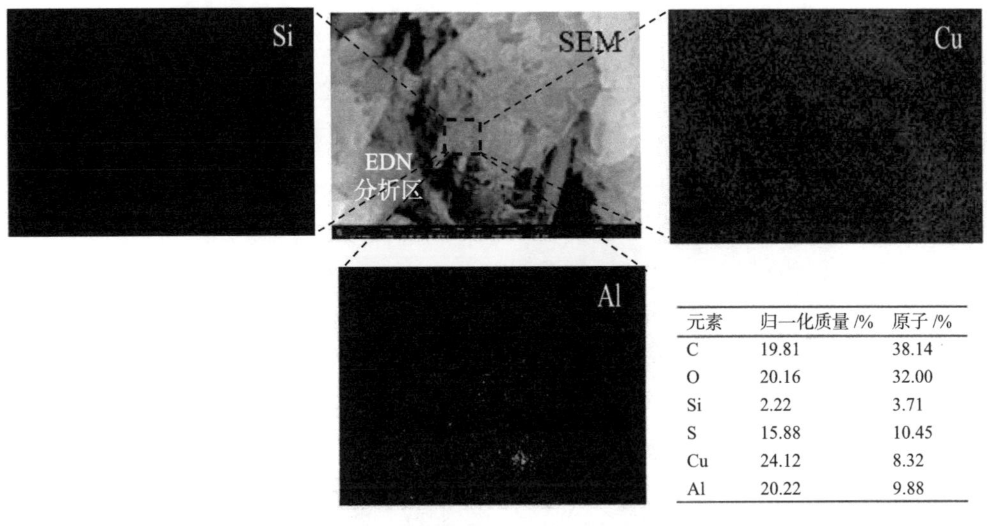

元素	归一化质量 /%	原子 /%
C	19.81	38.14
O	20.16	32.00
Si	2.22	3.71
S	15.88	10.45
Cu	24.12	8.32
Al	20.22	9.88

（c）30% 污泥灰掺量 Cu 离子和 C-S-H 能谱图

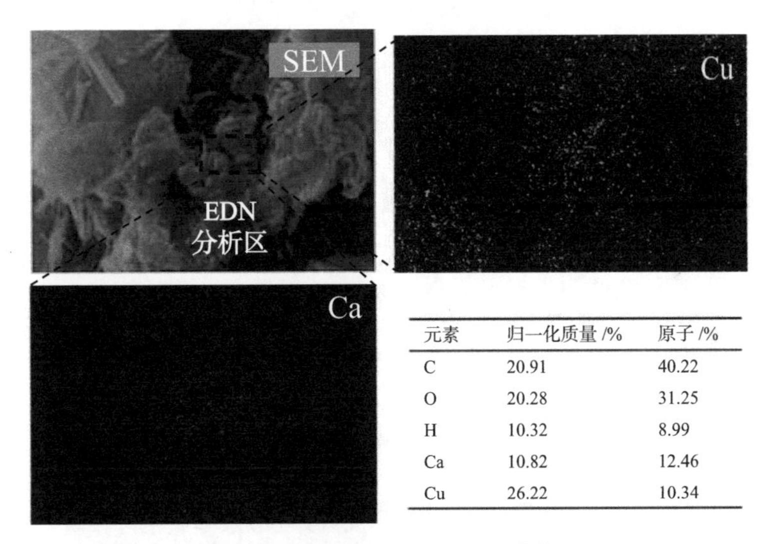

元素	归一化质量 /%	原子 /%
C	20.91	40.22
O	20.28	31.25
H	10.32	8.99
Ca	10.82	12.46
Cu	26.22	10.34

（d）30% 污泥灰掺量 Cu 离子和 AFt 能谱图

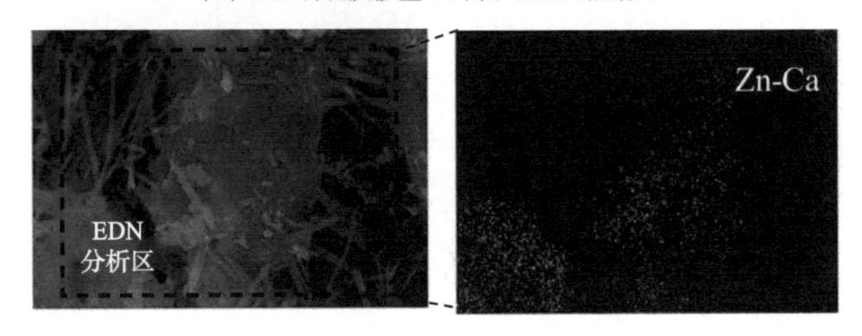

（e）30% 污泥灰掺量 Zn 离子能谱图

图 7-10　30% 污泥灰混凝土微观形貌的 SEM-EDS 图（二）

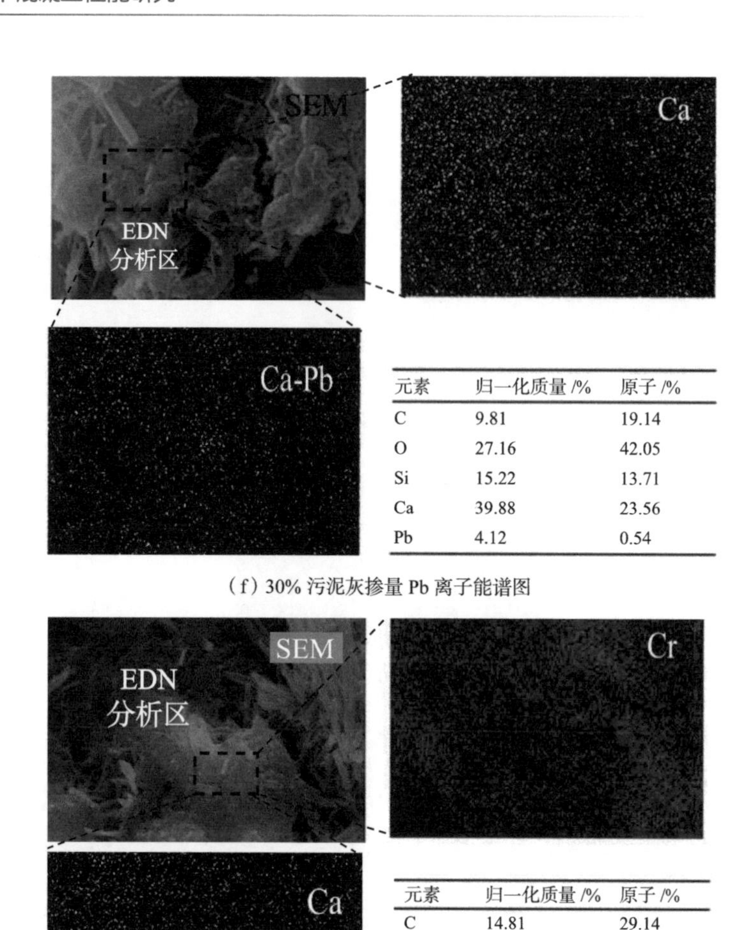

元素	归一化质量 /%	原子 /%
C	9.81	19.14
O	27.16	42.05
Si	15.22	13.71
Ca	39.88	23.56
Pb	4.12	0.54

（f）30% 污泥灰掺量 Pb 离子能谱图

元素	归一化质量 /%	原子 /%
C	14.81	29.14
O	33.16	47.05
Si	2.22	1.71
Ca	19.12	10.54
Cr	16.11	7.55

（g）30% 污泥灰掺量 Cr 离子能谱图

图 7-10　30% 污泥灰混凝土微观形貌的 SEM-EDS 图（三）

表面，与 XRD 结果中污泥灰掺量大于 15% 后 Cu 离子化合物并未随掺量的增加而增加，表明过量的 Cu 离子被吸附在 C-S-H 凝胶和 AFt 表面，增加了浸出风险。

在图 7-10（e）中，观测到在 C-S-H 凝胶表面具有沉淀物，经过 SEM 分析结果表明该沉淀物含有大量的 Zn 元素，这对应于 XRD 中的 $Ca(Zn(OH)_6)(H_2O)_2$ 物相。该部分 Zn 元素可能有两种存在形式：一是 Zn 离子被 C-S-H 凝胶吸附；二是与 C-S-H 凝胶溶解出的 Ca^{2+} 结合生成 $Ca(Zn(OH)_6)(H_2O)_2$ 沉淀并附着在 C-S-H 凝胶周围，增加浸出风险。

对分析区域进行面扫，如图 7-10（f）SEM-EDS 图分析发现，Pb 元素的含量很低，说明 Pb 元素不是以独立的沉淀物形式存在。推测 Pb 元素在 C-S-H 凝胶中主要的存在形式有两种：一是 Pb^{2+} 被 C-S-H 凝胶吸附；二是 Pb^{2+} 形成复合氢氧化物微晶，并被 C-S-H 包裹。

如图 7-10（g）SEM-EDS 图分析得出，沉淀物主要元素为 Cr、Ca、Al。其中 Ca

与 Al 的原子个数之比接近 3∶1，说明能谱分析中的 Ca 和 Al 元素信号出自沉淀物下方的 C_3A 颗粒。于是，结合物相的电荷平衡和反应体系的碱性条件，推测该沉淀物是 Cr 的氢氧化物或碳酸盐，该物质以无定式形貌沉淀在 C_3A 颗粒表面。

7.5 大温差环境对污泥灰混凝土重金属浸出量影响

对不同温差循环次数、污泥灰掺量混凝土样品进行重金属（Cr、Ni、Cu、Zn 和 Pb）检测结果如表 7-1 所示，其中标准值参考国家标准《土壤环境质量 农用地土壤污染风险管控标准（试行）》（GB 15618-2018）的防控值作为标准值，标准值分别

不同温差循环次数、污泥灰掺量混凝土重金属浸出量 表 7-1

试验条件		Cr	Ni	Cu	Zn	Pb
温差循环次数 / 次	污泥灰掺量 /%					
0	0	20	30	40	20	0
	5	70	20	43	42	20
	10	80	40	47	43	25
	15	80	68	52	56	30
	20	100	120	55	73	43
	25	110	160	67	85	60
	30	120	260	77	91	70
15	0	30	33	45	33	3
	5	80	22	48	53	25
	10	85	47	55	53	28
	15	100	72	60	61	35
	20	108	133	67	83	52
	25	115	170	74	92	65
	30	140	266	85	105	77
30	0	32	40	52	58	4
	5	85	32	49	63	27
	10	90	52	60	70	33
	15	130	80	72	90	42
	20	120	148	80	94	66
	25	140	197	90	103	70
	30	170	280	100	120	90

为 Cr 为 150mg/kg、Ni 为 200mg/kg、Cu 为 50mg/kg、Zn 为 200mg/kg 和 Pb 为 70mg/kg。测试结果（表 7-1）表明，温差循环 30 次污泥灰掺量 30% 时水样中的 Cr 含量为 170mg/kg，不同温差循环次数下污泥灰掺量 30% 时水样中的 Ni 含量分别为 260mg/kg，266mg/kg 和 280mg/kg，污泥灰掺量超过 15% 后 Cu 离子含量均超过国家标准，表明污泥灰混凝土对 Cu 离子固化效果较弱，主要原因为过量的 Cu 离子被吸附在 C-S-H 表面，温差循环后混凝土孔结构连通性增强，导致 Cu 离子浸出量最大；不同温差循环次数下污泥灰掺量 30% 时水样中的 Pb 离子含量分别为 77mg/kg 和 90mg/kg，也超过了国家标准。Zn 离子含量均未超过中国农业用地土壤污染防控值。污泥灰混凝土在使用过程中需要对 Cu 离子、Ni 离子和 Pb 离子进行污染防治处理，用以防止对土壤及地下水造成危害。

7.6 重金属浸出量与抗压强度之间相关性分析

重金属元素的浸出量与抗压强度之间的关系较为复杂，为了快速识别重金属浸出与混凝土抗压强度之间是否存在相互影响，以及哪些重金属元素与混凝土抗压强度之间存在强相互作用，常采用相关系数的分析方法。相关系数是统计学中一个非常重要的概念，是用于测定两个变量之间线性相关程度的统计分析指标 [96]。本章采用 Pearson 相关系数分析污泥灰混凝土孔特征参数与抗压强度之间的相关性，Pearson 相关系数的计算公式为 [296]：

$$r=\frac{\sum_{i=1}^{n}(y_i-\overline{y})(x_i-\overline{x})}{\sqrt{\sum_{i=1}^{n}(y_i-\overline{y})^2}\sqrt{\sum_{i=1}^{n}(x_i-\overline{x})^2}} \tag{7-1}$$

式中 n——该类别数据的数量；

x——抗压强度；

y——重金属浸出量；

$\overline{x}$——抗压强度的平均值；

$\overline{y}$——重金属浸出量的平均值。

Pearson 相关系数 r 的取值范围为：$-1 \leqslant r \leqslant 1$。当：

$$\begin{cases} r>0\text{，两变量之间正相关} \\ r<0\text{，两变量之间负相关} \\ r=0\text{，两变量间无相关性} \\ |r|=1\text{，两变量间线性相关} \end{cases} \tag{7-2}$$

同时，$|r| \leqslant 0.3$ 时，一般认为两变量间不存在线性相关；$0.3 < |r| \leqslant 0.5$ 时，两变量间低度线性关系；$0.5 < |r| \leqslant 0.8$ 时，认为两变量间存在显著线性关系；$|r| > 0.8$ 时，认为两变量间存在高度线性关系[297]。

采用 Pearson 相关系数分析混凝土抗压强度与重金属浸出量之间的相关性。本章使用的试验数据是在 0 次、15 次、30 次温差循环和 0%、5%、10%、15%、20%、25%、30% 污泥灰掺量条件下测得的。数据共有 21 组，每组数据分别包含 Cr、Ni、Cu、Zn、Pb 五种重金属元素的浸出量和对应的混凝土抗压强度。分别计算抗压强度与该类重金属元素的浸出量之间的 Pearson 相关系数，得出结果如图 7-11 所示。

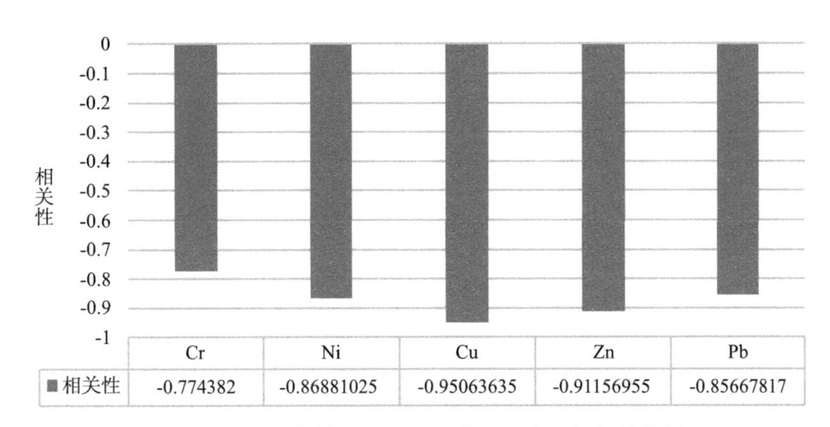

图 7-11　混凝土抗压强度与重金属浸出量相关性分析

经计算可知，Cr、Ni、Cu、Zn、Pb 五种重金属元素的浸出量与混凝土抗压强度的相关系数均低于 −0.78，其中，Zn、Cu 元素的浸出量与混凝土抗压强度的相关系数低至 −0.91 和 −0.95，证明 Cr、Ni、Cu、Zn、Pb 五种重金属元素的浸出量与混凝土抗压强度呈现较强的负相关性，即重金属元素的浸出量越高，混凝土的抗压强度越低；反之，重金属元素的浸出量越低，混凝土抗压强度越高。

第 8 章 大温差作用下污泥灰混凝土孔结构演化研究

在大温差环境下，污泥灰混凝土受到温度变化的影响导致其内部孔结构的变化。进而影响其抗压强度和重金属固化能力。本章采用核磁共振技术，定量分析污泥灰混凝土孔结构演化规律，并分析了孔结构与混凝土抗压强度、重金属固化量之间的关系。研究结果将为深入理解污泥灰混凝土在大温差环境下的行为提供试验数据和理论支持，为孔结构预测混凝土抗压强度与重金属固化能力奠定基础。

本章研究使用的污泥灰混凝土试验原材料、配合比与第 6 章相同，大温差循环试验与第 2 章相同，核磁共振孔结构测试与第 4 章相同。

8.1 孔结构参数分析

8.1.1 孔隙率

混凝土的孔隙率是评估其密实程度的关键指标，可直接反映温差循环次数和污泥灰掺量对混凝土内部的影响规律。由图 8-1 可知，各掺量污泥灰混凝土试块随温差循环次数越多，孔隙率越大，原因为孔隙中的水溶液在温差循环过程中不断地收缩、膨胀及渗透，导致混凝土内部损伤增大[298]。在相同温差循环次数下，孔隙率随污泥灰的增加呈现先减小后增加的趋势，产生原因为污泥灰中含有丰富的 SiO_2、Fe_2O_3、Al_2O_3 能够促进混凝土的水化反应，从而提高混凝土的密实性，然而当污泥灰持续增加，混凝土中的重金属含量也相应增加，从而干扰混凝土水化反应的进行，导致混凝土的结构疏松化，也进一步证实了 6.2 节污泥灰掺量对混凝土抗压强度的影响原因和 7.5 节重金属浸出量变化原因。

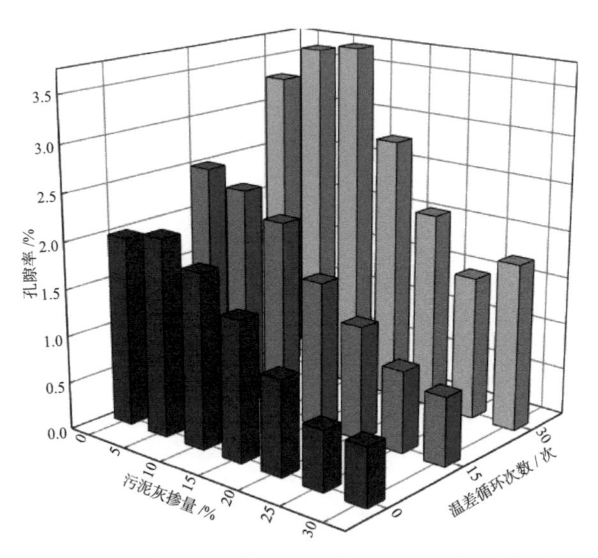

图 8-1 孔隙率与温差循环次数、污泥灰掺量关系图

8.1.2 T_2 谱分布曲线

核磁共振技术测量的 T_2 分布曲线（孔结构分布曲线）可以提供材料内部孔结构信息。孔隙的大小与 T_2 值呈正相关，而面积则与孔径数量有关。根据图 8-2（a）~（c），不同温差循环次数下与不同污泥灰掺量的混凝土呈现三峰或两峰的 T_2 分布曲线。每个峰值对应着不同大小的孔隙，第一峰（左峰）、第二峰（中峰）、第三峰（右峰）。不同污泥灰掺量混凝土的 T_2 分布曲线呈现出峰值和曲线面积先减少后增加的趋势。这表明大掺量污泥灰混凝土在经历大温差循环后，孔体积增大，孔隙数量增加。

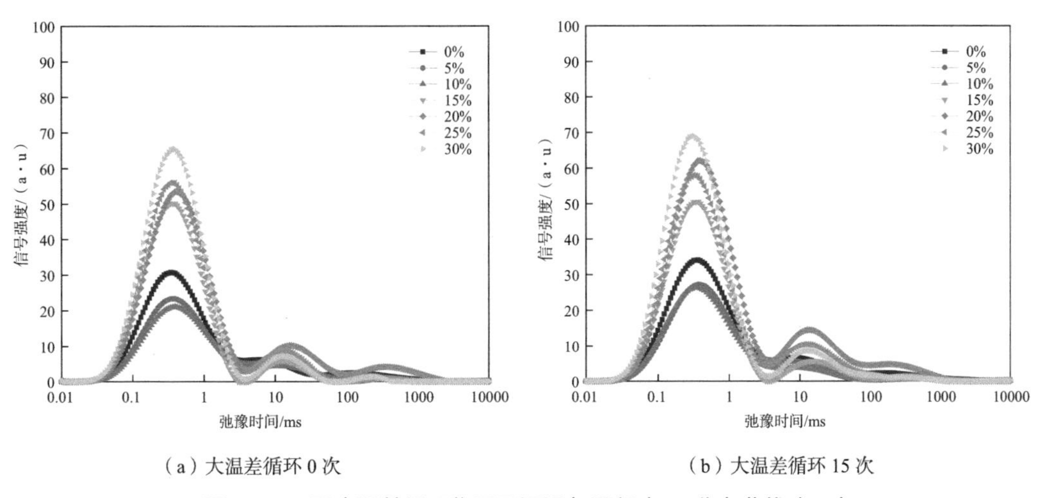

（a）大温差循环 0 次　　（b）大温差循环 15 次

图 8-2 不同大温差循环作用下污泥灰混凝土 T_2 分布曲线（一）

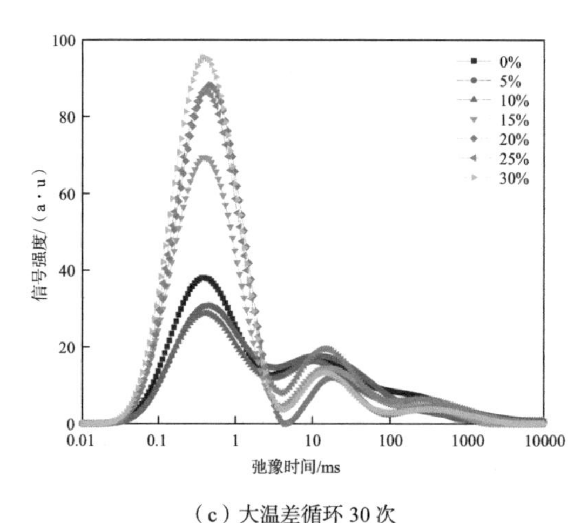

（c）大温差循环 30 次

图 8-2　不同大温差循环作用下污泥灰混凝土 T_2 分布曲线（二）

根据图 8-2（a）可知，污泥灰掺量主要对第一峰产生较大影响，在 5%、10% 污泥灰掺量时，第一峰面积明显下降，原因为污泥灰的加入促进了水化反应，细化了混凝土孔结构，在 15%～30% 污泥灰掺量时第一峰明显上升，产生原因为重金属离子干扰混凝土水化反应。温差循环 15 次后，如图 8-2（b）所示，不同污泥灰掺量混凝土试块峰值及峰面积都有上升趋势，说明温差循环对污泥灰混凝土试块孔结构具有负面影响；其中对 25% 和 30% 污泥灰掺量混凝土试块影响最大，峰值分别升高 9% 和 11%。大温差循环 30 次后，如图 8-2（c）所示，各不同污泥灰掺量混凝土试块峰值及峰面积都有明显上升趋势，说明温差循环次数的增加对污泥灰混凝土试块孔结构负面影响持续增大；其中 30 次循环对第一峰值及峰面积上升最大，25% 和 30% 污泥灰掺量混凝土试块第一峰值分别升高 45% 和 38%，表明温差循环对大掺量污泥灰混凝土孔结构影响较强。

大温差循环 15 次后，如图 8-2（b）所示，各掺量污泥灰混凝土试件三峰峰值均有所增大，表明污泥灰混凝土试件经大温差循环后无害孔增多，基体内部无害孔向少害孔转变，少害孔向有害孔及多害孔转变。大温差循环 30 次后，如图 8-2（c）所示，各掺量污泥灰混凝土试件第一峰均有显著增大，第二峰增大更为明显，主要由于温差循环引起混凝土的热膨胀和收缩，热膨胀和收缩过程中导致混凝土内部形成应力，从而引起孔隙结构的变化，导致混凝土中孔隙增多[299]。

8.1.3　无害孔、少害孔、有害孔、多害孔占比

为更深入地了解大温差环境下污泥灰混凝土孔结构的变化规律，本书采用了吴中伟院士提出的孔径分类方法，对不同温差循环次数下不同污泥灰掺量的混凝土试件进行了孔径分布的划分，具体结果见表 8-1 和图 8-3。吴中伟院士[300]将混凝土孔隙划分

为四个区域：小于 20nm 的无害孔、20 ~ 50nm 的少害孔、50 ~ 200nm 的有害孔以及大于 200nm 的多害孔。

由表 8-1 及图 8-3（a）可知，0 次大温差循环时不同掺量污泥灰混凝土中的孔隙主要是无害孔和少害孔，这两类孔约占总孔隙的 80% 以上，各试件无害孔及少害孔占比差距较大，有害孔及多害孔占比几乎相同，无明显差距。其中，5%、10% 掺量污泥灰混凝土试块中无害孔及少害孔数量较低于普通混凝土试块，说明较普通混凝土试块更为密实，更进一步证明污泥灰能够提高混凝土的水化反应，提高混凝土的密实性，表明污泥灰填充 20nm 以下的无害孔具有显著优势；5%、10% 掺量污泥灰混凝土试块孔隙结构相差较小，说明孔隙结构与混凝土性能也相近。

不同污泥灰掺量、不同温差循环次数混凝土孔径占比（%） **表 8-1**

污泥灰掺量 /%	孔分类 /nm	大温差循环次数 / 次		
		0	15	30
0	无害孔（0 ~ 20）	74.14	69.45	47.47
	少害孔（20 ~ 50）	4.84	9.90	6.34
	有害孔（50 ~ 200）	8.32	9.09	2.82
	多害孔（> 200）	12.71	11.57	9.79
5	无害孔（0 ~ 20）	87.25	70.53	81.30
	少害孔（20 ~ 50）	2.29	11.47	5.33
	有害孔（50 ~ 200）	4.75	8.33	4.53
	多害孔（> 200）	5.71	9.66	8.84
10	无害孔（0 ~ 20）	81.21	65.04	72.22
	少害孔（20 ~ 50）	3.86	12.29	5.84
	有害孔（50 ~ 200）	7.35	10.91	7.44
	多害孔（> 200）	7.58	11.76	14.50
15	无害孔（0 ~ 20）	88.07	83.61	74.05
	少害孔（20 ~ 50）	2.10	7.97	5.12
	有害孔（50 ~ 200）	3.84	2.24	6.52
	多害孔（> 200）	5.98	6.18	14.32
20	无害孔（0 ~ 20）	74.88	71.35	52.95
	少害孔（20 ~ 50）	6.60	11.83	7.76
	有害孔（50 ~ 200）	8.25	5.72	13.95
	多害孔（> 200）	10.27	11.10	25.34

续表

污泥灰掺量 /%	孔分类 /nm	大温差循环次数 / 次		
		0	15	30
25	无害孔（0 ~ 20）	74.70	70.28	50.81
	少害孔（20 ~ 50）	7.29	8.89	10.08
	有害孔（50 ~ 200）	8.83	9.81	16.36
	多害孔（> 200）	9.18	13.02	23.65
30	无害孔（0 ~ 20）	82.02	80.02	52.79
	少害孔（20 ~ 50）	6.82	9.22	9.17
	有害孔（50 ~ 200）	6.70	7.58	16.45
	多害孔（> 200）	4.47	5.17	21.59

由图 8-3（b）可知，大温差循环 15 次后，随着污泥灰掺量的增加，少害孔、有害孔、多害孔呈现增加的趋势，其中 25% 掺量污泥灰混凝土试块多害孔数量增长最多为 50%，说明 10% 掺量污泥灰的加入对 15 次温差循环作用对混凝土试块孔径的负面影响具有抑制作用。

由图 8-3（c）可知，大温差循环 30 次后，随着大温差循环次数增加，污泥灰混凝土试件各级孔占比发生了明显的变化，混凝土试件无害孔和少害孔占比显著减少，有害孔和多害孔占比持续增加，这是因为大温差循环下混凝土试块中无害孔逐渐演化成为少害孔、有害孔及多害孔，致使孔结构不断劣化。

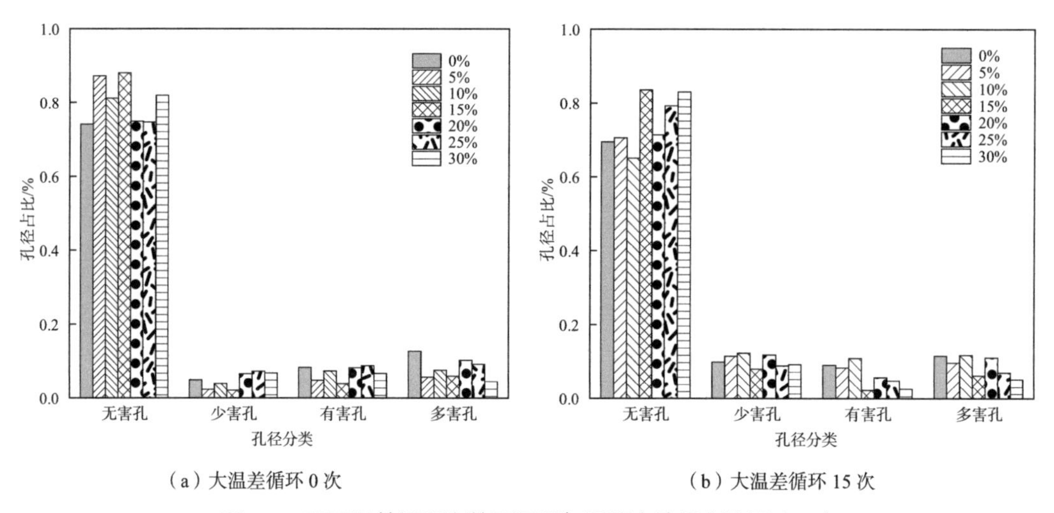

（a）大温差循环 0 次　　（b）大温差循环 15 次

图 8-3　不同温差循环次数下污泥灰混凝土孔径占比图（一）

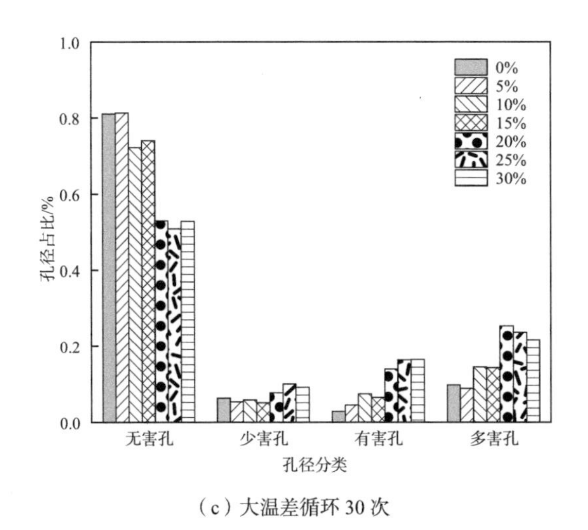

（c）大温差循环 30 次

图 8-3　不同温差循环次数下污泥灰混凝土孔径占比图（二）

8.1.4　孔隙连通性

孔隙是否连通严重影响混凝土抗压性能及重金属固化量，束缚水饱和度、自由水饱和度及渗透率表示多孔介质中流体可动性及传递能力，可表征孔隙连通性，大温差循环作用下不同污泥灰掺量混凝土孔隙连通性指标如表 8-2 和图 8-4 所示。

由表 8-2 可知，大温差循环作用下不同污泥灰掺量混凝土自由水饱和度及渗透率随温差循环次数的增加持续增大，束缚水饱和度不断减小，表明大温差循环对污泥灰混凝土孔隙结构产生负面影响。0 次大温差循环中，不同掺量污泥灰掺量混凝土试块自由水饱和度及渗透率的增加先减小后增加，束缚水饱和度先增加后减小，表明小掺量污泥灰对混凝土起到密实作用，封闭孔增加。因为自由水大多存在于有害孔及多害孔中并可以自由流动，束缚水则存在于无害孔及少害孔中且不流动，大温差循环过程中混凝土试件各级孔径占比发生改变（见 8.1.3 节），基体内自由水与束缚水互相转换[301]。此外，大温差循环导致混凝土试件内部结构逐渐劣化，吸入水溶液的量和速度明显加快，使混凝土内部孔结构相互连通，从而提高了孔隙的连通性，而温差循环 30 次后混凝土试件损伤极具加重，自由水饱和度及渗透率呈明显下降趋势。大温差循环 30 次后，普通混凝土试件自由水饱和度及渗透率处于较高水平，束缚水饱和度处于较低水平。温差循环 15 次后，5%、10% 掺量混凝土试件自由水饱和度及渗透率始终处于最低水平，束缚水饱和度处于较高水平，表明小掺量污泥灰可改善混凝土内部孔径分布，延缓大温差循环后混凝土内部相互连通程度，而大掺量污泥灰有加大孔隙连通的趋势，从而减弱重金属固化能力。

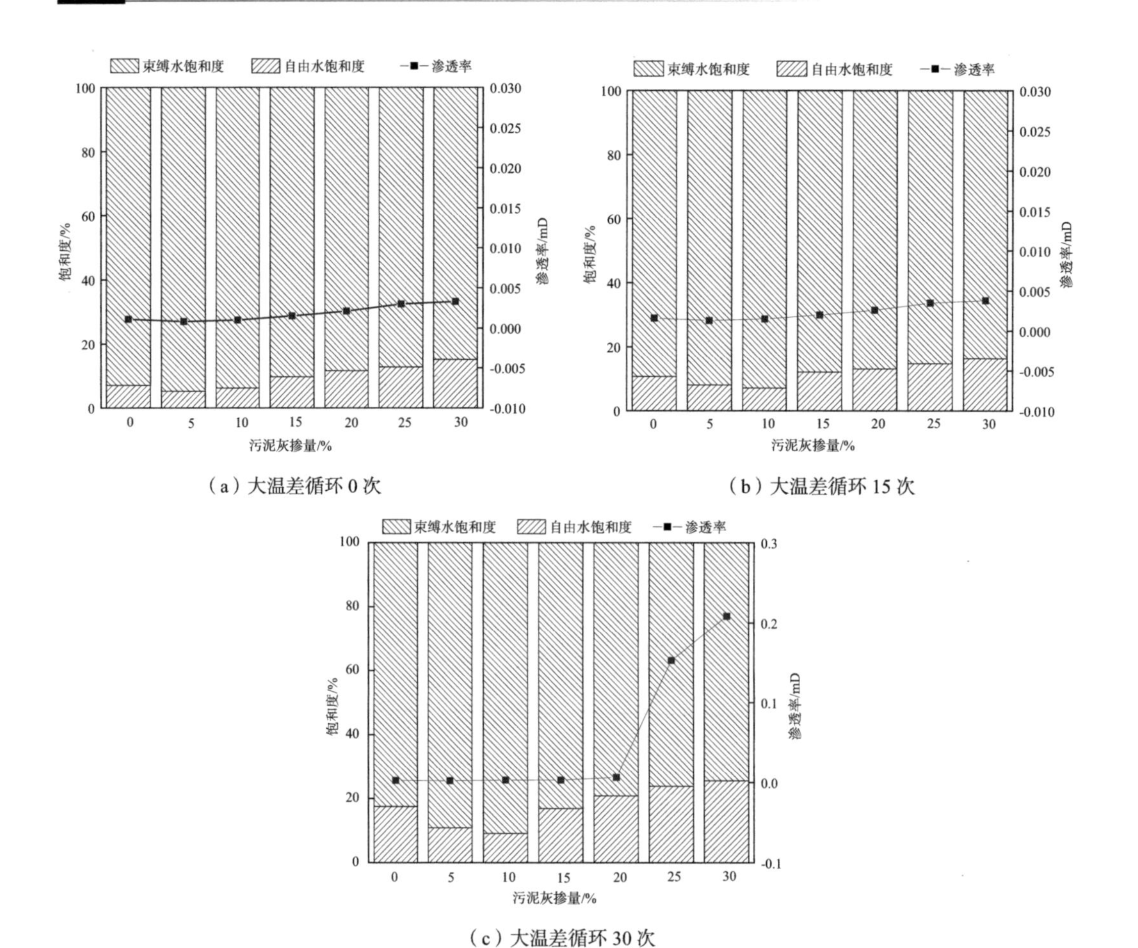

（a）大温差循环 0 次

（b）大温差循环 15 次

（c）大温差循环 30 次

图 8-4 自由水、束缚水饱和度及渗透率与污泥灰掺量的关系

大温差循环作用下不同污泥灰掺量混凝土孔隙连通性指标 表 8-2

污泥灰掺量 /%	孔结构参数	大温差循环次数 / 次		
		0	15	30
0	束缚水饱和度 /%	92.9772	89.3039	82.5061
	自由水饱和度 /%	7.0228	10.6961	17.4939
	渗透率 /mD	0.0011	0.0058	0.1958
5	束缚水饱和度 /%	94.8292	91.9793	89.1175
	自由水饱和度 /%	5.1708	8.0207	10.8825
	渗透率 /mD	0.0008	0.0032	0.1382
10	束缚水饱和度 /%	93.8186	92.9373	91.8200
	自由水饱和度 /%	6.1814	7.0627	9.1080
	渗透率 /mD	0.0010	0.0031	0.1858
15	束缚水饱和度 /%	90.3416	87.8947	84.1276

续表

污泥灰掺量 /%	孔结构参数	大温差循环次数 / 次		
		0	15	30
15	自由水饱和度 /%	9.6584	12.1053	16.8724
	渗透率 /mD	0.0026	0.1468	0.2758
20	束缚水饱和度 /%	88.4343	86.9104	80.1955
	自由水饱和度 /%	11.5657	13.0896	20.8045
	渗透率 /mD	0.1258	0.1358	0.3358
25	束缚水饱和度 /%	88.2365	86.2517	77.1501
	自由水饱和度 /%	11.7635	14.7483	23.8499
	渗透率 /mD	0.1528	0.0028	0.2958
30	束缚水饱和度 /%	84.9050	83.5827	75.4633
	自由水饱和度 /%	15.0950	16.4173	25.5367
	渗透率 /mD	0.0999	0.1958	0.1342

8.2 孔结构与抗压强度、重金属固化量相关性分析

8.2.1 孔结构参数与抗压强度相关性

采用 7.6 节所提 Pearson 相关系数分析孔结构参数与污泥灰抗压强度之间的相关性。本章使用的抗压强度是在 0 次、15 次、30 次温差循环和 0%、5%、10%、15%、20%、25%、30% 污泥灰掺量条件下测得的。分别计算抗压强度与 8.1 节所述总孔隙率、多害孔、少害孔等孔结构参数之间的 Pearson 相关系数，其相关性结果如图 8-5 所示。

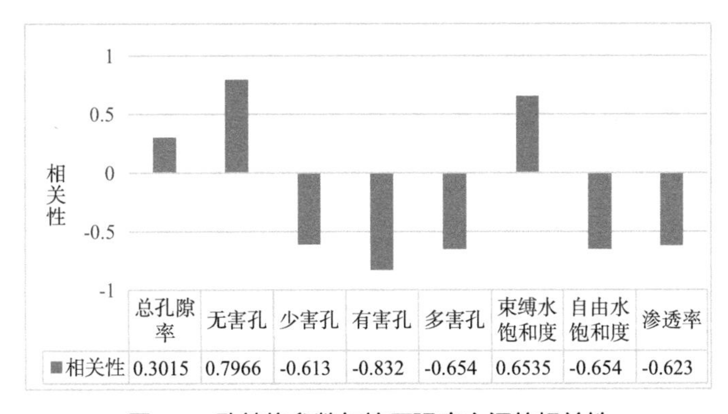

图 8-5 孔结构参数与抗压强度之间的相关性

由相关系数计算结果可知，总孔隙率、无害孔、少害孔、有害孔、多害孔、束缚水饱和度与抗压强度之间呈现正相关性，尤其是无害孔，与抗压强度的相关性达到 0.8 左右，表现出较强的相关性；而少害孔、有害孔、多害孔、自由水饱和度和渗透率与抗压强度之间呈现负相关性，其中有害孔与抗压强度之间呈现较强的负相关性，说明有害孔对抗压强度具有较强的负面影响。

8.2.2 孔结构参数与重金属固化量相关性

采用 Pearson 相关系数分析混凝土孔结构参数与浸出重金属元素之间的相关性，所采用的数据为 21 组重金属浸出数据。重金属元素包含 Cr、Ni、Cu、Zn 和 Pb。孔结构参数与 8.2.1 节的数据一致。

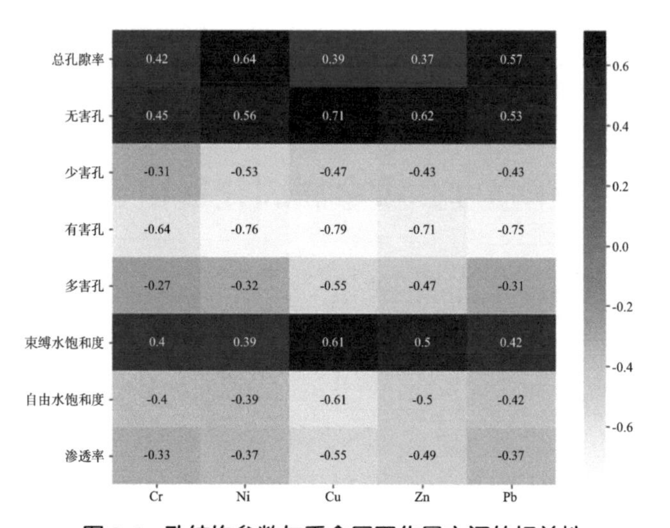

扫码看彩图

图 8-6 孔结构参数与重金属固化量之间的相关性

为了方便展示，将计算结果采用热力图的形式进行展示，如图 8-6 所示。热力图越接近深蓝，说明两者间具备强正相关性，越接近浅黄色，说明两者间具备强负相关性。由图 8-6 可知，有害孔、少害孔、多害孔与重金属渗出之间存在较强的正相关性，说明有害孔、少害孔、多害孔是导致重金属浸出的重要原因；总孔隙率、无害孔、束缚水饱和度与重金属元素间多呈现负相关性，说明总孔隙率、无害孔、束缚水饱和度的量越高，重金属元素的浸出量越少。

第 9 章 混凝土疲劳寿命、污泥灰混凝土重金属固化量和抗压强度的 ANN 预测模型

目前，人工智能的应用已经发展到机械[302]、医学[303]和土木工程[304]的各个研究领域，很多学者使用支持向量机[305]、决策树[306]、随机森林[307]、AdaBoost[308]等模型预测混凝土的强度特性和配合比，获得了比传统模型更高的预测精度。然而，这些基于统计学概率的模型在复杂和高度不确定性数据中的预测精度仍有提升空间。近年来，人工神经网络（ANN）因其强大的非线性拟合能力而得到广泛应用。ANN 不需要函数假设，可以通过数据驱动的训练过程学习复杂非线性关系，这在混凝土疲劳寿命、污泥灰混凝土重金属固化量和抗压强度研究中是有利的，并且使用 ANN 进行混凝土疲劳寿命预测实现了更高的预测精度[309-311]。

ANN 模型的高预测精度在很大程度上依赖于充足的训练数据，然而混凝土疲劳寿命、污泥灰混凝土重金属固化量和抗压强度通常由试验确定，可以获得的训练数据是有限的。当训练数据过少时，模型会过度拟合这些数据的分布趋势，无法掌握混凝土疲劳寿命、污泥灰混凝土重金属固化量和抗压强度的发展趋势，导致模型预测精度下降[312]。数据增强是扩大训练数据量的有效工具，该方法通过生成合成数据的方式增加用于模型训练的数据量，提高了模型的预测精度[313]。经典的序列数据增强方法包括时域变换、统计生成模型和基于学习的模型[314]。时域变换方法不容易确认是否对序列分布造成影响[315]；统计生成模型，如混合自回归（MAR）等使用统计模型对数据的分布进行建模，但这种方法过度依赖初始值，一旦初始值被扰动，数据将按照不同的条件分布产生[316]；基于学习的模型，如生成对抗网络（GAN）[231]、进化搜索[219]等，根据生成器与源数据分布的精确拟合生成扩充数据，但该方法在过少数据量的扩充中性能不稳定[232]。鉴于此，有学者提出了基于动态时间扭曲（DTW）距离平均数据增强方法——DTW Barycentric Averaging（DBA），在 UCR archive 中的两个训练集（分别包含 16 组数据和 57 组数据）中获得了至少 60% 的预测精度提升，证明了该方法对小

数据集的有效性[234]。但该方法也存在扩增结果易受异常序列影响，扩增过程繁琐等问题。

因此，本章通过进行分组计算和随机权重的改进，提出了一种 GRW-DBA 数据扩充方法，解决经典数据扩充方法在小数据集扩充时出现的易受异常值影响、流程繁琐等问题。同时，结合 ANN 模型构建建立大温差条件下混凝土疲劳寿命、污泥灰混凝土重金属固化量和抗压强度预测模型，并基于算法开发了用户交互界面，以方便工程应用。

9.1 ANN 预测模型

ANN 模型由输入层、隐藏层和输出层组成[317]。输入层中的神经元数与输入变量数一致，以抗压强度预测为例，将与污泥灰混凝土抗压强度相关的重金属渗出和孔结构参数设置为输入层。抗压强度值用作输出层，输出层中的神经单元数与输出变量数一致。预测模型的整体结构如图 9-1 所示。

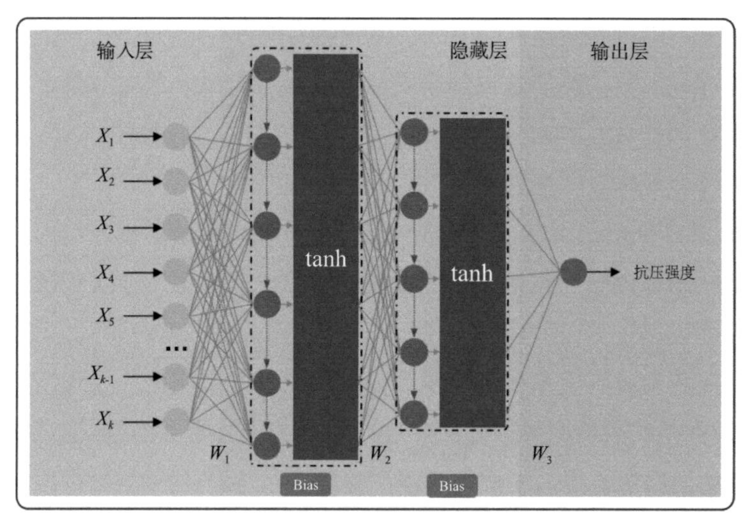

图 9-1 ANN 模型的整体结构

模型内的神经元通过权重和偏差相互连接，而非线性激活函数（tanh）用于完成非线性数据的拟合。神经元的权重 w 表示神经元输出值在最终预测中的重要性，而偏差 b 负责神经元输出值的转换。因此，一层神经元的输出值可以表示为式（9-1）。

$$Y = \tanh(w_i x_i + b_l) \tag{9-1}$$

式中 Y——一层神经元的输出；

x_i——每个神经元的值；

tanh——双曲激活函数，计算公式为：

$$\tanh(x)=(1-e^{-x})/(1+e^{-x}) \tag{9-2}$$

w——神经元的权重；

b——隐藏层的偏差。

适当的权重和偏差可以使模型不仅在训练数据上表现良好，而且在验证数据上保持良好的预测准确性[318]。

9.2 GRW-DBA 数据增强算法

本章提出的 GRW-DBA 方法基于经典 DBA 方法[319]，改进了分组计算和随机加权，克服了经典 DBA 方法易受数据异常值影响和繁琐扩展过程的缺点。下面将详细介绍该算法的数据增强步骤。

步骤 1：划分计算组。与使用所有序列进行计算的经典 DBA 算法不同，GRW-DBA 算法将 N 组数据划分为多个计算组，例如任意 2 个序列为一组、任意 3 个序列为一组，任意 4 个序列为一组……以及所有 N 个序列为一组。每个计算组都是相互独立的，后续计算是独立执行的。

步骤 2：确定序列权重。在每个计算组中，首先随机选择初始序列 Q，并分配一个非重复的随机权重 x。然后，计算初始序列 Q 与组中全部其他序列 P 之间的 DTW 距离[336]。假设两个序列分别是 $Q=[q_1, q_2, q_3, \cdots, q_m]$ 和 $P=[p_1, p_2, p_3, \cdots, p_n]$。序列中元素 q_i 和 p_j 之间的距离由式（9-3）计算：

$$d(i,j)=(q_i-p_j)^2 \tag{9-3}$$

两个序列的所有对应元素之间的距离形成一个 $m\times n$ 距离矩阵 $\boldsymbol{M}$。$\boldsymbol{M}$ 可以表示为：

$$\boldsymbol{M}=\begin{bmatrix} d(m,1) & d(m,2) & d(m,3) & \cdots & d(m,n) \\ \vdots & \vdots & \vdots & \cdots & \vdots \\ d(3,1) & d(3,2) & d(3,3) & \cdots & d(3,n) \\ d(2,1) & d(2,2) & d(2,3) & \cdots & d(2,n) \\ d(1,1) & d(1,2) & d(1,3) & \cdots & d(1,n) \end{bmatrix} \tag{9-4}$$

以 d（1，1）为起点，选择起点上方、右侧和右上角的元素之一。然后根据元素，重复相同的步骤。这样，直到达到 d（m，n）。这些选定的元素在序列和之间形成路径 R，可以表示为 $R=\{d(r_1),d(r_2),\cdots,d(r_s),\cdots,d(r_N)\}$，其中 N 表示路径中元素的总数，r 是路径上点的坐标，即 $r_s=(i, j)$，并且有很多 R 这样的路径。但是，在所有路径空间 R 中必然存在最小化的最佳路径 $\sum_{s=1}^{N} d(r_s)$。因此，序列 Q 和 P 之间的 DTW 距离由式（9-5）给出。

$$\mathrm{DTW}(Q,P)=\min(\sum_{s=1}^{N}d(r_s)) \tag{9-5}$$

式中　$d(r_s)$——每个相应值之间计算的路径距离；

　　　N——序列数据的数量。

为了求解最小值 $\sum_{s=1}^{N}d(r_s)$，使用动态规划方法计算累积距离矩阵 $\boldsymbol{D}$，并将两点之间的相应距离计算为 $\boldsymbol{D}(i, j)$。

$$\boldsymbol{D}(i,j)=d(i,j)+\min\{\boldsymbol{D}(i,j-1),\boldsymbol{D}(i-1,j-1),\boldsymbol{D}(i-1,j)\} \tag{9-6}$$

式中 $i=1, 2, 3, \cdots, m$，$j=1, 2, 3, \cdots, n$，$\boldsymbol{D}$ 的最后一个元素 $\boldsymbol{D}(m, n)$ 是最终的 DTW 距离，即：

$$\mathrm{DTW}(Q, P)=\boldsymbol{D}(m, n) \tag{9-7}$$

通过比较初始序列与计算组中其他序列之间的 DTW 距离，可以找到与初始序列具有最小和次小 DTW 距离的两个序列，并为这两个序列中平均分配 $0.3x$ 的权重。最后，剩余的（$1\text{-}1.6x$）权重平均分配给其他剩余序列。由于 x、$0.3x$ 和 $1\text{-}1.6x$ 代表每个序列的权重，根据文献经验，确保所有三个值都在 0 和 1 之间非常重要[320]。因此，可以计算出在这种情况下 x 的值范围在 0 ~ 0.625。随机权重的生成采用计算机中成熟的 Mersenne Twister 算法[321]，通过连续调用该算法生成伪随机数。在判断过程之后，将符合要求的非重复值用作随机权重和参数。我们在所有计算组中使用这种方法来计算四个以上序列的组合；由于序列数量的限制，任意两个和三个序列的组合不满足上述权重分配方案，因此这些计算组中的所有序列平均分配权重 1。

步骤 3：分组进行加权平均。首先，在每个计算组中，根据已经确定的权重对序列进行加权平均，以获得一组增强的序列。由于两个序列和三个序列的计算组在每次迭代时都得到同一结果，因此再乘以 0 到 1 之间的随机系数作为最终结果。然后，将所有计算组获得的扩充序列聚合在一起，获得一次迭代的所有增强序列。

最后，以迭代方式运行步骤 2 和步骤 3，直到扩充的数据量满足要求。然后，从所有增强数据中随机选择所需数量的数据，形成增强数据集。GRW-DBA 算法的流程图如图 9-2 所示。

从算法流程可以看出，由于该方法采用分组计算而不是经典 DBA 方法的所有序列平均计算，因此不仅可以减少异常数据的影响，而且可以在一次算法迭代中获得大量的扩展序列。同时，GRW-DBA 方法使用随机权重而不是固定权重，因此每次迭代中获得的增强序列不会重复，只需要几次简单的迭代即可获得所需数量的增强序列。以图 9-2（b）为例，在 7 组数据的增强试验中，使用 GRW-DBA 方法一次迭代可以得到 120 组增强序列。

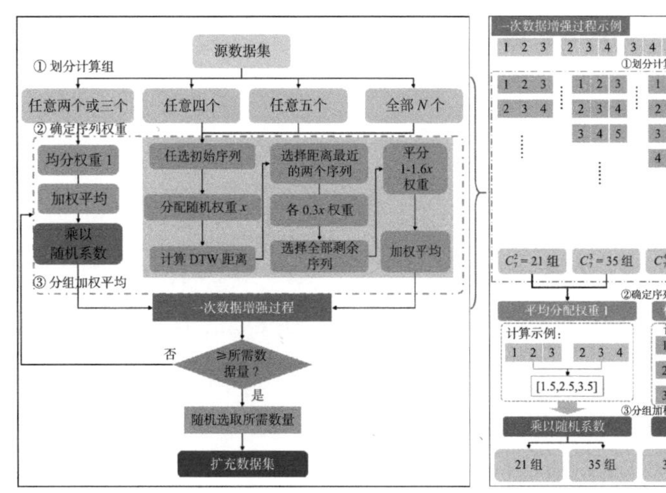

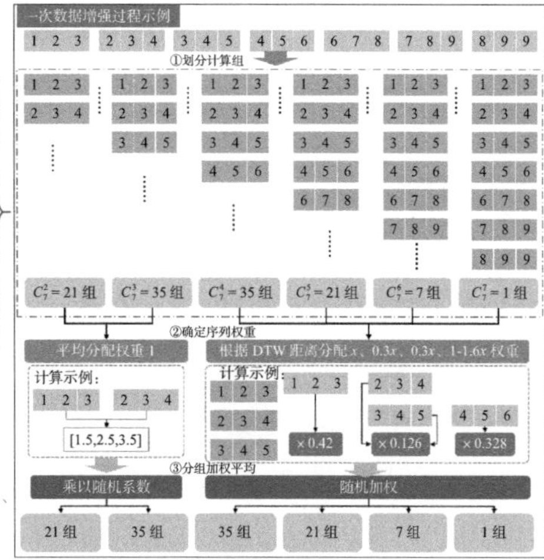

（a）算法整体流程图　　（b）一次数据增强过程示例

图 9-2　GRW-DBA 算法的流程图

9.3　模型精度评价

本书采用三个评价指标对模型的预测精度进行评价。分别是：相关系数（R^2）、均方根误差（$RMSE$）和平均绝对误差（MAE）。其中，R^2 表示模型给出的预测值与实际值之间的相似程度，数值越接近 1，代表预测值越接近实际值；$RMSE$、MAE 为采用两种计算方法衡量模型得出的疲劳寿命预测值与实际值之间的平均误差幅度，值越小，表示预测值与实际值之间的误差幅度越小。因此，$RMSE$ 和 MAE 两者的值越接近 0，R^2 的值越接近 1，表示模型的预测精度更高。三个评价指标由以下公式定义：

$$R^2=\frac{\sum_{i=1}^{n}(y_i-\overline{y}_i)(\hat{y}_i-\overline{\hat{y}}_i)}{\sqrt{\sum_{i=1}^{n}(y_i-\overline{y}_i)^2}\sqrt{\sum_{i=1}^{n}(\hat{y}_i-\overline{\hat{y}}_i)^2}} \tag{9-8}$$

$$RMSE=\sqrt{\frac{1}{n}\sum_{i=1}^{n}(y_i-\hat{y}_i)^2} \tag{9-9}$$

$$MAE=\frac{1}{n}\sum_{i=1}^{n}\left|(y_i-\hat{y}_i)\right| \tag{9-10}$$

式中　n——数值总量；

$\hat{y}$——实际值；

y——模型计算出的预测结果；

$\overline{\hat{y}}$——实际值的平均值；

$\overline{y}$——预测结果的平均值。

9.4 基于 ANN 和 GRW-DBA 数据增强的混凝土疲劳寿命预测模型

9.4.1 源数据集

数据集 1: 采用 3.2 节的 27 个混凝土疲劳寿命及 4.2 ~ 4.5 节 24 种孔结构数据构建源数据集。表征混凝土内部孔结构的 24 种孔结构参数作为模型的输入变量，27 个混凝土疲劳寿命作为输出变量。本书中所涉及的孔结构参数及含义解释见表 9-1。

数据集 2: 为了验证模型在不同数据分布中的表现，使用 4. 3 节文献中收集的数据集进行验证，该数据集共包含 28 组数据，使用与疲劳寿命相关的 6 个变量作为输入变量，混凝土疲劳寿命作为输出变量。数据集的输入变量的详细解释见表 9-1。

相关变量名词解释　　表 9-1

序号		相关变量	含义
数据集1	1	P_1%	孔径的大小为 0.1 ~ 27.98nm
	2	P_2%	孔径的大小为 27.98 ~ 524.26nm
	3	P_3%	524.26 ~ 6463.30nm
	4	P_{M1}%	P_1 部分曲线最高峰所对应孔径的孔隙率
	5	P_{M3}%	P_3 部分曲线最高峰所对应孔径的孔隙率
	6	S_1	P_1 孔径变化的速率
	7	S_3	P_3 孔径变化的速率
	8	D_{Na}	P_1 孔径分型维数
	9	D_{Nb}	P_3 孔径分型维数
	10	P_{1Q}%	P_1 部分 0.1 ~ 7.5nm 孔径的孔隙率
	11	P_{1b}%	P_1 部分小于 5nm 孔径的孔隙率
	12	P_{1h}	P_1 部分 5 ~ 27.98nm 孔径的孔隙率
	13	S_Z	孔径综合变化速率
	14	C_Z	孔结构复杂度系数
	15	大毛细孔	孔径的大小为 50 ~ 10000nm
	16	小毛细孔	孔径的大小为 10 ~ 50nm
	17	胶粒间孔	孔径的大小为 2.5 ~ 10μm
	18	微孔	孔径的大小为 0.5 ~ 2.5nm
	19	层间孔	孔径的大小为小于 0.5nm

续表

序号		相关变量	含义
数据集1	20	无害孔	孔径的大小为小于 20nm
	21	少害孔	孔径的大小为 20 ~ 100nm
	22	有害孔	孔径的大小为 100 ~ 200nm
	23	多害孔	孔径的大小为大于 200nm
	24	P_{total}	总孔隙
数据集2	1	f_c	混凝土抗压强度
	2	h/w	高宽比
	3	Shape	试样形状
	4	S_{max}	最大应力水平
	5	R	最小应力与最大应力之比
	6	f（Hz）	加载频率

9.4.2 建模过程

第 1 步：准备源数据集。源数据集是基于 9.4.1 节中的数据集 1 构建的。该数据集共包含 27 组数据，每组数据由疲劳寿命值（输出变量）和对应的 24 个孔隙结构参数（输入变量）构成。将数据集分为 70% 的训练数据和 30% 的测试数据，以作为空白对照验证数据增强的效果。

第 2 步：准备扩展数据集。初始混凝土疲劳寿命预测数据集采用 9.2 节所述的 GRW-DBA 方法进行数据扩充，将 27 个试验数据集扩展为 10 倍（270 组）、20 倍（540 组）、50 倍（1350 组）、100 倍（2700 组）、200 倍（5400 组）、500 倍（13500 组）和 1000 倍（27000 组）。以 10 倍扩展为例，首先将 27 个数据集分为任意两组、任意三组、任意四组和全部 27 个计算组。任意两组和三组可以直接找到序列的平均值，并将结果乘以随机因子进行缩放，得到 $C_{27}^{2}+C_{27}^{3}$ 扩展序列的总和。其他任意四个组（最多所有 27 个组）总共具有 $C_{27}^{4}+C_{27}^{5}+C_{27}^{6}+\cdots+C_{27}^{27}$ 计算组。每个组分别使用 RW-DBA 方法，并为每个组提供一组扩展数据。然后得到总共 $C_{27}^{4}+C_{27}^{5}+C_{27}^{6}+\cdots+C_{27}^{27}$ 组扩展序列。从中随机选择 270 个组，形成 10 倍扩展的数据集。这些扩展的数据集分为 70% 的训练数据和 30% 的验证数据。

第 3 步：确定建模参数。首先，为了确定最佳增强倍数，比较扩展数据与 10、20、50、100、200、500 和 1000 倍的效果。然后，为了使模型实现快速准确的预测，需要选择合适的训练迭代次数、隐藏层数和优化率常数 α。参考文献 [322]，迭代次数选择为 100、500、800、1000 和 1200。隐藏层的数量一般从小到大选择，不宜太大[321]，因此按以下方式选择：1、2、3 和 4。在实践中，优化率常数通常取为 10-*n*，其中 *n* 为正整数[323]。因此，α 的速率常数选择为 0.01、0.001、0.0001 和 0.00001。建模流程图如图 9-3 所示。

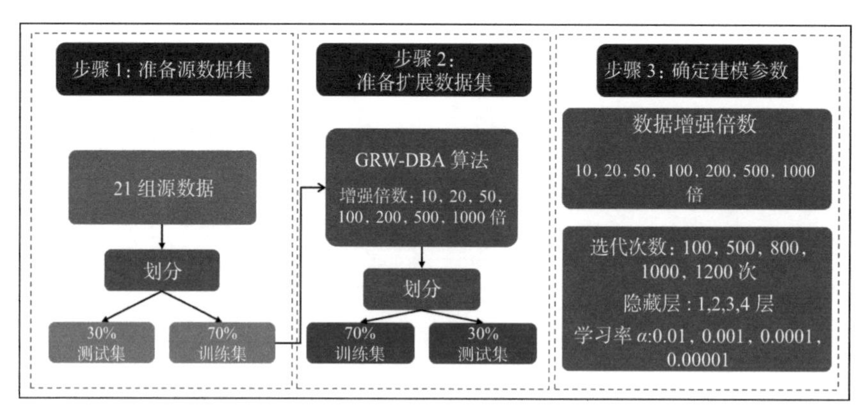

图 9-3 建模流程图

9.4.3 数据增强倍数确定

数据增强对比试验中，除输入数据外，其他的模型参数见表 9-2。使用 9.3 节定义的 *RMSE*、*MAE* 和 R^2 三个评价指标进行预测效果评价，评价指标如表 9-3 所示。

对比试验模型所用参数 表 9-2

模型参数	值
输入层神经元数	24
LSTM 隐含层层数及神经元数	2 层（80，40）
优化器	SGD
优化速率	0.001
隐藏层激活函数	tanh
迭代次数	1000

数据增强效果对比试验评价指标结果 表 9-3

数据集	实验过程	*RMSE*	*MAE*	R^2	时间 /min
真实实验数据	训练过程	0.131	0.111	0.862	3
	测试过程	0.139	0.118	0.814	

续表

数据集	实验过程	*RMSE*	*MAE*	R^2	时间 /min
10 倍增强	训练过程	0.161	0.164	0.732	5
	测试过程	0.169	0.158	0.723	
20 倍增强	训练过程	0.153	0.149	0.793	9
	测试过程	0.167	0.157	0.724	
50 倍增强	训练过程	0.026	0.015	0.941	24
	测试过程	0.093	0.063	0.892	
100 倍增强	训练过程	0.014	0.008	0.988	56
	测试过程	0.085	0.051	0.918	
200 倍增强	训练过程	0.006	0.008	0.997	100
	测试过程	0.076	0.037	0.942	
500 倍增强	训练过程	0.005	0.008	0.998	150
	测试过程	0.046	0.025	0.974	
1000 倍增强	训练过程	0.004	0.007	0.998	400
	测试过程	0.045	0.024	0.975	

图 9-4 展示了模型在不同扩充数据量中的性能表现和训练耗时。由对比试验的评价指标结果可以看出，使用真实试验数据或较少倍数的扩充数据对模型进行训练和测试时，由于数量过少，模型的预测精度并不高。这证明了当数据量较少时，模型容易过拟合。即模型的验证集预测效果低于训练集预测效果，模型过度的学习训练集输入

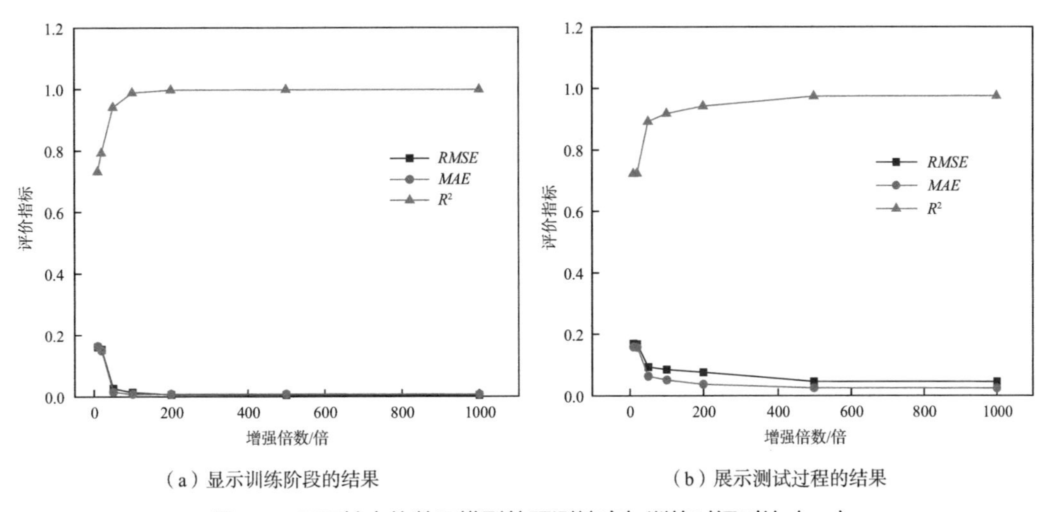

（a）显示训练阶段的结果　（b）展示测试过程的结果

图 9-4　不同扩充倍数下模型的预测精度与训练时间对比（一）

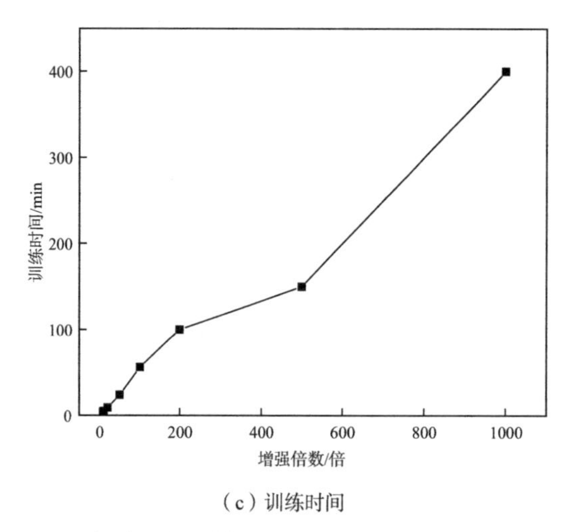

（c）训练时间

图 9-4　不同扩充倍数下模型的预测精度与训练时间对比（二）

数据的特征，而导致不能很好地对新的输入数据进行预测，这将影响混凝土疲劳寿命预测的可靠性[324，325]。随着扩充倍数的增加，模型能够充分挖掘输入数据的隐藏特征，同时避免过拟合现象的发生，预测准确度总体呈现上升的趋势。

然而，数据量增加也带来了模型训练的时间消耗问题。由图 9-4（c）可知，在使用 1000 倍扩充数据集时，模型相较 500 倍数据训练所用时间大幅延长，但结合图 9-4（a）、（b）发现，其预测精度的提高并不明显。因此，疲劳寿命预测模型使用 500 倍（13，500 组）扩充数据对模型进行训练。

9.5　模型网络参数确定

9.5.1　迭代次数选择

为了测试 100 次、500 次、800 次、1000 次和 1200 次迭代的预测性能，数据增强时均使用 500 倍扩充数据进行训练，真实试验数据进行测试，其他模型参数保持不变。模型的训练本质上是调整神经单元之间连接权重的过程，这些权重的初始值是随机的，随着模型的每一次迭代，模型的优化算法会根据迭代过程中模型给出的输出值与实际值之间的差值反向调整权重的数值，最终使差值达到最小[326]。因此，恰当的迭代次数是影响模型预测精度的关键因素。在试验中，保持除迭代次数外其他的模型参数不变。

图 9-5 为不同迭代次数的模型预测精度评价结果。由迭代试验的结果可知，随着迭代次数的上升，模型的测试集 *RMSE* 和 *MAE* 评价指标均逐渐降低，R^2 指标逐渐升高，

这说明随着模型迭代次数的增加，模型的预测精度在逐渐提升，证明较高的迭代次数对于模型性能有正面影响。但在迭代达到 800 次后，测试集的指标基本稳定波动，说明模型基本达到了较优的结果。而迭代次数越多，耗时越长，因此 800 次迭代可以耗费较少的训练时间却能达到较好的预测效果。

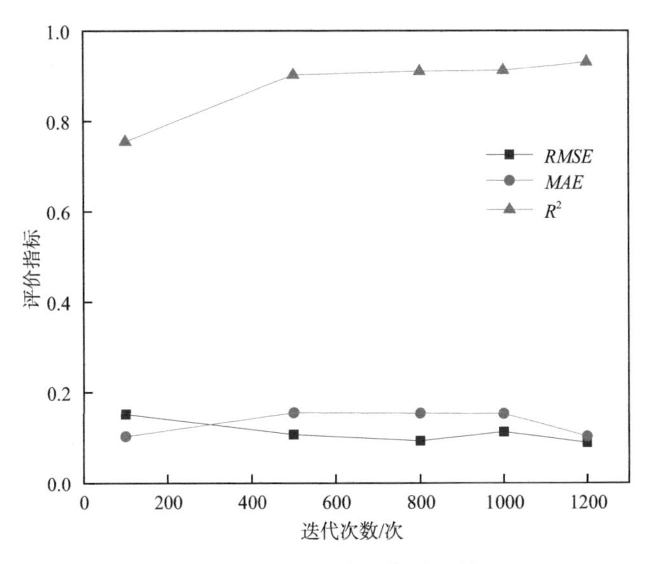

图 9-5　测试集 10 次重复试验结果

9.5.2　隐藏层数量选择

随着模型隐藏层数量的增加，模型内部也会有更多的权重与偏置参与数据的非线性计算，因此可以更好地对数据进行非线性拟合。但是，随着模型结构愈加复杂，模型的训练时间也会随之增加，同时，过于复杂的模型反而会引起模型的过度拟合，并且由于模型对于权重的优化是按照梯度下降的方式进行的，过多的隐藏层也会导致模型的优化停滞在一个局部最优点 [327]，不能进一步提升模型的精度。因此，一个合理的模型隐藏层数量对模型的预测效果至关重要。为了对隐藏层个数进行最优选择，除隐藏层设置为 1 层、2 层、3 层和 4 层四种外，均使用 500 倍扩充数据作为训练数据，真实试验数据作为测试数据，固定迭代次数为 800 次，其他模型参数均不变。

图 9-6 为设置不同隐藏层时均方根误差（*RMSE*）和平均绝对误差（*MAE*）评价指标的变化趋势，越接近 0 模型精度越高。结合图 9-6 可以看出，隐藏层为 1 ~ 3 层时，随着模型隐藏层数量的增加，模型的评价指标值逐渐下降，说明随着模型的复杂度增高，模型对于混凝土疲劳寿命预测数据的拟合能力有所提升。但是当隐藏层数量超过 3 层时，模型的训练和测试均表现出精度下降的情况。这说明 3 层隐藏层较适合本试验条

件下疲劳寿命的预测。

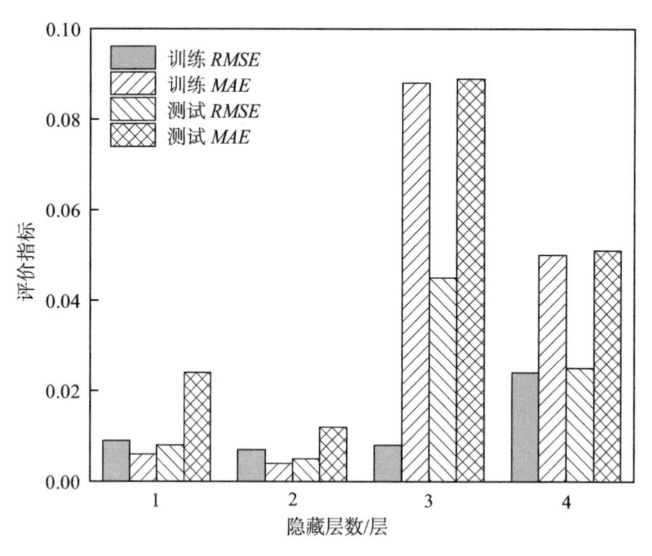

图 9-6　不同隐藏层数量预测效果评价指标

9.5.3　模型优化速率常数选择

模型训练过程中，恰当的优化速率对模型的训练效果至关重要。由 SGD 优化器进行梯度下降优化参数的计算式（9-7）、式（9-8）可知，在梯度下降优化模型参数的计算过程中，优化速率常数 α 控制着梯度下降的速率，也就控制了模型参数趋近最优参数的速率。当速率过大时，最终确定的参数可能会由于较大的速率而越过目标函数 $J(\theta)$ 的最小值点，导致参数不是最优值。而当速率过小时，模型参数会因为过慢的速率而不能在有限的时间内趋近最优值，影响模型的预测精度 [328]。因此，必须通过模型优化速率常数的选取试验，对该常数进行确定。本试验中，使用四种不同的速率常数：0.01、0.001、0.0001、0.00001 进行对比，通过比较模型的预测精度确定最恰当的速率常数。对比试验中，使用 500 倍扩充数据作为训练数据，真实试验数据作为测试数据，训练迭代次数为 800 次，LSTM 隐藏层数量为 3 层，其他参数均保持不变。不同优化速率常数下模型的预测精度评价指标如表 9-4 所示。

图 9-7 展示了不同优化速率时的预测精度变化趋势。由图可知，在优化速率选取 0.01、0.001 和 0.0001 时，模型的预测精度逐渐上升，当优化速率 α 降低到 0.00001 时，模型的精度大幅下降，说明当优化速率 α=0.00001 时，模型的优化速率过小，导致模型参数不能及时找到最优值。因此比较四种优化速率下模型的预测精度可知，优化速率 α=0.0001 时模型具有最优的预测精度。

模型预测精度评价指标　　表 9-4

优化速率	试验过程	*RMSE*	*MAE*	R^2
0.01	训练过程	0.016	0.012	0.973
	测试过程	0.089	0.058	0.912
0.001	训练过程	0.005	0.008	0.998
	测试过程	0.044	0.023	0.976
0.0001	训练过程	0.005	0.004	0.999
	测试过程	0.039	0.018	0.986
0.00001	训练过程	0.012	0.010	0.984
	测试过程	0.097	0.078	0.926

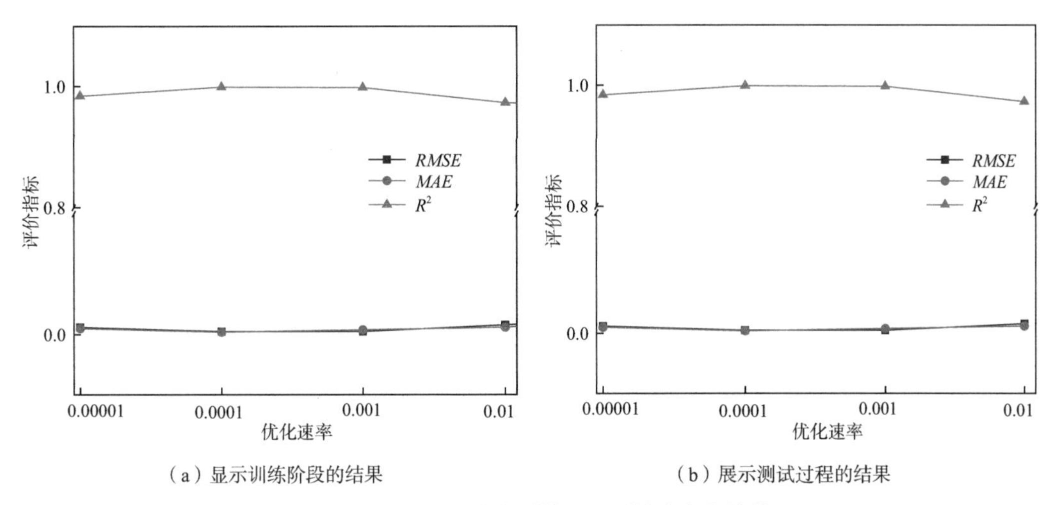

（a）显示训练阶段的结果　　（b）展示测试过程的结果

图 9-7　不同优化速率时模型预测精度变化趋势

9.6　混凝土疲劳寿命模型预测验证

设计对比试验对本书所提 GRW-DBA 数据增强方法结合 ANN 模型进行预测的有效性。根据 9.4 节确定的扩充倍数和模型超参数，在对比试验中，源数据的扩充倍数设置为 500 倍，迭代次数设置为 800 次，隐藏层为 3 层，模型的学习率为 0.0001。预测精度的评价指标采用 *RMSE*、*MAE* 和 R^2。

9.6.1　GRW-DBA 数据扩充效果验证

为了验证本书所提 GRW-DBA 数据增强方法的有效性，分别使用采样、GAN 和 DBA 三种经典方法与本书所提方法对数据集 1 进行扩充，并分别使用扩充数据训练

ANN 模型，使用源数据作为测试集对训练得到的四个模型的预测精度进行评价。同时，将使用 70% 源数据作为训练集的 ANN 模型作为空白对照。图 9-8 展示了四种扩充方法得到的模型预测精度。

RMSE 和 *MAE* 指标值越小，R^2 指标值越大，表示模型的预测效果越好。如图 9-8 所示，使用本书所提 GRW-DBA 获得的扩充数据训练得到的模型预测精度优于 GAN 等对比模型，同时，相比使用源数据训练得到的空白组，模型的预测精度大幅提升。表明 GRW-DBA 方法得到的扩充数据更符合源数据的分布，同时有效提高 ANN 模型在小数据量条件下的预测精度。

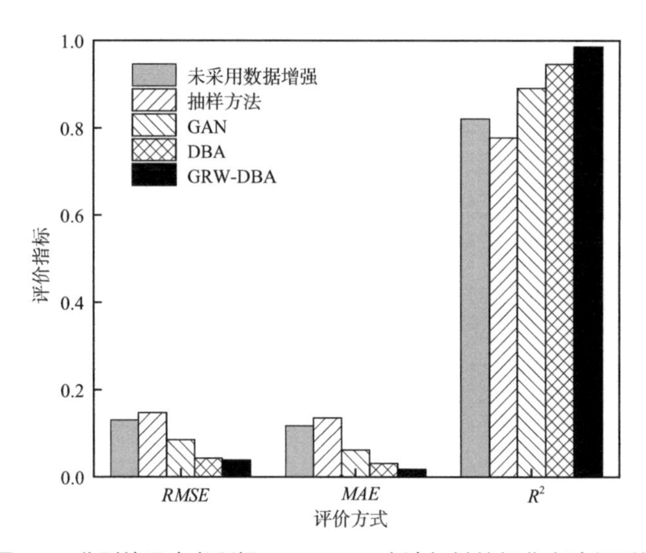

图 9-8 分别使用本书所提 GRW-DBA 方法与其他经典方法得到的扩充数据进行训练的模型预测精度对比

9.6.2 ANN 模型的预测精度验证

为了验证本书所采用的 ANN 预测模型的有效性，将 ANN 模型与逻辑回归[329]、SVM、AdaBoost 三种经典回归预测模型进行对比。模型均使用 GRW-DBA 的扩充数据进行训练，使用源数据集进行测试。

图 9-9 显示，结合 GRW-DBA 方法的 ANN 模型 R^2 达到 0.986，且该模型的 R^2 高于其他模型。这表明 ANN 模型结合 GRW-DBA 方法对混凝土疲劳寿命的预测精度最高。

图 9-10 显示了基于 500 倍扩展数据的四个神经网络比较模型的预测值比较。从图中发现与传统神经网络方法相比，LSTM 模型结合 GRW-DBA 数据增强可以更好地预测混凝土疲劳寿命。

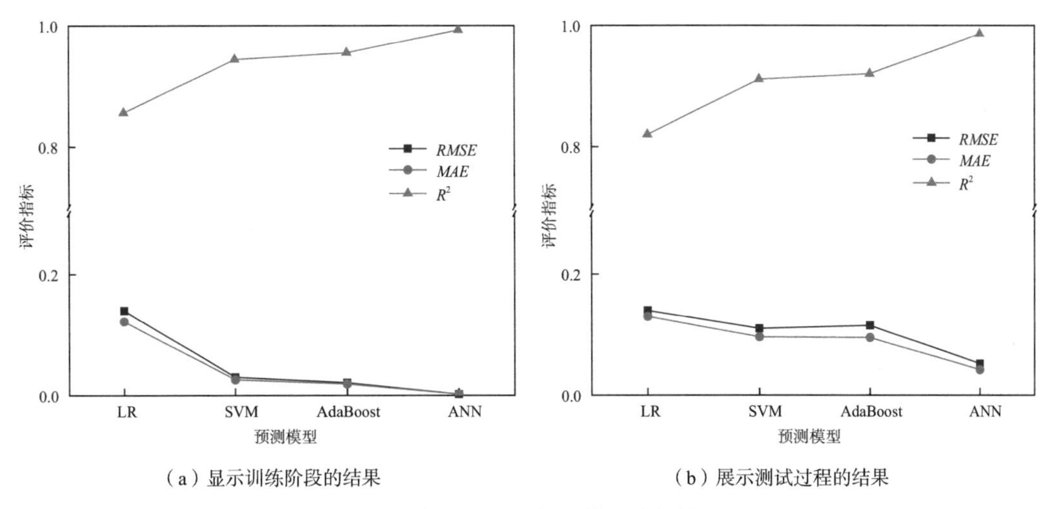

（a）显示训练阶段的结果　　（b）展示测试过程的结果

图 9-9　基于扩展数据的模型比较结果

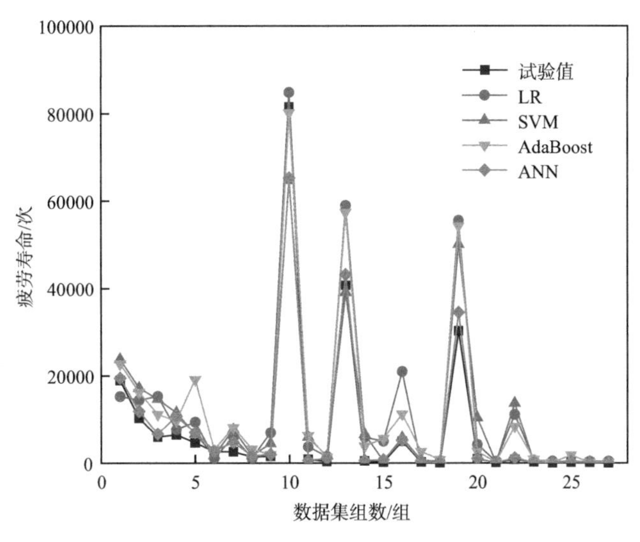

图 9-10　模型效应预测性能对比图

9.6.3 GRW-DBA 结合 ANN 预测方法的泛化性验证

为了验证模型的泛化性，使用 9.4.1 节所提数据集 2 进行试验。数据扩充倍数与超参数的设置保持不变。对比模型仍使用逻辑回归、SVM、AdaBoost 三种经典回归预测模型。将 GRW-DBA 方法扩充得到的数据作为训练集，源数据作为测试集。四种对比模型给出的预测值与观测值之间的差异如图 9-11 所示。其中横轴代表观测值，纵轴代表预测值，模型给出的预测值越接近观测值，图中的点越贴近 $y=x$ 线。由此可知，在新的数据分布中，本书所用 GRW-DBA 结合 ANN 的预测方法仍给出最接近观测值的结果，证明了所提方法的泛化性。

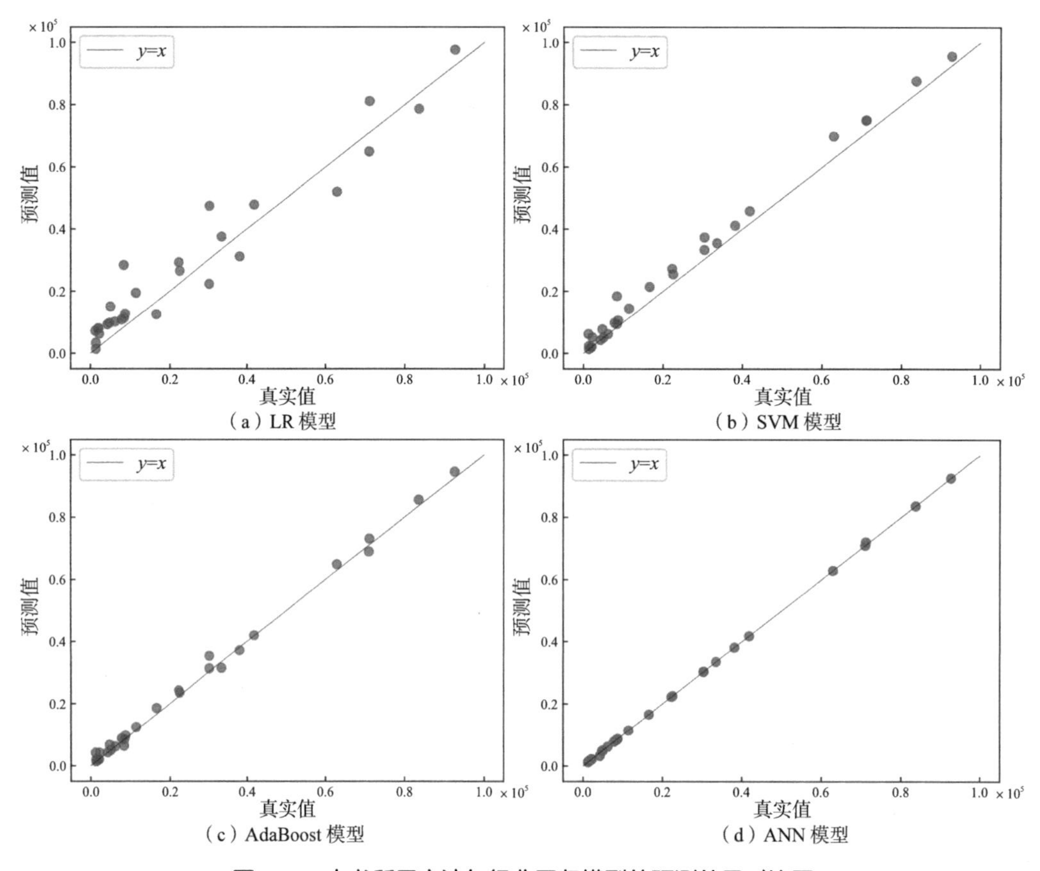

图 9-11　本书所用方法与经典回归模型的预测效果对比图

9.6.4　图形用户界面的开发

为了让用户方便地使用 GRW-DBA 数据增强方法和 ANN 预测模型，采用基于 Python 语言的 PyQT 工具开发了可视化界面（图 9-12），实现数据读取、数据增强、模型训练、预测输出等功能。

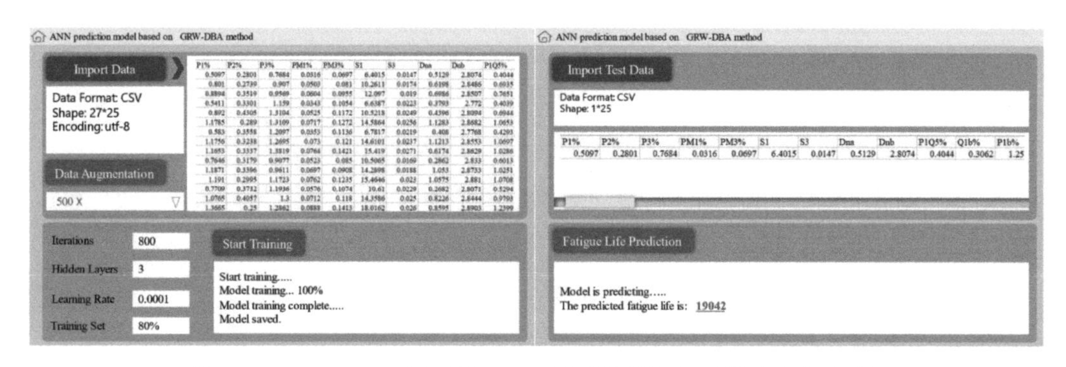

图 9-12　GRW-DBA 方法结合 ANN 预测模型的交互式图形用户界面

用户可以将输入变量保存为 excel、txt 等不同类型并导入程序，通过设定数据扩充倍数完成数据增强。然后，设定预测模型的超参数并按下“开始训练”按钮以使用扩充数据完成模型的训练。最后，按下“疲劳寿命预测”按钮可以根据用户输入的新数据给出预测结果。

9.7 ANN 预测污泥灰混凝土重金属浸出量和抗压强度模型

9.7.1 源数据集

采用 7.5 节所述试验获取的重金属浸出量数据和 8.1 节所述孔结构数据构建源数据集。该数据集共包含 21 组数据，以 8 个表征混凝土孔隙结构和 5 个重金属浸出量的参数作为模型的输入变量，分别以混凝土抗压强度、重金属固化量作为输出变量。

试验基于增强数据集进行，其中 ANN 模型的超参数如表 9-5 所示。采用 *RMSE*、*MAE* 和 R^2 三个评价指标评价预测效果。

ANN 模型所设定的超参数 **表 9-5**

超参数	值
输入层神经元数	21
隐藏层数量	80，40
学习率	0.001
激活函数	tanh
迭代次数	1000

9.7.2 污泥灰混凝土重金属固化量模型预测效果验证

为了验证本章所设计 ANN 结合 GRW-DBA 预测方法对污泥灰混凝土重金属固化量的预测精度，使用 8.1 节所提孔结构参数作为输入变量，重金属固化量作为输出变量，将模型的预测结果与逻辑回归（LR）[330]、SVM[331] 和 AdaBoost[332] 三种经典回归预测模型进行了比较。所有模型均使用 GRW-DBA 的增强数据进行训练，并使用源数据的测试集进行测试。使用 9.3 节所提评价指标对预测精度进行评价，评价结果如图 9-13 所示。

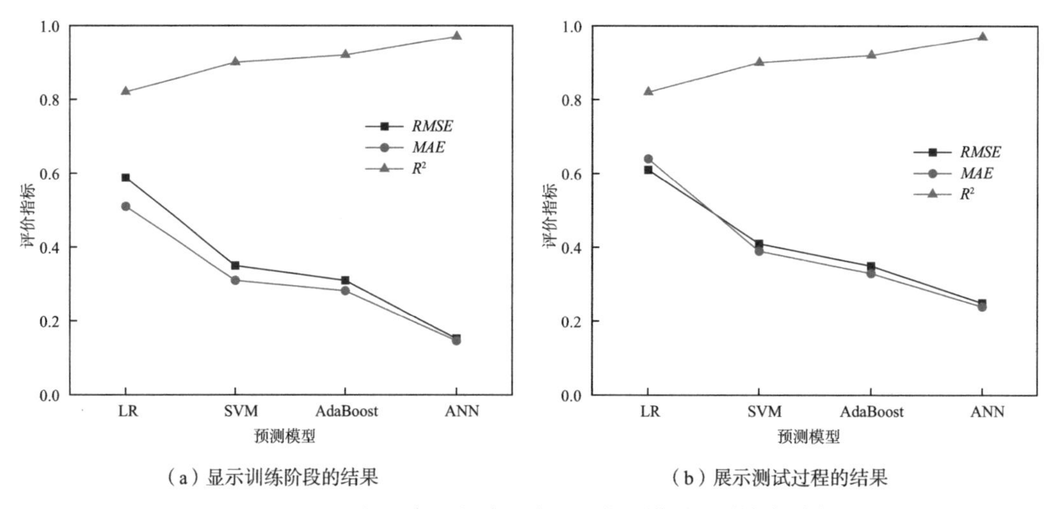

（a）显示训练阶段的结果

（b）展示测试过程的结果

图 9-13 不同污泥灰混凝土重金属固化量模型预测精度对比

图 9-13 显示，在模型的训练和测试阶段，本书所用 ANN 模型结合 GRW-DBA 方法的 R^2 指标为 0.963，明显高于其他模型，同时，*RMSE*、*MAE* 指标均低于其他三种对比方法，非常接近 0，由 9.6.2 节可知，ANN 模型结合 GRW-DBA 方法可以获得与真实值差距最小的结果。从图 9-13 可以看出，与其他传统预测模型相比，本章所建立的 ANN 结合 GRW-DBA 数据增强的预测方法能够获得更接近真实值的污泥灰混凝土固化量预测结果。

9.7.3 污泥灰混凝土抗压强度模型预测效果验证

为了验证本章所设计 ANN 结合 GRW-DBA 预测方法的预测精度，将 ANN 模型与逻辑回归（LR）[330]、SVM[331] 和 AdaBoost[332] 三种经典回归预测模型进行了比较。这些模型均使用 GRW-DBA 的增强数据进行训练，并使用源数据的测试集进行测试。

图 9-14 显示，ANN 模型结合 GRW-DBA 方法的 R^2 指标达到 0.986，非常接近 1，明显高于其他模型，证明 ANN 模型结合 GRW-DBA 方法可以获得与真实数据相关性非常高的结果，反映在混凝土抗压强度数值的变化趋势上则为预测的抗压强度趋势与实际抗压强度趋势的变化几乎一致。同时，ANN 模型结合 GRW-DBA 方法的 *RMSE*、*MAE* 指标均低于其他方法，非常接近 0，由 9.6.2 节可知，ANN 模型结合 GRW-DBA 方法可以获得与真实值差距最小的结果。从图 9-14 可以看出，与其他经典预测模型相比，本章所建立的 ANN 结合 GRW-DBA 数据增强的预测方法能够基于小数据量的重金属浸出量和孔结构参数数据，获得更接近真实值的污泥灰混凝土抗压强度预测结果。

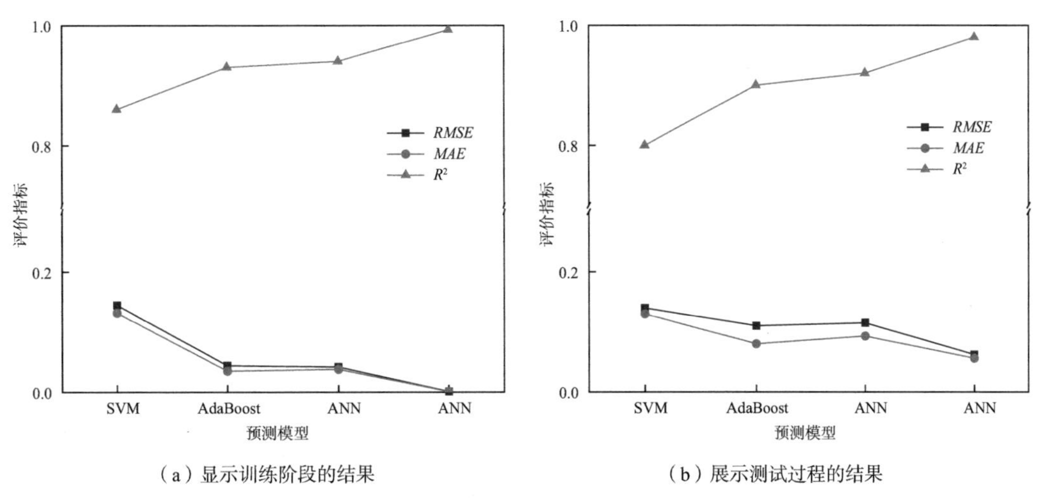

（a）显示训练阶段的结果　　（b）展示测试过程的结果

图 9-14　不同污泥灰混凝土抗压强度模型预测精度对比

参考文献

[1] Qin X. C., Meng S. P., Cao D. F., et al. Evaluation of freeze-thaw damage on concrete material and prestressed concrete specimens[J]. Construction and Building Materials, 2016, 125: 892-904.

[2] Li W., Sun W., Jiang J.. Damage of concrete experiencing bending fatigue load and closed freeze/thaw cycles simultaneously[J]. Construction and Building Materials, 2011, 25: 2604-2610.

[3] 徐洪国 . 混凝土材料与结构热变形损伤机理及抑制技术研究 [D]. 武汉：武汉理工大学，2011.

[4] 金祖权 . 西部地区严酷环境下混凝土的耐久性与寿命预测 [D]. 南京：东南大学，2006.

[5] 洪锦祥，缪昌文，黄卫，等 . 冻融损伤对混凝土疲劳性能的影响 [J]. 土木工程学报，2012，6：83-89.

[6] 康诚，马芹永，吴金荣 . 冻融腐蚀对沥青混凝土疲劳性能的影响 [J]. 公路交通科技，2014：47-51.

[7] Chen X. D., Wu S. X., Zhou J. K.. Compressive strength of concrete cores with different lengths[J]. Journal of Materials in Civil Engineering, 2014, 26 (7): 04014027.1-04014027.7.

[8] 郭宏超，毛宽宏，万金怀，等 . 高强度钢材疲劳性能研究进展 [J]. 建筑结构学报，2019，40（4）：17-28.

[9] 刘曦程，刘光连，聂振超，等 . 应力控制下的 Q345 钢疲劳寿命预测研究 [J]. 塑性工程学报，2018，25（3）：212-216.

[10] 陈卓异，李传习，柯璐，等 . 某悬索桥钢箱梁疲劳病害及处治方法研究 [J]. 土木工程学报，2017，50（3）：91-100.

[11] 杨永清，程楚云，张勇，等 . 车辆荷载对正交异性钢桥面疲劳细节应力影响研究 [J]. 公路交通科技，2019，11：50-58.

[12] 孙颖 . 为危桥强身健体——写在旧桥维修与加固技术专题之前 [J]. 中国公路，2005，2：58.

[13] 严国敏 . 韩国圣水大桥的倒塌 [J]. 世界桥梁，1996，4：47-50.

[14] 刘芳平 . 疲劳荷载作用后钢筋混凝土梁剩余承载力研究 [D]. 重庆：重庆交通大学，2016.

[15] 王勋 . 基于加速加载试验的高寒地区沥青路面疲劳性能研究 [D]. 济南：山东交通学院，2020.

[16] 罗媛 . 重载车流作用下部分预应力混凝土桥梁疲劳可靠度研究 [D]. 长沙：长沙理工大学，2018.

[17] 张明 . 钢筋钢纤维高强混凝土梁的疲劳性能及计算方法 [D]. 郑州：郑州大学，2015.

[18] Qiao Y. F., Sun W, Jiang J. Y.. Damage process of concrete subjected to coupling fatigue load and freeze/thaw cycles[J]. Construction and Building Materials, 2015, 93: 806-811.

[19] Li W. W., Jiang Z. W., Yang Z. H, et al. Interactive effect of mechanical fatigue load and the fatigue effect of freeze-thaw on combined damage of concrete[J]. Journal of Materials in Civil Engineering,

2014, 27（8）: 4014230.1-4014230.13.

[20] Tan X., Shen A. Q., Guo Y. C.. Evolution rule of microcosmic cracks in pavement concrete under multi-field coupling[J]. Construction and Building Materials, 2017, 45: 81-88.

[21] Yang X. L., Shen A. Q., Guo Y. C., et al. Deterioration mechanism of interface transition zone of concrete pavement under fatigue load and freeze-thaw coupling in cold climatic areas[J]. Construction and Building Materials, 2018, 160: 588-597.

[22] Forgeron D. P., Trottier J. F.. Evaluating the effects of combined freezing and thawing and bending fatigue loading cycles on the fracture properties of FRC[J]. High Performance Structures and Materials, 2004, 2: 177-187.

[23] Guo Y. C., Shen A. Q., He T. Q., et al. Micro-crack propagation behavior of pavement concrete subjected to coupling effect of fatigue load and freezing-thawing cycles[J]. Journal of Traffic and Transportation Engineering, 2016, 16（5）: 1-9.

[24] Świerczek L., Cieslik B. M., Konieczka P.. Challenges and opportunities related to the use of sewage sludge ash in cement-based building materials - A review[J]. Journal of Cleaner Production, 2021, 287（1）: 125054.

[25] Ottosen L. M., Thornberg D., Cohen Y., et al. Utilization of acid-washed sewage sludge ash as sand or cement replacement in concrete[J]. Resources, Conservation and Recycling, 2022, 176: 105943.

[26] Nakic D., Vouk D., Šiljeg M., et al. Lca of heavy metals Leaching from landfilled Sewage sludge ash [J]. Journal of Environmental Engineering and Landscape Management, 2021, 29（3）: 359-367.

[27] Li B., Fan H., Ding S., et al. Influence of temperature on characteristics of particulate matter and ecological risk assessment of heavy metals during sewage sludge pyrolysis[J]. Materials, 2021, 14（19）: 1-10.

[28] Gu C., Shuang Y., Ji Y., et al. Effect of environmental conditions on the volume deformation of cement mortars with sewage sludge ash[J]. Journal of Building Engineering, 2023, 65: 105720.

[29] Azevedo B. P., Junior H. S., Meloneto A. A.. Characterization and pozzolanic properties of sewage sludge ashes（SSA）by electrical conductivity[J]. Cement and Concrete Composites, 2019, 104: 103410.

[30] Zhou Y., Cai G., Cheeseman C., et al. Sewage sludge ash-incorporated stabilisation/solidification for recycling and remediation of marine sediments[J]. Journal of Environmental Management, 2022, 301: 113877.

[31] Gu C., Ji Y., Zhang Y., et al. Recycling use of sulfate-rich sewage sludge ash（SR-SSA）in cement-based materials: Assessment on the basic properties, volume deformation and microstructure of SR-SSA blended cement pastes[J]. Journal of Cleaner Production, 2021, 282（2）: 124511.

[32] Tripathi P., Basu D., Pal P.. Environmental impact of recycling sewage sludge into cementitious matrix：A review[J]. Materials Today：Proceedings，2023，78：179-188.

[33] Xia Y., Liu M., Zhao Y., et al. Utilization of sewage sludge ash in ultra-high performance concrete（UHPC）：Microstructure and life-cycle assessment[J]. Journal of Environmental Management，2023，326：116690.

[34] Vilakazi S., Onyari E., Nkwonta O., et al. Reuse of domestic sewage sludge to achieve a zero waste strategy & improve concrete strength & durability—A review[J]. South African Journal of Chemical Engineering，2023，43：122-127.

[35] Collions A. R.. The destruction of concrete by frost[J]. Journal of Institution of Civil Engineers，1944，23（1）：29-41.

[36] Powers T. C.. A working hypothesis for further studies of frost resistance of concrete[J]. Journal of The American Concrete Institute，1945，16（4）：245-272.

[37] Powers T. C., Helmuth R. A.. Theory of volume change in hardened Portland cement pastes during freezing[J]. Proceedings，Highway Research Board，1953，32：285-297.

[38] Litvan G. Q.. Frost action in cement paste[J]. Materials and Structure，1973，6（34）：293-298.

[39] Setzer M. J.. Micro-ice-lens formation in porous solid[J]. Journal of Colloid and Interface Science，2001，243（1）：193-201.

[40] Penttala V.. Surface and internal deterioration of concrete due to saline and non-saline freeze-thaw loads[J]. Cement and Concrete Research，2006，36：921-928.

[41] Mihta P. K., Sehiessl P., Raupaeh M.. Performance and durability of concrete systems[C]. Proceedings of 5th international congress on the chemistry cement，1992.

[42] 玄东兴．水泥混凝土组成材料的热相互作用与热再生体系的研究 [D]. 武汉：武汉理工大学，2010.

[43] Kraft L., Engqvist H., Hermansson L.. Early-age deformation drying shrinkage and thermal dilation in a new type of dental restorative material based on calcium aluminate cement[J]. Cement and Concrete Research，2004，34：439-446.

[44] Zhinan L., Weiya X., Wei W., et al. Experimental study on hydraulic and macro-mechanical property of a mortar under heating and cooling treatment[J]. Journal of Advanced Concrete，2016，14（5）：261-270.

[45] 王树和，水中和，玄东兴．大温差环境条件下混凝土表面裂缝损伤 [J]. 东南大学学报，2006，36（2）：122-125.

[46] Baluch M. H.. Concrete degradation due to thermal incompatibility of its components[J]. Journal of Materials in Civil Engineering，1989，1（3）：105-118.

[47] Mahboub K. C., Liu Y., Allen D. L.. Evaluation of temperature responses in concrete pavement[J]. Journal of Transportation Engineering, 2004, 130（3）: 395-401.

[48] 王继军，尤瑞林，王梦，等．单元板式无砟轨道结构轨道板温度翘曲变形研究 [J]. 中国铁道科学，2010，31（3）: 9-14.

[49] 侯东伟，张君，高原．考虑水泥水化放热与太阳辐射的混凝土路面板温度场数值模拟 [J]. 工程力学，2012，29（6）: 151-159.

[50] Fgaerlund G.. The international cooperative test of the critical degree of saturation method of assessing the freeze/thaw resistance of concrete[J]. Material and Constructions, 1977, 10（4）: 231-253.

[51] ASTM C 666M-03, Standard test method for resistance of concrete to rapid freezing and thawing[S]. America: ASTM, 2003.

[52] Deserio J. N.. Thermal and shrinkage stress-they damage structures[J]. American Concrete Institute, 1971, 27: 43-50.

[53] Mironov S. A., Malinskyi E. N., Vakhitov M. M.. Durability assessment criterion for concrete exposed to dry hot climate conditions[J]. Durability of Building Materials, 1982, 1（1）: 3-14.

[54] Bairagi N. K., Dubal N. S.. Effect of thermal cycles on the compressive strength, modulus of rupture and dynamic modulus of concrete[J]. India Concrete Journal, 1996, 70（8）: 423-426.

[55] Heidari-Rarani M., Aliha M., Shokrieh M. M., et al. Mechanical durability of an optimized polymer concrete under various thermal cyclic loadings-An experimental study[J]. Construction and Building Materials, 2014, 64: 308-315.

[56] 张国学，刘晓航．温度对混凝土材料性能的影响 [J]. 华东公路，2000，1: 57-58.

[57] Kanellopoulos A., Farhat F. A., Nicolaides D., et al. Mechanical and fracture properties of cement-based bi-materials after thermal cycling[J]. Cement and Concrete Research, 2009, 39: 1087-1094.

[58] 朱劲松．混凝土双轴疲劳试验与破坏预测理论研究 [D]. 大连：大连理工大学，2003.

[59] 陈瑜海．用 Weibull 理论研究脆性材料的损伤概率 [J]. 水利学报，1996，9: 45-48.

[60] Chen X. D., Wu S.X., Zhou J.K.. Quantification of dynamic tensile behavior of cement-based materials[J]. Construction and Building Materials, 2014, 51: 15-23.

[61] Chen X. D., Wu S. X., Zhou J. K., et al. Effect of testing method and strain rate on stress-strain behavior of concrete[J]. Journal of Materials in Civil Engineering, 2013, 25（11）: 1752-1761.

[62] 吕雁．玻璃纤维混凝土弯曲疲劳性能及累积损伤研究 [D]. 昆明：昆明理工大学，2012.

[63] 石小平，姚祖康，李华，等．水泥混凝土的弯曲疲劳特性 [J]. 土木工程学报，1990，23（3）: 11-22.

[64] Shi X. P., Fwa T., Tan S. A.. Bending fatigue strength of plain concrete[J]. ACI Journal, 1993, 90（5）: 435-440.

[65] 欧进萍，林燕清．混凝土疲劳损伤的强度和刚度衰减试验研究 [J]. 哈尔滨建筑大学学报，1998，

31（4）: 1-8.

[66] Hahn H. T., Kim R. Y.. Proof testing of composite materials[J]. Journal of Composite Materials, 1975, 9（3）: 297-311.

[67] Yang J. N., Liu M. D.. Residual strength degradation model and theory of periodic proof tests for graphite/epoxy laminates[J]. Journal of Composite Materials, 1977, 11（2）: 176-203.

[68] Liu B., Lessard L. B.. Fatique and damage-tolerance analysis of composite laminates: Stiffness loss, damage-modelling, and life prediction[J]. Composites Science and Technology, 1994, 51（1）: 43-51.

[69] Paris P., Erdogan F.. A critical analysis of crack propagation laws[J]. Journal of Fluids Engineering, 1963, 85（4）: 528-533.

[70] Newman J. C., Phillips E. P., Swain M. H.. Fatigue life prediction methodology using small crack theory[J]. International Journal of Fatigue, 1999, 21（2）: 109-119.

[71] Abo-Qudais S., Shatnawi I.. Prediction of bituminous mixture fatigue life based on accumulated strain[J]. Construction and Building Materials, 2007, 21: 1370-1376.

[72] 易成，范永魁，朱红光，等 . 混凝土疲劳寿命的表征研究 [J]. 建筑材料学报，2008，2: 132-137.

[73] Dattoma V., Giancane S.. Evaluation of energy of fatigue damage into GFRC through digital image correlation and thermography[J]. Composites Part B, 2013, 47: 283-289.

[74] Aramoon E.. Bending fatigue behavior of fiber-reinforced concrete based on dissipated energy modeling[D]. University of Maryland College Park, 2014.

[75] Li H., Yu B.. Fatigue performance and prediction model of multilayer deck pavement with different tack coat materials[J]. Journal of Materials in Civil Engineering, 2014, 26（5）: 872-877.

[76] 吕培印，李庆斌，张立翔 . 混凝土拉 - 压疲劳损伤模型及其验证 [J]. 工程力学，2004，21（3）: 162-166.

[77] Zeng B., Luo C. M., Li C., et al. A novel multi-variable grey forecasting model and its application in forecasting the amount of motor vehicles in Beijing[J]. Computers and Industrial Engineering, 2016, 101: 479-489.

[78] 孙玉兰，王茂廷 . 基于灰色模型 GM（1，1）的疲劳寿命预测 [J]. 科学技术与工程，2011，11（3）: 560-562.

[79] Zeng B., Li C.. Forecasting the natural gas demand in China using a self-adapting intelligent grey model[J]. Energy, 2016, 112（1）: 810-825.

[80] Li C., Cabrera D., Oliveira J., et al. Extracting repetitive transients for rotating machinery diagnosis using multiscale clustered grey infogram[J]. Mechanical Systems and Signal Processing, 2016, 76: 157-173.

[81] Liu L., Wang Y., Wu J.. New optimized grey derivative models for grain production forecasting in

China[J]. Journal of Agriculture Science, 2015, 153（2）: 257-269.

[82] Li X. C., Yuan Z., Zhang G. B.. Soil organic matter content GM（0, N）estimation model based on hyper-spectral technique[J]. Grey Systems: Theory and Application, 2013, 3（2）: 112-120.

[83] Chen L., Pai T. Y.. Comparisons of GM（1, 1）and BPNN for predicting hourly particulate matter in Dali area of Taichung City, Taiwan[J]. Atmospheric Pollution Research, 2015, 6（4）: 572-580.

[84] Li Z. Hua., Zou Z. H., Yu Y.. Forecasting of wastewater discharge and the energy consumption in China based on grey model[J]. Mathematical Problems in Engineering, 2019, 2019: 1-9.

[85] Gao H., Zhang X., Zhang Y.. Effect of the entrained air void on strength and interfacial transition zone of air-entrained mortar[J]. Journal of Wuhan University of Technology（Materials Science Edition）, 2015, 30（5）: 1020-1028.

[86] Li D. Q., Li Z. L., Lv C. C., et al. A predictive model of the effective tensile and compressive strengths of concrete considering porosity and pore size[J]. Construction and Building Materials, 2018, 170: 520-526.

[87] Shen A. Q., Lin S. L., Guo Y. H., et al. Relationship between bending strength and pore structure of pavement concrete under fatigue loads and freeze-thaw interaction in seasonal frozen regions[J]. Construction and Building Materials, 2018, 174: 684-692.

[88] Li B. X., Cai L. H., Zhu W. K.. Predicting service life of concrete structure exposed to sulfuric acid environment by grey system theory[J]. International Journal of Civil Engineering, 2018, 16: 1017-1027.

[89] Wong W. G., Luk S. T., He G. P.. A multiple-point excitation prediction model of pavement management[J]. Civil Engineering and Environmental Systems, 2002, 19（3）: 209-222.

[90] Sun B. Q., Liu G. Z., Liu Y. L.. Research on grey forecasting model for concrete carbonation[J]. Journal of Building Materials, 2012, 15（1）: 42-47.

[91] Li B. X., Yuan X.L., Cui G., et al. Application of the grey system theory to predict the strength deterioration and service life of concrete subjected to sulfate environment[J]. Journal of the Chinese Ceramic Society, 2009, 37（12）: 2112-2117.

[92] 朱劲松，宋玉普 . 灰色理论在混凝土疲劳强度预测中的应用 [J]. 混凝土，2002（6）: 10-12.

[93] Liu Q. M., Dong M.. Grey model based particle swarm optimization algorithm for fatigue strength prognosis of concrete[J]. Advanced Materials Research, 2011, 1031: 420-424.

[94] Zhu C., Yang W. B., Wang H. L.. Fatigue life prognosis of concrete using extended grey Markov model[J]. Applied Mechanics and Materials, 2013, 2212: 1225-1228.

[95] 白二雷，许金余，林晓峰 . 用改进 GM（1，1）模型预测机场水泥混凝土道面的使用寿命 [J]. 四川建筑科学研究，2008，3：168-171.

[96] 郭丽萍，孙伟．积分 GM（1，1）模型在混凝土疲劳强度预测中的应用 [J]. 混凝土，2004，8：3-5.

[97] Zeng B.，Li C.. Improved multi-variable grey forecasting model with a dynamic background-value coefficient and its application[J]. Computers and Industrial Engineering，2018，118：278-290.

[98] Zeng B.，Duan H. M.，Zhou .Y. F.. A new multivariable grey prediction model with structure compatibility[J]. Applied Mathematical Modelling，2019，75：385-397.

[99] 余寿文，冯西桥．损伤力学 [M]. 北京：清华大学出版社，1997.

[100] 张安哥，朱成九，陈梦成．疲劳、断裂与损伤 [M]. 成都：西南交通大学出版社，2006.

[101] 周苏波．混凝土损伤的定量分析 [D]. 南京：河海大学，1999.

[102] Naaman A. E.，Hammoud H.. Fatigue characteristics of high performance fiber-reinforced concrete[J]. Cement Concrete Composites，1998，20（5）：353-363.

[103] Oh B. H.. Cumulative damage theory of concrete under variable-amplitude fatigue loadings[J]. Aci Materials Journal，1991，88（1）：41-48.

[104] Cachim P. B.，Figueiras J. A.，Pereira P. A. A.. Fatigue behavior of fiber-reinforced concrete in compression[J]. Cement and Concrete Composites 2002，24（2）：211-217.

[105] Chen Y. B.，Lu Z. A.，Huang D.. Fatigue defect of layer steel fiber reinforced concrete[J]. Journal of Wuhan University of Technology，2003，18（1）：65-68.

[106] 林燕清．混凝土疲劳累积损伤与力学性能劣化研究 [D]. 哈尔滨：哈尔滨建筑大学，1998.

[107] 吴佩刚，赵光仪，白利明．高强混凝土抗压疲劳性能研究 [J]. 土木工程学报，1994，27（3）：33-40.

[108] 易成，谢和平．钢纤维混凝土疲劳断裂性能与工程应用 [M]. 北京：科学出版社，2003.

[109] Kim J. K.，Kim Y. Y.. Experimental study of the fatigue behavior of high strength concrete[J]. Cement and Concrete Research，1996，26：1513-1523.

[110] 侯景鹏．混凝土材料疲劳破坏准则研究 [D]. 大连：大连理工大学，2000.

[111] Holmen J. O.. Fatigue of concrete by constant and variable amplitude loading[J]. Fatigue Strength of Concrete Structures，1982，75：71-110.

[112] 蔡四维，蔡敏．混凝土的损伤断裂 [M]. 北京：人民交通出版社，1999.

[113] 吴智敏，赵国藩．混凝土的疲劳断裂特性研究 [J]. 土木工程学报，1995（4）：38-47.

[114] 王军．损伤力学的理论与应用 [M]. 北京：科学出版社，1997.

[115] 宋玉普，吕培印．混凝土轴心拉压疲劳性能研究 [J]. 建筑结构学报，2002，23（4）：36-41.

[116] 董聪．疲劳寿命分布模型的统一描述 [J]. 强度与环境，1996，3：1-3.

[117] McCall J. T.. Probability of fatigue failure of plain concrete[J]. Journal of the American Concrete Institute，1958，30（2）：233-244.

[118] 伍石生，武建民．水泥混凝土疲劳试验数据中含非破坏数据的处理方法 [J]. 重庆交通大学学报（自然科学版），2002，21（1）：34-36.

[119] 李靖华，李果，刘刚．混凝土疲劳寿命规律预测新方法 [J]. 大连理工大学学报，1997，37：115-121.

[120] Ababneh A. N.，Xi Y.. Evaluation of environmental degradation of concrete in cold regions[A]. Proceedings of the 13th International Conference on Cold Regions Engineering[C]. United States：American Society of Civil Engineers. 2006：1-10.

[121] 杨润年．钢纤维混凝土静力损伤及疲劳损伤研究 [D]. 广州：华南理工大学，2013.

[122] 邱玉深．混凝土结构的变形约束度及裂缝控制 [J]. 混凝土，2005，5：6-9.

[123] Amminudin A. L.，Ramadhansyah P. J.，Doh S. I.，et al. Effect of dried sewage sludge on compressive strength of concrete[C]. IOP Conference Series：Materials Science and Engineering. IOP Publishing，2020，712（1）：012042.

[124] Mosaberpanah M. A.，Olabimtan S. B.，Balkis A. P.，et al. Effect of biochar and sewage sludge ash as partial replacement for cement in cementitious composites：Mechanical and durability properties[J]. Sustainability，2024，16（4）：1522.

[125] Azarhomayun F.，Haji M.，Kioumarsi M.，et al. Combined use of sewage sludge ash and silica fume in concrete[J]. International Journal of Concrete Structures and Materials，2023，17（1）：1-16.

[126] Gu C.，Ji Y.，Yao J.，et al. Feasibility of recycling sewage sludge ash in ultra-high performance concrete：Volume deformation microstructure and ecological evaluation[J]. Construction and Building Materials，2022，318：125823.

[127] Wang T.，Xue Y.，Zhou M.，et al. Hydration kinetics，freeze-thaw resistance，leaching behavior of blended cement containing co-combustion ash of sewage sludge and rice husk[J]. Construction and Building Materials，2017，131：361-370.

[128] Kim J. W.，Jung M. C.. Solidification of arsenic and heavy metal containing tailings using cement and blast furnace slag[J]. Environmental Geochemistry and Health，2011，33（1）：151-158.

[129] Liu M.，Zhao Y.，Yu Z.. Effects of sewage sludge ash produced at different calcining temperatures on pore structure and durability of cement mortars[J]. Journal of Material Cycles and Waste Management，2021，23（2）：755-763.

[130] 苏小梅，李坚．重金属离子对蒸养混凝土力学性能影响及其浸出特性研究 [J]. 硅酸盐通报，2018，37（2）：625-629.

[131] 刘兆鹏，杜延军，刘松玉，等．淋滤条件下水泥固化铅污染高岭土的强度及微观特性的研究 [J]. 岩土工程学报，2014，36（3）：547-554.

[132] Gineys N.，Aouad G.，Damidot D.. Managing trace elements in Portland cement - Part Ⅰ：Interactions between cement paste and heavy metals added during mixing as soluble salts[J]. Cement and Concrete Composites，2010，32（8）：563-570.

[133] 王登权．冶金渣中的重元素在胶凝材料中的结合与浸出 [D]. 北京：清华大学，2021.

[134] 王登权，何伟，王强，等．重金属在水泥基材料中的固化和浸出研究进展 [J]. 硅酸盐学报，2018，46（5）：683-693.

[135] Wang D.，Wang Q.. Clarifying and quantifying the immobilization capacity of cement pastes on heavy metals[J]. Cement and Concrete Research，2022，161：106945.

[136] Macphee D. E.，Glasser F. P. Immobilization science of cement systems[J]. MRS Bulletin，1993，18（3）：66-71.

[137] Roy A.，Stegemann J. A.. Nickel speciation in cement-stabilized/solidified metal treatment ftercakes[J]. Journal of hazardous materials，2017，321：353-361.

[138] Hekal E. E.，Hegazi W. S.，Kishar E. A.，et al. Solidification/stabilization of Ni（Ⅱ）by various cement pastes[J]. Construction and Building Materials，2011，25（1）：109-114.

[139] Roy A.，Cartledge F. K.. Long-term behavior of a portland cement-electroplating sludge waste form in presence of copper nitrate[J]. Journal of Hazardous Materials，1997，52（2-3）：265-286.

[140] Wu Y.，Yang J.，Chang R.，et al. Strength leaching characteristics and microstructure of CGFP all-solid-waste dinder solidification/stabilization Cu（Ⅱ）contaminated soil[J]. Construction and Building Materials，2024，411：134431.

[141] Maiti S.，Malik J.，Prasad B.，et al. Solidification/stabilisation of Pb（Ⅱ）and Cu（Ⅱ）containing wastewater in cement matrix[J]. Environmental Technology，2023，44（19）：2876-2888.

[142] Qian G.，Cao Y.，Chui P.，et al. Utilization of mswi fly ash for stabilization/solidification of industrial waste sludge[J]. Journal of Hazardous Materials，2006，129（1-3）：274-281.

[143] Hale B.，Evans L.，Lambert R.. Effects of cement or lime on Cd，Co，Cu，Ni，Pb，Sb and Zn mobility in field-contaminated and aged soils[J]. Journal of Hazardous Materials，2012，199：119-127.

[144] Li X. D.，Poon C. S.，Sun H.，et al. Heavy metal speciation and leaching behaviors in cement based solidified/stabilized waste materials[J]. Journal of Hazardous Materials，2001，82（3）：215-230.

[145] Ziegler F.，Gieré R.，Johnson C. A.. Sorption mechanisms of zinc to calcium silicate hydrate：Sorption and microscopic investigations[J]. Environmental Science and Technology，2001，35(22)：4556-4561.

[146] Yousuf M.，Mollah A.，Hess T. R.，et al. An FTIR and XPS investigations of the effects of carbonation on the solidification/stabilization of cement based systems-portland type with zinc[J]. Cement and Concrete Research，1993，23（4）：773-784.

[147] Wang L.，Chen L.，Guo B.，et al. Red mud-enhanced magnesium phosphate cement for remediation of Pb and As contaminated soil[J]. Journal of Hazardous Materials，2020，400：123317.

[148] Lee D.. Formation of leadhillite and calcium lead silicate hydrate（C–Pb–S–H）in the solidification/

stabilization of lead contaminants[J]. Chemosphere，2007，66（9）：1727-1733.

[149] Halim C. E.，Amal R.，Beydoun D.，et al. Implications of the structure of cementitious wastes containing Pb（Ⅱ），Cd（Ⅱ），As（Ⅴ），and Cr（Ⅵ）on the leaching of metals[J]. Cement and Concrete Research，2004，34（7）：1093-1102.

[150] Omotoso O. E.，Ivey D. G.，Mikula R. Characterization of chromium doped tricalcium silicate using SEM/EDS，XRD and FTIR[J]. Journal of Hazardous Materials，1995，42（1）：87-102.

[151] Moulin I.，Rose J.，Stone W.，et al. Lead zinc and chromium（Ⅲ）and（Ⅵ）speciation in hydrated cement phases[M]. Waste Management Series. Elsevier，2000，1：269-280.

[152] Onuaguluchi O.，Eren Ö.. Copper tailings as a potential additive in concrete：Consistency，strength and toxic metal immobilization properties[J]. Indian Journal of Engineering and Materials Sciences，2012，19：79-86.

[153] Sun Q. N.，Li J. M.，Huo B. Q.，et al. Application of sulfoaluminate cement for solidification/stabilization of fly ash from municipal solid waste incinerators[J]. Applied Mechanics and Materials，2012，178：795-798.

[154] Wu Z.，Jiang Y.，Guo W.，et al. The long-term performance of concrete amended with municipal sewage sludge incineration ash[J]. Environmental Technology and Innovation，2021，23：101574.

[155] Liu M.，Zhao Y.，Xiao Y.，et al. Performance of cement pastes containing sewage sludge ash at elevated temperatures[J]. Construction and Building Materials，2019，211：785-795.

[156] Soroushian P. E. M.. Damage effects on concrete performance and microstructure[J]. Cement and Concrete Composites，2004，26（7）：853-859.

[157] Wittmann F.H.. 高性能混凝土材料特性与设计 [M]. 北京：中国铁道出版社，1998.

[158] 廉慧珍 . 建筑材料物相研究基础 [M]. 北京：清华大学出版社，1996.

[159] 吴中伟，廉慧珍 . 高性能混凝土 [M]. 北京：中国铁道出版社，1999.

[160] Mindess S.，Young J. F.. 混凝土 [M]. 吴科如，等，译 . 北京：化学工业出版社，2005.

[161] 陈惠苏，孙伟，Stroeven P.. 水泥基复合材料集料与浆体界面研究综述（一）：实验技术 [J]. 硅酸盐学报，2004，32（1）：63-69.

[162] Qu F.，Niu D. T.. Effect of freeze-thaw on the concrete pore structure features[J]. Advanced Materials Research，2012（4）：361-364.

[163] 杨晓林，王根会 . 冻融混凝土本构关系与孔结构特征研究 [J]. 兰州交通大学学报，2020，39(3)：13-18.

[164] Zhang S. P.，Deng M.，Wu J. H.. Effect of pore structure on the frost resistance of concrete[J]. Journal of Wuhan University of Technology，2008，30（6）：56-59.

[165] 何俊辉 . 道路水泥混凝土微观结构与性能研究 [D]. 西安：长安大学，2009.

[166] 薛翠真，申爱琴，郭寅川．基于孔结构参数的掺 CWCPM 混凝土抗压强度预测模型的建立 [J]. 材料导报，2019，33（8）：101-106.

[167] Deo O., Neithalath N.. Compressive behavior of pervious concretes and a quantification of the influence of random pore structure features[J]. Materials Science and Engineering A, 2010, 528(1): 402-412.

[168] Ki-Bong P., Takafumi N.. Effects of mixing and curing temperature on the strength development and pore structure of fly ash blended mass concrete[J]. Advances in Materials Science and Engineering, 2017（6）: 1-11.

[169] Berodier E., Scrivener K.. Evolution of pore structure in blended systems[J]. Cement and Concrete Research, 2015, 73: 25-35.

[170] Nagaraj T. S., Banu Z.. Generalization of Abrams law[J]. Cement and Concrete Research, 1996, 26（6）: 933-942.

[171] Das B. B., Kondraivendhan B.. Implication of pore size distribution parameters on compressive strength, permeability and hydraulic diffusivity of concrete[J]. Construction and Building Materials, 2012, 28: 382-386.

[172] Chen X. D., Wu S. X., Zhou J. K.. Influence of porosity on compressive and tensile strength of cement mortar[J]. Construction and Building Materials, 2013, 40: 869-874.

[173] Kumar R., Bhattacharjee B.. Porosity pore size distribution and in situ strength of concrete[J]. Cement and Concrete Research, 2003, 33: 155-164.

[174] Ozturk A. U., Baradan B.. A comparison study of porosity and compressive strength mathematical models with image analysis[J]. Computational Materials Science, 2008, 43（4）: 974-979.

[175] Odler I., R M.. Investigations on the relationship between porosity, structure and strength of hydrated Portland cement pastes. Ⅱ. Effect of pore structure and of degree of hydration[J]. Cement and Concrete Research, 1985, 15: 401-410.

[176] Zhou S. B., Shen A. Q., Li X., et al. A relationship of mesoscopic pore structure and concrete bending strength[J]. Materials Research Innovations, 2015, 19（10）: 100-109.

[177] Zhang. B.. Relationship between pore structure and mechanical properties of ordinary concrete under bending fatigue[J]. Cement and Concrete Research, 1998, 28: 699-711.

[178] Davis T., Healy D., Bubeck A., et al. Stress concentrations around voids in three dimensions: The roots of failure[J]. Journal of Structural Geology, 2017, 102: 193-207.

[179] Cheng X., Xu L., Wu S.. Influence of pore structure on mechanical behavior of concrete under high strain rates[J]. Journal of Materials in Civil Engineering, 2016, 28（2）: 4015110.1-4015110.8.

[180] Bu J., Tian Z.. Relationship between pore structure and compressive strength of concrete:

Experiments and statistical modeling[J]. Sadhana，2016，41（3）：1-8.

[181] Zhou S.，Liang J.，Xuan W.，et al. The correlation between pore structure and macro durability performance of road concrete under loading and freeze-thaw and drying-wetting cycles[J]. Advances in Materials Science and Engineering，2017，2017：5015169.1-5015169.6.

[182] 甘磊，冯先伟，沈振中，等．盐冻交替作用下混凝土强度与细观孔结构关系 [J]. 中南大学学报（自然科学版），2023，54（12）：4860-4869.

[183] 焦华，韩振宇，陈新明，等．玄武岩纤维对喷射混凝土力学性能及微观结构的影响机制 [J]. 复合材料学报，2019，36（8）：1926-1934.

[184] 沈业青，邓敏，莫立武．小角散射技术及其在硬化水泥浆体微结构表征中的应用 [J]. 硅酸盐通报，2009，28（5）：959-964，972.

[185] 郭寅川，申爱琴，何天钦，等．疲劳荷载与冻融循环耦合作用下季冻区路面水泥混凝土孔结构研究 [J]. 中国公路学报，2016，29（8）：29-35.

[186] Rifai H.，Staude A.，Meinel D.，et al. In-situ pore size investigations of loaded porous concrete with nondestructive methods[J]. Cement and Concrete Research，2018，111：72-80.

[187] Liu L.，He Z.，Cai X.，et al. Application of low-field NMR to the pore structure of concrete[J]. Applied Magnetic Resonance，2021，52（1）：15-31.

[188] Gussoni M.，Greco F.，Bonazzi F.，et al. 1H NMR spin-spin relaxation and imaging in porous systems：an application to the morphological study of white portland cement during hydration in the presence of organics[J]. Magnetic Resonance Imaging，2004，22（6）：877-889.

[189] Tziotziou M.，Karakosta E.，Karatasios Ⅰ.，et al. Application of 1H NMR to hydration and porosity studies of lime-pozzolan mixtures[J]. Microporous and Mesoporous Materials，2011，139（3）：16-24.

[190] PipilikakiP B.. The assessment of porosity and pore size distribution of limestone portland cement pastes[J]. Construction and Building Materials，2009，23：1966-1970.

[191] Zhang J.，Bian F.，Zhang Y.，et al. Effect of pore structures on gas permeability and chloride diffusivity of concrete[J]. Construction and Building Materials，2018，163：402-413.

[192] Zhang J.，Guo J.，Li D.，et al. The influence of admixture on chloride time-varying diffusivity and microstructure of concrete by low-field NMR[J]. Ocean Engineering，2017，142：94-101.

[193] 王萧萧．寒冷地区盐渍溶液环境下天然浮石混凝土耐久性研究 [D]. 呼和浩特：内蒙古农业大学，2015.

[194] 邱继生，邢敏，杨占鲁，等．冻融作用下聚丙烯纤维煤矸石混凝土孔结构研究 [J]. 混凝土与水泥制品，2020，6：41-44，48.

[195] 李根峰，申向东，邹欲晓．基于微观特性分析风积沙粉体掺入提高混凝土的抗冻性 [J]. 农业工程学报，2018，34（8）：117-124.

[196] 杨晶 . 基于核磁共振成像的混凝土冻融损伤特征 [J]. 长江科学院院报，2020，258（4）：131-135.

[197] 魏毅萌，柴军瑞，覃源，等 . 冻融循环下再生混凝土孔隙分布变化及其对抗冻性能的影响 [J]. 硅酸盐通报，2018，37（3）：825-830.

[198] Grzybowski M.，Meyer C.. Damage accumulation in concrete with and without fiber reinforcement[J]. Materials Journal，1993，90（6）：594-604.

[199] Vega I. M.，Bhatti M. A.，Nixon W. A.. A non-linear fatigue damage model for concrete in tension[J]. International Journal of Damage Mechanics，1995，4（4）：362-379.

[200] Hamdy U.. A damage-based life prediction model of concrete under variable amplitude fatigue loading[D]. Lowa City：University of Iowa，1998.

[201] 王言磊，欧进萍 . 散斑图像相关数字技术在薄壁钢管混凝土长柱变形测量中的应用 [J]. 实验力学，2006，21（4）：527-532.

[202] 刘西拉，温斌 . 考虑广义边界条件的混凝土应变软化 [J]. 岩石力学与工程学报，2008，27（5）：885-892.

[203] 李兆霞 . 一个综合模糊裂纹和损伤的混凝土应变软化本构模型 [J]. 固体力学学报，1995，16（1）：22-30.

[204] 李宏 . 混凝土强度指标的统一表达及应用 [D]. 北京：清华大学，1996.

[205] Read H. E.，Hegemier G. A.. Strain softening of rock，soil and concrete-a review article[J]. Mechanics of Materials，1984，3（4）：271-294.

[206] 李兆霞，郭力，徐玉兵 . 桥梁焊接构件疲劳损伤测试与分析 [J]. 东南大学学报：自然科学版，2005，35（3）：415-420.

[207] 孟宪宏，宋玉普 . 混凝土抗拉疲劳剩余强度损伤模型 [J]. 大连理工大学学报，2007，47（4）：563-566.

[208] 王婷 . 数据融合技术在混凝土结构检测中的应用研究 [D]. 上海：同济大学，2006.

[209] 周云，赵为民，赵鸿 . 红外热像技术及其在房屋检测中的应用 [J]. 住宅科技，2008，28（2）：42-45.

[210] 陈小佳 . 基于非线性超声特征的混凝土初始损伤识别和评价研究 [D]. 武汉：武汉理工大学，2007.

[211] 陈敏 . 火灾后混凝土损伤超声诊断方法及应用研究 [D]. 长沙：中南大学，2008.

[212] 牛秀义 . 应力波反射法在基桩检测中的应用 [J]. 辽宁交通科技，2004，6：68-69.

[213] Yamaguchi I.. A laser-speckle strain gauge[J]. Journal of Physics E：Scientific Instrument，1981，14（11）：1270-1273.

[214] Peter W. H.，Ranson W. F.. Digital imaging techniques in experimental stress analysis[J]. Optical

Engineering，1985，21（3）：427-431.

[215] Le D. B.，Tran S. D.，Dao V.，et al. Deformation capturing of concrete structures at elevated temperatures[J]. Procedia Engineering，2017，210：613-621.

[216] 张皓 . 准脆性材料损伤演化的实验力学研究 [D]. 天津：天津大学，2014.

[217] 宋海鹏 . 数字图像相关方法及其在材料损伤破坏实验中的应用 [D]. 天津：天津大学，2013.

[218] 赵燕茹，邢永明，黄建永，等 . 数字图像相关方法在纤维混凝土拉拔试验中的应用 [J]. 工程力学，2010，27（6）：169-175.

[219] Yu J.，Yu K.，Lu Z.. Determination of the softening curve and fracture toughness of high-strength concrete exposed to high temperature[J]. Engineering Fracture Mechanics，2015，149：156-169.

[220] Wu Z. M.，Hua R.，Zheng J. J.，et al. An experimental investigation on the FPZ properties in concrete using digital image correlation technique[J]. Engineering Fracture Mechanics，2011，78（17）：2978-2990.

[221] Fayyad T. M.，Lees J. M.. Application of digital image correlation to reinforced concrete fracture[J]. Procedia Materials Science，2014，3：1585-1590.

[222] Mohammed，Mahal，Thomas. Using digital image correlation to evaluate fatigue behavior of strengthened reinforced concrete beams[J]. Engineering Structures，2015，105：277-288.

[223] 郝文峰，原亚南，姚学锋，等 . 基于数字图像相关方法的纤维—基体界面疲劳力学性能实验研究 [J]. 塑料工业，2015，43（3）：123-126.

[224] 徐振斌 . 数字图像相关方法的研究及其在混凝土疲劳实验中的应用 [D]. 南京：东南大学，2007.

[225] 李佳，张肖宁 . 基于数字图像技术的沥青混凝土疲劳断裂破坏判断方法 [J]. 中外公路，2013，33（3）：219-223.

[226] 高红俐，刘欢，齐子诚，等 . 基于高速数字图像相关法的疲劳裂纹尖端位移应变场变化规律研究 [J]. 兵工学报，2015，36（9）：1772-1781.

[227] 高红俐，刘欢，齐子诚，等 . 基于 DIC 谐振载荷作用下疲劳裂纹尖端位移应变场测量 [J]. 兵器材料科学与工程，2016，39（1）：16-22.

[228] Zhang X.，Akber M. Z.，Zheng W.. Prediction of seven-day compressive strength of field concrete[J]. Construction and Building Materials，2021，305：124604.

[229] Jubori D. S. A.，Nabilah A. B.，Safiee N. A.，et al. Machine learning technique for the prediction of blended concrete compressive strength[J]. KSCE Journal of Civil Engineering，2024，28（2）：817-835.

[230] Hadzima-Nyarko M.，Nyarko E. K.，Lu H.，et al. Machine learning approaches for estimation of compressive strength of concrete[J]. The European Physical Journal Plus，2020，135（8）：682-704.

[231] Wu Q.，Ding K.，Huang B.. Approach for fault prognosis using recurrent neural network[J]. Journal of Intelligent Manufacturing，2020，31（7）：1621-1633.

[232] Bandara K., Hewamalage H., Liu Y. H., et al. Improving the accuracy of global forecasting models using time series data augmentation[J]. Pattern Recognition, 2021, 120: 108148.

[233] Um T. T., Pfister F. M. J., Pichler D., et al. Data augmentation of wearable sensor data for parkinsons disease monitoring using convolutional neural networks[C]. Proceedings of the 19th ACM International Conference on Multimodal Interaction. 2017: 216-220.

[234] Kang Y., Hyndman R. J., Li F. GRATIS: Generating time series with diverse and controllable characteristics[J]. Statistical Analysis and Data Mining: The ASA Data Science Journal, 2020, 13 (4): 354-376.

[235] Yoon J., Jarrett D., Van der Schaar M. Time-series generative adversarial networks[J]. Advances in Neural Information Processing Systems, 2019, 32: 5508-5518.

[236] Amyar A., Ruan S., Vera P., et al. Deep convolutional conditional generative adversarial network to generate PET Images[C] Proceedings of the 7th International Conference on Bioinformatics Research and Applications, 2020: 28-33.

[237] Cheung T. H., Yeung D. Y. Modality-agnostic automated data augmentation in the latent space[C]. International Conference on Learning Representations, 2020.

[238] Liu Y., Zhou Y., Liu X., et al. Wasserstein GAN-dased small-sample augmentation for new-generation artificial intelligence: A case study of cancer-staging data in biology[J]. Engineering, 2019, 5 (1): 156-163.

[239] Li Y., Zhang M., Chen C. A deep-learning intelligent system incorporating data augmentation for short-term voltage stability assessment of power systems[J]. Applied Energy, 2022, 308: 118347.

[240] Zhao J., Itti L.. Shapedtw: Shape dynamic time warping[J]. Pattern Recognition, 2018, 74: 171-184.

[241] Fawaz H. I., Forestier G., Weber J., et al. Data augmentation using synthetic data for time series classification with deep residual networks[J]. arXiv. cs. Al, 2018: 1808.02455.

[242] 潘兵. 数字图像相关方法基本理论和应用研究进展 [R]. 北京：中国科学技术协会，2011.

[243] 洪锦祥. 含气量与冻融损伤对混凝土疲劳性能的影响 [D]. 南京：东南大学，2007.

[244] Zhao Y. R., Wang L., Lei Z. K., et al. Study on bending damage and failure of basalt fiber reinforced concrete under freeze-thaw cycles[J]. Construction and Building Materials, 2018, 163: 460-470.

[245] 李传习，聂洁，石家宽，等. 纤维类型对混凝土抗压强度和弯曲韧性的增强效应及变异性的影响 [J]. 土木与环境工程学报（中英文），2019，41（2）：147-158.

[246] 洪锦祥，缪昌文，刘加平，等. 冻融损伤混凝土力学性能衰减规律 [J]. 建筑材料学报，2012，15（2）：173-178.

[247] 付亚伟，蔡良才，曹定国，等. 碱矿渣高性能混凝土冻融耐久性与损伤模型研究 [J]. 工程力学，

2012，29（3）：103-109.

[248] Xue Y. Q.，Ding F.，Chen F. L.，et al. Fatigue damage reliability and analysis of cement concrete for highway pavement[J]. Journal of Building Materials，2014，17（6）：1009-1014.

[249] Jiang Y. J.，Zhen D. X.，Da C. Z.，et al. Study on mechanism of cement concrete pavement damage of heavy-duty traffic road and counter measures[J]. Journal of Highway and Transportation Research and Development，2005，22（7）：31-35.

[250] Issa M. A.，Shafiq A. B.. Fatigue characteristics of aligned fiber reinforced mortar[J]. Journal of Engineering Mechanics，1999，125（2）：156-164.

[251] 崔卫民，诸强，杨智春 . 疲劳寿命服从威布尔分布时保证综合存活率的一种方法 [J]. 机械强度，2001，3：290-292.

[252] Gumble E. J.. Parameters in the distribution of fatigue life[J]. Journal of the Engineering Mechanics Division，1964，90（3）：285.

[253] 郭成举 . 混凝土的物理和化学 [M]. 北京：中国铁道出版社，2004.

[254] 杨润年，魏德敏 . 钢纤维混凝土等幅弯曲疲劳加载下的疲劳应变和疲劳模量以及损伤研究 [J]. 工程力学，2012（11）：99-102.

[255] Ju Y.，Fan C.. A description of damage degree and its evolution in sfrc under fatigue loads[J]. Civil Engineering Systems，1997，14（3）：233-247.

[256] 张小辉，何天淳，宋万明 . 钢纤维混凝土的弯曲疲劳损伤研究 [J]. 昆明理工大学学报（理工版），2000，25（5）：52.

[257] 易成，沈世钊，谢和平 . 局部高密度钢纤维混凝土弯曲疲劳损伤演变规律 [J]. 工程力学，2002，19（5）：1-6.

[258] Tian H. H.，Wei C. F.，Wei H. Z.，et al. Freezing and thawing characteristics of frozen soils：bound water content and hysteresis phenomenon[J]. Cold Regions Science and Technology，2014，103：74-81.

[259] Bayer J. V.，Jaeger F.，Schaumann G. E.. Proton nuclear magnetic resonance（NMR）relaxometry in soil science applications[J]. Open Magnetic Resonance Journal，2010，3（1）：15-26.

[260] 乔运峰 . 不同饱水度砼在冻融与疲劳耦合作用下的损伤劣化与寿命预测 [D]. 南京：东南大学，2018.

[261] Mandelbrot B. B.. The fractal geometry of nature[M]. New York：Freeman，1982.

[262] 江南 . 分形几何的早期历史研究 [D]. 西安：西北大学，2018.

[263] 金珊珊，郑桂萍，林睿颖，等 . 基于分形理论的混凝土气泡分布特征研究 [J]. 混凝土，2020，2：17-20，24.

[264] 金珊珊，张金喜，李爽 . 混凝土孔结构分形特征的研究现状与进展 [J]. 混凝土，2009，10：34-37.

[265] 胡海霞，章青，丁道红．基于分形理论的混凝土材料力学性能研究 [J]. 混凝土，2010，6：31-33，36.

[266] 李永鑫，陈益民，贺行洋，等．粉煤灰 - 水泥浆体的孔体积分形维数及其与孔结构和强度的关系 [J]. 硅酸盐学报，2003，8：774-779.

[267] 李留仁，赵艳艳，李忠兴，等．多孔介质微观孔隙结构分形特征及分形系数的意义 [J]. 石油大学学报（自然科学版），2004，3：105-107.

[268] 郭伟，秦鸿根，陈惠苏，等．分形理论及其在混凝土材料研究中的应用 [J]. 硅酸盐学报，2010，38（7）：1362-1368.

[269] Zhou L., Kang Z.. Fractal characterization of pores in shales using NMR：A case study from the lower cambrian niutitang formation in the middle yangtze platform，southwest China[J]. Journal of Natural Gas Science and Engineering，2016，35：860-872.

[270] Zhou，S. D.，Liu，D. M.，Cai，Y. D.，et al. Fractal characterization of pore-fracture in low-rank coals using a low-field NMR relaxation method[J]. Fuel，2016，181：218-226.

[271] Jin S.，Zheng G.，Yu J.. A micro freeze-thaw damage model of concrete with fractal dimension[J]. Construction and Building Materials，2020，257：119434.1-119434.8.

[272] Vicente M. A.，Gonza'lez D. C.，Mi'nguez J.. Influence of the pore morphology of high strength concrete on its fatigue life[J]. International Journal of Fatigue，2018，112：106-116.

[273] Yuan J.，Chen X.，Shen N.，et al. Experimental study on the pore structure variation of self-compacting rubberised concrete under fatigue load[J]. Road Materials and Pavement Design，2021，22（3）：716-733.

[274] Liu L.，Wang X.，Zhou J.，et al. Investigation of pore structure and mechanical property of cement paste subjected to the coupled action of freezing/thawing and calcium leaching[J]. Cement and Concrete Research，2018，109：133-146.

[275] Kumar R.，Bhattacharjee B.. Study on some factors affecting the results in the use of MIP method in concrete research[J]. Cement and Concrete Research，2003，33：417-424.

[276] Jin N. G.，Jin X. Y.，Tian Y.. Study on relationship between pore structure and strength of concrete based on artificial neural networks[J]. Rare Metal Materials and Engineering，2008，37（S2）：712-717.

[277] Mashhadban H.，Kutanaei S. S.，Sayarinejad M. A.. Prediction and modeling of mechanical properties in fiber reinforced self-compacting concrete using particle swarm optimization algorithm and artificial neural network[J]. Construction and Building Materials，2016，119：277-287.

[278] Chithra S.，Kumar S. R.，Chinnaraju K.，et al. A comparative study on the compressive strength prediction models for High Performance Concrete containing nano silica and copper slag using regression analysis and Artificial Neural Networks[J]. Construction and Building Materials，2016，

114：528-535.

[279] Tasci L.，Tuncez M.. Monitoring of deformations in open-pit mines and prediction of deformations with the grey prediction model[J]. Journal of Grey System，2018，30（4）：152-163.

[280] 刘思峰，杨英杰，吴利丰 . 灰色系统理论 [M]. 第七版 . 北京：科学出版社，2014.

[281] Li B. X.，Cai L. H.. Acidification prediction model of concrete based on grey system[J]. Journal of the Chinese Ceramic Society，2013，41（10）：1375-1380.

[282] 李志玲 . 露石水泥混凝土路面研究 [D]. 西安：长安大学，2001.

[283] Chu Y. F.，Hao P. F.. Evolutionary development and influencing factors of service outsourcing efficiency in Jiangsu province based on DEA and grey relational entropy[J]. Journal of Grey System，2019，31（1）：41-51.

[284] Wang Z. X.，Hao P.. An improved grey multivariable model for predicting industrial energy consumption in China[J]. Applied Mathematical Modelling，2016，40：5745-5758.

[285] Sundaram B.，Kumar A.. Long-term effect of metal oxide nanoparticles on activated sludge[J]. Water Science and Technology，2017，75（2）：462-473.

[286] Oliva M.，Vargas F.，Lopez M.. Designing the Incineration process for improving the cementitious performance of sewage sludge ash in portland and blended cement systems[J]. Journal of Cleaner Production，2019，223：1029-1041.

[287] Loorents K. J.，Said S. F.. On mineralogical composition of filler and performance of asphalt concrete[J]. International Journal of Pavement Engineering，2009，10（4）：299-309.

[288] Mahieux P. Y.，Aubert J. E.，Cyr M.，et al. Quantitative mineralogical composition of complex mineral wastes–contribution of the rietveld method[J]. Waste Management，2010，30（3）：378-388.

[289] Yang E. J.，Zeng Z. T.，Mo H. Y.，et al. Analysis of bound water and its influence factors in mixed clayey soils[J]. Water，2021，13（21）：2991.

[290] Wang C. L.，Qiao C. Y.，Wang S.，et al. Experimental study on autoclaved aerated concrete from coal gangue and iron ore tailings[J]. Journal of China Coal Society，2014，39（4）：764-770.

[291] Yan P.，Wu J.，Lin D.，et al. Uniaxial compressive stress–strain relationship of mixed recycled aggregate concrete[J]. Construction and Building Materials，2022，350：128663.

[292] Chen P.，Liu C.，Wang Y.. Size effect on peak axial strain and stress-strain behavior of concrete subjected to axial compression[J]. Construction and Building Materials，2018，188：645-655.

[293] Tian Z.，Zhu X.，Chen X.，et al. Microstructure and damage evolution of hydraulic concrete exposed to freeze–thaw cycles[J]. Construction and Building Materials，2022，346：128466.

[294] Wang X.，Deng S.，Tan H.，et al. Synergetic effect of sewage sludge and biomass co-pyrolysis：A combined study in thermogravimetric analyzer and a fixed bed reactor[J]. Energy Conversion and

Management, 2016, 118: 399-405.

[295] Zheng Q., Xie Z., Li J., et al. Autogenously self-Healable cementitious composite incorporating autolytic mineral microspheres: Hydration regulation and structural alteration[J]. Composites Part B: Engineering, 2023, 259: 110724.

[296] 孙雷．基于龄期变化的混凝土气孔结构与抗压强度的相关性分析 [J]. 中国建材科技，2020，29（6）：63-66.

[297] Bassi A., Manchanda A., Singh R., et al. A comparative study of machine learning algorithms for the prediction of compressive strength of rice husk ash-based concrete[J]. Natural Hazards, 2023, 118（1）: 209-238.

[298] Liu C., Liu G., Liu Z., et al. Numerical simulation of the effect of cement particle shapes on capillary pore structures in hardened cement pastes[J]. Construction and Building Materials, 2018, 173: 615-628.

[299] Kim J. H., Choi S. W., Lee K. M., et al. Influence of internal curing on the pore size distribution of high strength concrete[J]. Construction and Building Materials, 2018, 192: 50-57.

[300] 吴中伟，张鸿直. 膨胀混凝土 [M]. 北京：中国铁路出版社，1990.

[301] 赵燕茹，张建新，李娜，等．基于核磁共振法的纳米 TiO_2 混凝土抗冻性能研究 [J]. 硅酸盐通报，2023，42（6）：2015-2026.

[302] Sankar M. R., Saxena S., Banik S. R., et al. Experimental study and artificial neural network modeling of machining with minimum quantity cutting fluid[J]. Materials Today: Proceedings, 2019, 18: 4921-4931.

[303] Roshani G. H., Hanus R., Khazaei A., et al. Density and velocity determination for single-phase flow based on radiotracer technique and neural networks[J]. Flow Measurement and Instrumentation, 2018, 61: 9-14.

[304] Mozaffari H., Houmansadr A. Heterogeneous private information retrieval[C]. In Network and Distributed Systems Security（NDSS）Symposium; The National Science Foundation: Alexandria, WV, USA, 2020: 1-18.

[305] Zhou Z., Davoudi E., Vaferi B. Monitoring the effect of surface functionalization on the CO_2 capture by graphene oxide/methyl diethanolamine nanofluids[J]. Journal of Environmental Chemical Engineering, 2021, 9: 106202.

[306] Alanazi A. K., Alizadeh S. M., Nurgalieva K.S., et al. Application of neural network and time-domain feature extraction techniques for determining volumetric percentages and the type of two phase flow regimes independent of scale layer thickness[J]. Applied Sciences, 2022, 12: 1336.

[307] Mozaffari H., Houmansadr A. E2FL: Equal and equitable federated learning[J]. arXiv 2022,

2205.10454.

[308] Beli'c M., Bobi'c V., Badža M., et al. Artificial intelligence for assisting diagnostics and assessment of Parkinson's disease-A review[J]. Clinical Neurology and Neurosurgery, 2019, 184: 105442.

[309] Tan Z.X., Thambiratnam D.P., Chan T.H.T., et al. Damage detection in steel-concrete composite bridge using vibration characteristics and artificial neural network[J]. Structure and Infrastructure Engineering, 2019, 16: 1247-1261.

[310] Chen N., Zhao S., Gao Z., et al. Virtual mix design: Prediction of compressive strength of concrete with industrial wastes using deep data augmentation[J]. Construction and Building Materials, 2022, 323: 126580.

[311] Shang M., Li H., Ahmad A., et al. Predicting the mechanical properties of RCA-based concrete using supervised machine learning algorithms[J]. Materials, 2022, 15: 647.

[312] Deng F., He Y., Zhou S., et al. Compressive strength prediction of recycled concrete based on deep learning[J]. Construction and Building Materials, 2018, 175: 562-569.

[313] Ahmad A., Ahmad W., Chaiyasarn K., et al. Prediction of geopolymer concrete compressive strength using novel machine learning algorithms[J]. Polymers, 2021, 13: 3389.

[314] Zachariah J. P., Sarkar P. P., Pal M. Fatigue life of polypropylene-modified crushed brick asphalt mix: Analysis and prediction[C]. Proceedings of the Institution of Civil Engineers-Transport, 2021, 174: 110-129.

[315] Xiao F., Amirkhanian S., Juang C. H. Prediction of fatigue life of rubberized asphalt concrete mixtures containing reclaimed asphalt pavement using artificial neural networks[J]. Journal of Materials in Civil Engineering, 2009, 21: 253-261.

[316] Yan C., Gao R., Huang W. Asphalt mixture fatigue life prediction model based on neural network[C]. Proceedings of the CICTP 2017: Transportation Reform and Change—Equity, Inclusiveness, Sharing, and Innovation, Shanghai, China, 7-9 July 2017: 1292-1299.

[317] Eskandari-Naddaf H., Kazemi R. ANN prediction of cement mortar compressive strength influence of cement strength class[J]. Construction and Building Materials, 2017, 138: 1-11.

[318] Sakshi S., Kumar R. A neuro-genetic technique for pruning and optimization of ANN weights[J]. Applied Artificial Intelligence, 2019, 33 (1): 1-26.

[319] Ouared A., Amrani M., Schobbens P. Y. Explainable AI for DBA: Bridging the DBA's experience and machine learning in tuning database systems[J]. Concurrency and Computation: Practice and Experience, 2023, 35 (21): e7698.

[320] Cai S., Lu Z., Chen B., et al. Dynamic gesture recognition of a-mode ultrasonic based on the DTW algorithm[J]. IEEE Sensors Journal, 2022, 22 (18): 17924-17931.

[321] Harase S. Conversion of mersenne twister to double-precision floating-point numbers[J]. Mathematics and Computers in Simulation, 2019, 161: 76-83.

[322] Yu G. L., Bian Y. Y., Gamalo M. Power priors with entropy balancing weights in data augmentation of partially controlled randomized trials[J]. Journal of Biopharmaceutical Statistics, 2022, 32: 4-20.

[323] Ramachandra S., Durodola J. F., Fellows N. A., et al. Experimental validation of an ANN model for random loading fatigue analysis[J]. International Journal of Fatigue, 2019, 126: 112-121.

[324] Dubey, S.R., Chakraborty, S., Roy, S. K. DiffGrad: An optimization method for convolutional neural networks[J]. IEEE Transactions on Neural Networks and Learning Systems, 2019, 31: 4500-4511.

[325] Wang K., Sun T., Dou, Y. An adaptive learning rate schedule for SIGNSGD optimizer in neural networks[J]. Neural Processing Letters, 2022, 54: 803-816.

[326] Aneja S., Sharma A., Gupta R., et al. Bayesian regularized artificial neural network model to predict strength characteristics of fly-ash and bottom-ash based geopolymer concrete[J]. Materials, 2021, 14 (7): 1729.

[327] Wong V., Ho G. Metal Speciation and leachability of heavy metals from enersludge™ ash in concrete[J]. Water Science and Technology, 2000, 41 (8): 53-60.

[328] He J., Hong J., Gao R., et al. Experimental study on permeability of spun high strength concrete material during mechanical loading[J]. Construction and Building Materials, 2023, 403: 133034.

[329] Dai X., Yin H., Jha, N. K. Grow and prune compact fast and accurate LSTMs[J]. IEEE Transactions on Computers, 2020, 69: 441-452.

[330] Khademi F., Akbari M., Jamal S. M., et al. Multiple linear regression, artificial neural network and fuzzy logic prediction of 28 days compressive strength of concrete[J]. Frontiers of Structural and Civil Engineering, 2017, 11: 90-99.

[331] Azimi-Pour M., Eskandari-Naddaf H., Pakzad A. Linear and non-linear SVM prediction for fresh properties and compressive strength of high volume fly ash self-compacting concrete[J]. Construction and Building Materials, 2020, 230: 117021.

[332] Shen Z., Deifalla A. F., Kamiński P., et al. Compressive strength evaluation of ultra-high-strength concrete by machine learning[J]. Materials, 2022, 15 (10): 3523.